江西省高校生态学学科联盟系列著作

生态学与建设国家生态文明试验区

——江西省高校生态学学科联盟 2017 年学术年会暨国家生态文明试验区建设学术研讨会论文集

黄国勤　主编

中国环境出版集团·北京

图书在版编目（CIP）数据

生态学与建设国家生态文明试验区：江西省高校生态学学科联盟 2017 年学术年会暨国家生态文明试验区建设学术研讨会论文集/黄国勤主编. —北京：中国环境出版集团，2018.10

ISBN 978-7-5111-3844-6

Ⅰ. ①生… Ⅱ. ①黄… Ⅲ. ①生态环境建设—实验区—建设—中国—文集 Ⅳ. ①X321.2-53

中国版本图书馆 CIP 数据核字（2018）第 221796 号

出 版 人 武德凯
责任编辑 孔 锦
责任校对 任 丽
封面设计 岳 帅

更多信息，请关注
中国环境出版集团
第一分社

出版发行 中国环境出版集团
（100062 北京市东城区广渠门内大街 16 号）
网 址：http://www.cesp.com.cn
电子邮箱：bjgl@cesp.com.cn
联系电话：010-67112765（总编室）
010-67112735（第一分社）
发行热线：010-67125803，010-67113405（传真）

印 刷 北京中献拓方科技发展有限公司
经 销 各地新华书店
版 次 2018 年 10 月第 1 版
印 次 2018 年 10 月第 1 次印刷
开 本 787×960 1/16
印 张 21.5
字 数 330 千字
定 价 59.00 元

编委会

前　言

2016 年 8 月 22 日，中共中央办公厅、国务院办公厅印发《关于设立统一规范的国家生态文明试验区的意见》，明确指出：“综合考虑各地现有生态文明改革实践基础、区域差异性和发展阶段等因素，首批选择生态基础较好、资源环境承载能力较强的福建省、江西省和贵州省作为试验区。”

福建、江西和贵州三省积极响应中共中央办公厅、国务院办公厅的号召，迅速掀起了建设国家生态文明试验区的热潮。三省分别制定的《国家生态文明试验区（福建）实施方案》《国家生态文明试验区（江西）实施方案》《国家生态文明试验区（贵州）实施方案》均获批准并正在全面实施，已取得初步成效。

可以说，建设国家生态文明试验区，将中央顶层设计与地方具体实践相结合，集中开展生态文明体制改革综合试验，规范各类试点示范，完善生态文明制度体系，推进生态文明领域国家治理体系和治理能力现代化，这标志着我国生态文明建设进入一个新的发展阶段——生态文明建设进入新时代！

为了以实际行动投身到建设国家生态文明试验区的伟大事业中去，将学术研究与生产实践紧密结合起来，2017 年 12 月 16 日，由江西省高校生态学学科联盟主办、江西农业大学生态科学研究中心承办的“江西省高校生态学学科联盟 2017 年学术年会暨国家生态文明试验区建设学术研讨会”在江西农业大学召开。会议将生态学理论与建设国家生态文明试验区的实践结合起来，广泛开展学术交流和研讨，取得了良好的效果。

为了更好地总结会议取得的学术成果，以便促进今后生态学学术交流，以及推进国家生态文明试验区建设，将该次会议交流的学术成果及其他相关论文一并汇编成册，并以《生态学与建设国家生态文明试验区》为书名结集出版。

全书共分四部分，收入论文 26 篇。第一部分，生态学学科发展，内含论文 5 篇，分别对生态、环境生态学、草地生态学、分子生态学等的含义、意义及其发展进行了简述；第二部分，农业生态学实践，收入论文 11 篇，对生态学、农业生态学的理论在农业生产中的实践与应用进行了解剖和分析；第三部分，国家生态文明试验区建设，内含论文 10 篇，在调查研究和案例分析的基础上，重点介绍了国家生态文明试验区建设的意义、优势、问题及战略对策与措施等；第四部分，附录共 5 篇，包括《关于设立统一规范的国家生态文明试验区的意见》《国家生态文明试验区（福建）实施方案》《国家生态文明试验区（江西）实施方案》《中共江西省委、江西省人民政府关于深入落实〈国家生态文明试验区（江西）实施方案〉的意见》《国家生态文明试验区（贵州）实施方案》。

本书以“建设国家生态文明试验区”为主线，展开分析与讨论，具有很强的针对性、实践性；以生态学、农业生态学理论为指导，体现理论与实践相结合，尤其是其中的一些学术观点具有一定的创新性和前瞻性。

本书由赵其国院士、李文华院士和傅伯杰院士担任顾问，黄国勤主编，王海、樊后保、肖宜安、葛刚、刘影、吕爱清、王淑彬、杨滨娟为编委。会议的成功召开以及本书的出版，得到了江西省教育厅、江西省人民政府学位办、江西农业大学研究生院、江西农业大学农学院的大力支持，得到了中国环境出版集团的大力支持。在此，一并致以衷心的感谢！

因时间仓促，错误之处在所难免，恳请广大读者批评指正！

江西省高校生态学学科联盟理事会理事长

江西农业大学生态科学研究中心主任、二级教授、博士生导师

黄国勤

2018 年 7 月 8 日于南昌

目 录

第一部分 生态学学科发展

第二部分 农业生态学实践

第三部分 国家生态文明试验区建设

第四部分 附　录

第一部分

生态学学科发展

论生态①

黄国勤

（江西农业大学生态科学研究中心，南昌　330045）

摘　要：该文论述了生态的含义、生态的价值、生态的问题及应取的对策。全文对推动生态学学科发展、促进生态文明建设，以及推进国家生态文明试验区建设等均具有参考价值。

关键词：生态　含义　价值　美丽中国　生态文明

在党的十九大报告《决胜全面建成小康社会 夺取新时代中国特色社会主义伟大胜利》中，“生态”两字共出现了42次，可谓前所未有，由此足见党中央是何等重视“生态”!“生态”又是何等之重要!

那么，什么是“生态”？“生态”究竟有何价值？当前面临哪些“生态”问题？人类应如何应对？这是值得研究和探索的问题。

① 国家重点研发计划课题“长江中游双季稻三熟区资源优化配置机理与高效种植模式”（2016YFD0300208）、国家自然科学基金项目“秸秆还田条件下紫云英施氮对土壤有机碳和温室气体排放的影响”（41661070）、中国工程院咨询研究项目“长江经济带水稻生产绿色发展战略研究”（2017-XZ-28）、江西省重点研发计划项目“江西省稻田冬季循环农业模式及关键技术研究”（20161BBF60058）、江西省软科学研究计划项目“江西生态文明示范省建设对策研究”（20133BBA10005）共同资助。

一、生态的含义

“生态”一词，至少有4种含义：

（1）先单从字面含义来看，生——生物，态——状态，“生态”则可指生物生存与发展的状态。

（2）进一步从字面含义理解，“态”，不仅是指“状态”，还可理解为“事态”，即无生命的“环境”“无机体”。这样，“生态”就是指生物与环境之间的相互关系——二者既相互影响，又相互促进，这就是“生态学”（Ecology）这门学科研究的内容。

（3）现实中，“生态”往往与“自然”“环境”联系在一起，并多以“自然生态”“生态环境”出现，这主要强调：是“自然生态”，而不是“人为生态”；是“生态环境”，而不是“社会环境”，提示人们要珍惜和保护“自然生态”“生态环境”，而不要轻易改变甚至破坏“自然生态”“生态环境”。

（4）随着人类社会的进步，人们对“生态”赋予了新的含义，即凡是“美好”的、“环保”的、“洁净”的、“健康”的、“漂亮”的，等等，都往往用“生态”二字表达，如“生态食品”“生态产品”“生态时装”“生态建筑”“生态旅游”等。

一般而言，就学术角度，“生态”多是指生物与其环境间的关系，生物与其环境组成生态系统（Ecosystem）。以下主要从学术角度，从生态系统角度论述“生态”。

二、生态的价值

生态的价值与作用主要体现在：

第一，生态是人类社会存在的基础。如没有生态，没有生物、没有环境，人类社会的生存无法想象，地球上的一切无从谈起。

第二，由生物与环境组成的生态系统的结构、功能及其演替，是人类社会发展演变的基础和动力。结构合理、功能健全、演替有序的生态系统，促进人类社会向前发展；相反，结构不合理，功能不健全，演替无序甚至混乱的生态系统，必然阻碍人类社会的向前发展，甚至造成人类社会的倒退，乃至崩溃、毁灭。

第三，健康、优良的生态系统，可源源不断地为人类社会发展提升优质的生态服务，包括供给服务，如提供食物和水；调节服务，如控制洪水和疾病；文化服务，如精神、娱乐和文化收益；支持服务，如维持地球生命生存环境的养分循环等。人类生存与发展所需要的资源归根结底都来源于生态系统。它不仅为人类提供食物、医药和其他生产生活原料，还创造与维持了地球的生命支持系统，形成人类生存所必需的环境条件。同时还为人类生活提供了休闲、娱乐与美学的享受。

第四，古今中外，人类社会发展的正反两方面的经验表明，凡是重视生态、珍惜生态、爱护生态、保护生态的国家和地区，则生态系统结构趋向合理，功能趋向强大，演替趋向有序、平稳，整个生态系统维持平衡，国家和地区的经济社会不断发展、进步。相反，必然走向衰落、灭亡。正如习近平总书记所指出的："生态兴则文明兴，生态衰则文明衰。"

三、生态的问题

当前，我国各地存在突出的生态问题，如下所述。

（1）生态破坏。矿山开采、房产开发、城市扩建、道路修建、桥梁架设、炼山造林等，造成严重的生态破坏，致使水土流失加剧、自然灾害频发，危及人民群众的生命财产安全。

（2）水土流失。土地沙化、退化及水土流失是不容忽视的严重生态问题，全国水土流失面积仍有 295 万 km^2，沙化土地面积 173 万 km^2，并由此导致土层变薄、土壤有机质流失、农田土壤肥力下降等；全国 90%以上的天然草场出现退化。据估算，中国每年流失的土壤总量达 50 多亿 t，每年流失的土壤养分为 4 000 万 t

标准化肥（相当于中国 1 年的化肥使用量）。1949 年以来，中国因水土流失毁掉的耕地总量达 4 000 万亩（1 亩=666.67 m^2），这对中国的农业是极大损失。

（3）环境污染。我国的大气污染、水污染、土壤污染都很严重。①就大气污染而言，主要是 $PM_{2.5}$、PM_{10} 等颗粒物浓度严重超标，致使近年我国雾霾天气总数直线飙升，日趋严重，直接造成巨大的出行障碍、健康威胁和经济损失。世界卫生组织 2016 年公布的空气污染数据显示，中国在世界污染最严重的 20 个城市中占 4 个。由环境保护部等 13 个部门共同编制的《2016 中国环境状况公报》显示，2016 年，全国 338 个地级及以上城市中，只有 84 个城市环境空气质量达标，占全部城市数的 24.9%；254 个城市环境空气质量超标，占比高达 75.1%。②从水污染来看，“有水皆污”“有水不能用、不能喝”的现象随处可见。农业生产中大量使用化肥、农药，导致河流中的硝酸盐严重超过饮用水的标准，给生产、生活带来了严重的危害。在全国 6 124 个地下水水质监测点中，水质为优良级、良好级、较好级、较差级和极差级的监测点分别占 10.1%、25.4%、4.4%、45.4%和 14.7%，其中，较差级和极差级占比高达 60.1%。据统计，水污染给我国造成的年经济损失高达 1 000 亿元。③从土壤污染来说，2014 年 4 月，环境保护部和国土资源部公布的《全国土壤污染状况调查公报》显示，全国耕地土壤点位超标率高达 19.4%，其中镉（Cd）污染最为严重，样点超标率达到 7.0%，每年生产的镉含量超标农产品已超过 1.46×10^9 kg，中国农产品质量安全形势十分严峻。综合多部门调查结果判断，目前我国重金属污染耕地面积为 1.8 亿～2.7 亿亩，主要分布在南方的湘、赣、鄂、川、桂、粤等省区，污染区域主要为工矿企业周边农区、污水灌区、大中城市郊区和南方酸性水稻土区等。湖南是中国南方耕地重金属污染最严重的省份，尤其是“长株潭”（长沙、株洲、湘潭）地区，该区域耕地土壤重金属以镉为主，镉超标面积多达几百万亩，并出现了“镉大米”事件，严重威胁到当地农产品质量安全和人体健康。

（4）自然灾害。中国是世界上自然灾害最严重的国家之一。中国的主要自然灾害有气象灾害、地震灾害、地质灾害、海洋灾害、生物灾害和森林草原火灾，大小灾种达 100 多种。不仅灾种多，而且频率高、强度大、危害重。近 20 年来，遇难人口年平均达 8 547 人，占全国总人口的比例为 $6.9/10^6$；直接经济损失年均为 2 381.4 亿元，占全国 GDP 的 2.21%，与发达国家相比，中国自然灾害灾情仍处于较为严重的水平。尽管造成灾害的原因是多方面的，但人为生态破坏是其中重要原因之一。

（5）生物多样性衰减。中国是世界上生物多样性最丰富的国家之一，拥有高等植物 34 984 种，居世界第 3 位；脊椎动物 6 445 种，占世界总种数的 13.7%；已查明真菌种类约 1 万种，占世界总种数的 14%；据不完全统计，有栽培作物 1 339 种，家养动物品种 576 个。由于自然和人为等多种原因，我国生物多样性衰减的问题不容忽视，如新疆虎、野马等已经灭绝或在我国境内绝迹；毛脉蕨等野生植物也早已绝迹；大熊猫、金丝猴、野骆驼、银杉、珙桐、人参等野生动植物的分布区域明显缩小，种群数量骤减，处于濒临灭绝的状态等。

（6）生态风险加大。一方面，近年来我国生态环境保护和生态文明建设取得历史性成就；另一方面，我国仍面临着生态问题突出、生态风险加大的问题。当前，我国诸多生态问题呈现立体型、复合型、压缩型、结构型的特点，且范围在扩大、危害在加重、程度在加深，对经济社会发展的潜在制约作用已逐步显现。对此，必须有清醒认识，绝不能掉以轻心。

四、应取的对策

针对上述问题，为推进生态文明、建设美丽中国，进而实现“两个一百年”奋斗目标、实现中华民族伟大复兴的中国梦，应采取以下对策和措施。

（1）高度重视。党的十九大报告明确指出，人与自然是生命共同体，人类必须尊重自然、顺应自然、保护自然。因此，各级政府、部门和广大群众，必须始终把“生态”放在重要位置，要像爱护自己的眼睛一样爱护生态、爱护自然、爱护环境。

（2）科学规划。要科学制定“生态规划”，将各地区（省、市、县、乡、村）生态规划纳入全国统一生态规划之中，增强规划的针对性、区域性、科学性和实用性。严格依照“生态规划”的要求开展生产布局和经济建设，真正做到经济发展与生态保护有机统一。

（3）生态治理。对于已经破坏了的生态、污染了的环境，必须采取坚决而果断的措施予以治理。依照国家相关法律法规，千方百计查清“罪魁祸首”——“破坏源”“污染源”，从“源头”上进行整治和打击，切断“利益链”、铲除“腐败土壤”。只有这样，生态治理才能见成效。

（4）生态保护。截至2016年年底，我国已建立了约10种类型且数量庞大的自然保护地，包括自然保护区、风景名胜区、森林公园、湿地公园、沙漠公园（试点）、地质公园、海洋特别保护区、水利风景区、水产种质资源保护区和国家公园体制试点，共计3 753个，总面积15 933.56万hm^2（未除去重叠区域），对全国生态保护起到了巨大作用。今后，随着经济社会的不断发展和生态文明建设的快速推进，全国生态保护的面积还应进一步扩大。

（5）生态建设。如果说，生态保护是“保绿”（使现有绿色不减少），生态建设则是“增绿”“扩绿”。目前，全国森林面积达到31.2亿亩，森林蓄积量达到151亿m^3，森林覆盖率达到21.66%，成为同期全球森林资源增长最多的国家。今后，还要进一步“增绿”：一是要重点实施乡村绿化美化工程，抓好四旁植树、村屯绿化、庭院美化等身边增绿行动，着力打造生态乡村；二是要建设一批特色经济林、花卉苗木基地，确定一批森林小镇、森林人家和生态文化村，加快发展生态旅游、森林康养等绿色产业，促进产业兴旺和生活富裕；三是加强林业自然保护区建设，实施珍稀濒危野生动植物拯救性保护行动，加快构建生态廊道和生物多样性网络，保护好重点野生动植物物种和典型生态系统；四是对因降水量不足或气候条件不适宜植树的北方，则要加大种草、护草的力度，这种“扩绿”同样重要。

（6）完善法规。近年来，国家已出台了一系列生态治理、生态保护、生态建设的法律和法规，对推进全国生态文明建设、实现美丽中国发挥了前所未有的作用，成就喜人。今后，随着改革开放的纵深推进，“生态”法规必将进一步健全和完善。

（7）强化监管。这些年我国之所以在生态文明建设方面取得巨大成就，一个重要原因就是对生态环境的监管力度加大了，对破坏生态、污染环境的个人和企业给予严惩。今后，对于在生态方面的违规、违纪者，其监管力度、惩罚力度还应进一步加大。真正做到以“法”保“绿”、以“规”护“绿”。

（8）加强研发。要加强“生态”领域的科学研究和技术开发工作。一是要对生态的理论基础、生态系统的演变规律等深入研究；二是要广泛调查、搜集当前存在的生态问题，并剖析其根源；三是要研发生态技术，尤其是能解决当前生态问题的关键技术和可行方案；四是加强对全球生态问题的研究，并提出应对策略。

（9）开展合作。“生态”的问题，是全球性的、世界性的问题，绝不是一国、一地区可以单独就能彻底解决的，必须各国携手、全球合作，方能从根本上找到解决问题的方法和方案。因此，开展生态合作，是未来发展之趋势。

（10）培养人才。“人才是第一资源。”解决生态问题，关键靠人。只有培养和造就“有理想、有本领、有担当”的高素质生态人才，治理生态、保护生态、建设生态才大有希望，美丽中国才能如期实现。

环境生态学的进展与展望

李　萍　黄国勤[①]

（江西农业大学生态科学研究中心，南昌　330045）

摘　要：环境生态学，是指以生态学的基本原理为理论基础，结合系统科学、物理学、化学、仪器分析、环境科学等学科的研究成果，研究生物与受人干预的环境相互之间的关系及其规律性的一门科学。本文对环境生态学的发展阶段进行了概述，分析了环境生态学的研究与成就，归纳了环境生态学当前面临的问题，总结了现在环境生态学的研究成果，并展望了未来环境生态学研究趋势。

关键词：环境生态学　进展　展望　环境保护　可持续发展

生态学是研究生物与环境相互关系的科学。随着人口的增长和工业、技术的进步，人类正以前所未有的规模和强度影响环境，环境问题的出现，诸如资源枯竭、人口膨胀、粮食短缺、环境退化、生态失衡等问题的解决，都有赖于生态学理论的指导。因此，研究人类活动下生态过程的变化已成为现代生态学的重要内容。环境生态学是个新兴的、综合性很强的学科，是一门运用生态学理论，研究人为干扰下，生态系统内在的变化机制、规律和对人类的反效应，寻求受损生态

① 通信作者：黄国勤，教授、博士生导师，办公室电话：0791-83828143；手机：13627081298；电子邮箱：hgqjxes@sina.com。

系统恢复，重建和保护对策的科学。近年来，人们对环境生态的关注度越来越高，各国都开始将生态环境保护问题列为必须解决的重点问题，针对生态环境问题，我国提出了可持续发展战略，并将其作为基本国策之一。环境生态学不同于以研究生物与其生存环境之间相互关系为主的经典生态学；也不同于只研究污染物在生态系统的行为规律和危害的污染生态学或以研究社会生态系统结构、功能、演化机制，以及人的个体和组织与周围自然、社会环境和相互作用的社会生态学。研究内容包括人为干扰的方式和强度、干扰和受害生态系统特征的判断、人为干扰下的生态系统的演替规律、受害生态系统恢复和重建途径、生态系统的服务功能评价、生态系统的管理和规划。

一、环境生态学的定义

从学科体系上来看，环境生态学是环境科学的组成部分，但按现代生态学的学科划分，它又是应用生态学的一个分支，目前尚处于发展、完善阶段。环境生态学是个新兴的、综合性很强的学科，是一门运用生态学理论，研究人为干扰下，生态系统内在的变化机制，规律和对人类的反效应，寻求受损生态系统恢复，重建和保护对策的科学。即运用生态学的理论，阐明人与环境间相互作用的机制和效应以及解决环境问题的生态途径的科学。

二、环境生态学的发展阶段

环境生态学产生于 20 世纪 60 年代初。环境生态学概念的提出到现在，经历的时间还不到半个世纪，其发展可以分为三个阶段。

1．环境生态学的诞生

美国海洋生物学家蕾切尔·卡逊（Rachel Carson，1962）潜心研究美国使用杀虫剂所产生的种种危害之后，出版了《寂静的春天》这一科普名著。该书可称为环境生态学的启蒙之作和学科诞生的标志。

2．环境生态学的发展和完善

20 世纪 70 年代，美国麻省理工学院梅多斯（Meadows Dennis L）等研究小组的研究报告《增长的极限》的正式出版，是环境生态学发展的初期阶段的主要象征。1972 年，联合国人类环境会议在斯德哥尔摩召开，大会通过的《人类环境宣言》正式吹响了人类共同向环境污染挑战的进军号。《只有一个地球——对一个小小行星的关怀和维护》，是受联合国人类环境会议秘书长委托，为这次大会提供的一份非正式报告。报告论述了环境污染问题，并把它与人口、资源、工艺技术、发展不平衡和世界范围的城市化困境等联系起来，作为一个整体来讨论。更为重要的是，该报告的作者利用相当大的篇幅，系统地论述了“地球是一个整体”的学术思想，回顾了人类社会的发展历程与环境问题的关系，分析了现代繁荣的代价。该报告的学术思想和观点丰富了环境生态学的理论，促进了环境生态学理论体系的完善和发展。

3．环境生态学的成熟阶段

20 世纪 80 年代，作为一个分支学科的环境生态学有了突破性的进展。1987 年福尔德曼出版了第一本《环境生态学》的教科书，该书的出版对环境生态学的发展起到了积极的推动作用。同时，世界环境与发展委员会（WCED）于 1987 年向联合国提交了题为《我们共同的未来》的研究报告。报告把环境与发展这两个紧密相关的问题作为一个整体讨论，使人们从单纯考虑环境保护引导到把环境保护与人类发展切实结合起来，实现了人类有关环境与发展思想的重要飞跃。报告具有创新意义的“可持续发展”理论的提出，促进了循环经济、工业生态园的兴起，以及工业生态学、生态工程学和工程生态学等新兴学科的发展，使环境生态学的理论基础更加坚实，环境生态学已由学科理论体系的完善到成熟，发展到理论指导下的实际应用的新阶段。

三、环境生态学的研究内容

1. 人为干扰下生态系统内在变化机制和规律研究

自然生态系统受到人为的干扰后，将会产生一系列的反应和变化。干扰效应在系统内不同组分间是如何相互作用的，产生了哪些生态效应以及对人类有何影响，有哪些内在规律？各种污染物在各类生态系统中的行为变化规律和危害方式是什么？这一系列的问题的研究是环境生态学的基本任务。

2. 生态系统受损程度及危害性的判断研究

受损后的生态系统，在结构和功能上有哪些退化特征？这些退化的生态学效应和性质是什么？危害性程度如何？等等。都需要做出准确和量化的评价。物理、化学、生态学和系统理论的方法是环境质量评价和预测所常用的四个最基本的手段，各种方法的结合是进行科学评价的要求。

3. 各类生态系统的功能和保护措施的研究

各类生态系统在生物圈中执行着不同的功能，被破坏后产生的生态效应亦不同。环境生态学就是要研究各类生态系统受损后的危害效应和方式，以及这些效应对区域生态环境与社会发展的影响和各类生态系统的保护对策，包括生物资源的保护和科学管理、受损生态系统的恢复、重建的措施等。

4. 解决环境问题的生态学对策研究

单纯依靠工程技术解决人类面临的环境问题，已被实践证明是行不通的，而采用生态学方法治理环境污染和解决生态破坏问题，尤其在区域环境的综合整治上已经初见成效，前景令人鼓舞。依据生态学的理论，结合环境问题的特点，采取适当的生态学对策并辅之以其他方法或工程技术来改善环境质量，恢复和重建受损的生态系统是环境生态学的重要研究内容之一，包括各种废物的处理和资源化的生态工程技术、对生态系统实施科学的管理。

综上所述，维护生物圈的正常功能，改善人类生存环境，并使两者间得到协调发展，是环境生态学的根本目的。运用生态学理论，保护和合理利用自然资源，治理污染和破坏的生态环境，恢复和重建受损的生态系统，实现保护环境与发展经济的协调，以满足人类生存发展需要，是环境生态学研究内容的核心。

四、环境生态学的成就

从 20 世纪 60 年代起，随着环境污染与大气温室气体浓度的不断增加，与人类密切相关的一系列地球环境问题的产生，人类终于在自然界的惩罚面前觉醒了。1972 年的斯德哥尔摩联合国人类环境会议发出了反映时代危机感的呼声：“只有一个地球。”1980 年 3 月 5 日，联合国向全世界发出呼吁：“必须研究自然的、社会的、生态的、经济的雨季利用自然资源过程中的基本关系，确保全球可持续发展。”于是在 1983 年 11 月，联合国成立了世界环境与发展委员会（WCED）。该委员会经过长达 3 年的考察后，对当前人类在经济发展和环境保护方面存在的问题进行了全面和系统的评价，一针见血地指出：“过去我们关心的是发展对环境带来的影响，而现在我们则迫切地感到生态的压力，如土壤、水、大气、森林的退化对发展所带来的影响，生态与经济从没像现在这样相互紧密联系在一个互为因果的网络中。”1987 年联合国环境与发展委员会出版了《我们共同的未来》一书，在世界各国掀起了持续发展的浪潮。在 1992 年 6 月于巴西里约热内卢召开的联合国环境与发展大会上，这一原则以及它和人类与自然和谐关系的联系被放到了重要位置。在大会通过的有 27 条原则的《里约宣言》中，首要原则就是“人类是可持续性发展所关心的中心，它们被誉为与大自然和谐共存的健康富有的生灵”。值得注意的是，尽管 1987 年联合国环境与发展委员会定义了可持续发展的内涵与外延、理论与方法的论述，截至目前，争论尚在继续，但是，人们对可持续发展与环境生态学的关系已基本得到共识，那就是：可持续发展实质上是协调人与自然的关系。生态环境问题是人类面对的共性问题，因此应当对此予以高度的关注，从人类生存与社会发展角度来看，需加强可持续发展建设以及生态环境建设，共建和谐的人与自然关系，积极改善生态环境，对污染与破坏问题进行治理与补救，并对生态环境建设予以科学的规划。

五、环境生态学当前要解决的重大问题

1．酸雨

酸雨是由于人类活动排放的 SO_2 过量而引起的。如今酸雨发生的频率越来越高，范围越来越大，世界上已经形成了三大酸雨严重污染集中区域：北美（美国、加拿大）、欧洲大陆和中国（西部）。目前，在加拿大，几乎全部湖泊都正受到酸雨危害，80%的人口生活在酸雨地区，正有 $1\,500\times10^4\ hm^2$ 森林被破坏。酸雨污染除对软水湖泊、溪流中许多鱼类和水生生物的生存，森林生态系统的可持续发展产生严重影响外，还由于导致土壤 pH 值大幅度下降，摧毁酸性土壤 pH 缓冲体系，使这些农田不利于农作物的生长甚至颗粒无收；由于大气雾量的增加，对区域气候产生重大影响。此外，还腐蚀铜铁构建和建筑物，对城镇生态系统产生不良影响。

2．温室效应

由于 CO_2、CH_4 等气体进入大气层引起全球性环境问题之一——气候变暖，连续 30 年的测量表明，大气中 CO_2 的含量以每年 0.4%的速率递增，按现有的绝大多数气候模型估计，在不远的将来可能使全球平均温度上升 2℃，而对湖泊中花粉和海底浮游生物骨骼沉积物的考察表明，全球范围这样的温度变化必将导致全球陆地植被类型和海洋生物物种分布的显著变化，而这必然反过来影响全球气候。

3．臭氧层的枯竭

O_3 主要集中在平流层，它的主要作用是吸收进入地球大气的紫外线。1958 年对臭氧层观测以来，发现高空臭氧有减少的趋势。1985 年英国南极考察站的科学家 Farman 等在哈雷弯观测到早春南极上空臭氧急剧减少，形成“臭氧空洞”

（ozon ehole）。臭氧层出现空洞，将使地面紫外线辐射增强，皮肤癌发病率上升，还带来动物死亡率和家禽瘟疫增加，谷物减产，气候变化等一系列的影响。

4．水污染加剧，淡水资源紧缺

世界上淡水资源极其有限，约占地球总水量的 0.26%。有人比喻说，在地球这个大水缸里可以用的水只有一汤匙，而且这一汤匙的水，严格来说应该是含有复杂混合物的“汤”，皆因水污染已经成为世界范围的环境问题。没有水，一切动植物都将停止生命活动，这是极其可能出现的绝对现实。

5．森林锐减

全球森林面积从人类文明初期的 80×10^8 hm^2 减少到 28×10^8 hm^2。现在世界仍以每年 $1\,800\times10^4$～$2\,000\times10^4$ hm^2 的速度减少。美国环境质量委员会预测，随着人口持续增加和人类经济活动的发展，21 世纪初，世界的森林和不成片森林的面积将可能达到公认的警戒线——陆地面积的 30%。

6．水土流失或土壤退化

据联合国环境规划署统计，全球 1/4 的土地面积正受到沙漠化威胁，沙漠面积已占全球面积的 7%，与此同时，全世界 30%～80%的灌溉土地不同程度地受到盐碱化和水涝灾害的危害，由于侵蚀而流失的土壤每年高达 240×10^8 t。近 50 年来，全球已退化的耕地面积达 12×10^8 hm^2。

7．物种的消失

地球生物多样性锐减给人类前途带来的将是致命的威胁，它将带来生物圈链环的破碎和断裂，乃至人类生存基础的坍塌。中国是生物多样性破坏较严重的国家，高等植物中濒危或接近濒危的物种达 4 000～5 000 种，占中国拥有的物种的 15%～20%，高于世界 10%～15%的平均水平。在联合国《国际濒危物种贸易公约》列出的 640 种世界濒危物种中，中国有 156 种，约占总数的 1/4。中国滥捕乱杀野生动物和大量捕食野生动物的现象仍然十分严重，屡禁不止。

8．矿产资源耗竭

石油是目前世界上用量极大的矿物燃料，1980 年已探明的世界石油储量相当于 1 280 亿 t 标准煤，按目前产量增长率消耗下去，全世界石油储量大约在 2015—2035 年将消耗掉 80%。全世界的天然气仅可维持 40～80 年。

9. 持久性有机物污染问题

它对健康和生态的影响是很严重的。目前关于流行病学研究的证据还不是很足够，但是已经有很多迹象表明它对生态和人体健康的消极影响是很严重的，主要的特点就是它的激素的活性，主要表现的是雌激素的作用。

六、环境生态学的研究进展

1. 生态毒理学的研究

生态毒理学的核心部分是生物效应，即有毒、有害物质对生命有机体危害的程度及范围的研究。生物监测和生物检测是进行生物效应研究的两科技术法。使生态毒成为 20 世纪 90 年代最有生命力的边缘学科之一。70 年代化学品毒性生物测试得到快速发展，建立了生物个体、种群的毒性试验标准。70 年代后期发展的群落效应研究应用了微宇宙法研究了化学品在环境的迁移、转化、降解和归宿。80 年代运用发光菌对污染物标记的方法将污染物的生物监测推向了标准化和商品化。目前，又发展了分子生态毒理学或生物标志物的研究，其特点是采用现代分子生物技术研究污染物及代谢产物与细胞内大分子包括蛋白质、核酸、酶的相互作用，找出作用的靶位或靶分子，并揭示其作用原理，从而对在个体、种群、生态系统水平上的影响做出预报。总之，环境生物学正向宏观和微观两个方向发展。在宏观领域主要研究对象已经由个体、种群和群落转移到生态系统和景观生态。在微观领域，则采用分子生物学、细胞学、遗传学、生理学等生物学方法和技术，研究污染物及其代谢与生物大分子及细胞的相互作用，以及与生物遗传和代谢的关系，揭示其作用原理，从而对在个体、种群、生态系统水平上的影响做出预报。

2．环境污染的生物净化

环境污染的净化方法有物理方法、化学方法和生物方法，其中生物方法是最重要的，也是最常用的污染处理方法。目前废水生物处理技术发展趋势主要体现在以下几个方面：①开发各种具有高生物浓度、高传质速度的反应器，以及高负荷条件下的运转方式。②将好氧与厌氧过程在同一反应器中进行，明显改善生物去除难降解物质和氮、磷营养物质的能力，提高生物去除污染物的能力。③微生物的悬浮生长和附着生长相结合，以维持微生态系统中的生物多样性。④研究开发对高浓度有机废水、生物难降解物质、氮磷营养物质等能有效去除的新工艺和新方法。

3．环境生物技术的发展

环境生物技术是指生物化学、微生物学及工程技术相结合之整合性技术，是直接或间接利用完整的生物体或生物体的某些组成部分或某些机能，建立降低或消除污染物产生的生产工艺，或者能够高效净化环境污染，以及同时生产有用物质的人工技术系统。

现在环境生物技术在环境生态学中起到的作用：

（1）废水生物处理中的应用。环境生物技术被认为是一种最经济有效的污水处理手段，不但融合了生物自身的特点，如吸附力强、沉降性好、降解能力显著等，使废水处理的效率高、效果好，而且符合生态学及可持续发展的观点。目前，应用到废水治理中的生物技术主要有生物强化技术、生物反应技术、生物发酵技术。

（2）废气生物处理中的应用。生物技术处理废气与传统有机废气处理方法相比较，具有成本低、效率好、安全性好和无二次污染等技术优点。废气中挥发性有机物和恶臭物质的排放浓度并不很高，但刺激性和臭味很大，其中大部分是可以被微生物降解的，因此很适合用生物方法来去除。根据微生物在废气处理过程中的形式，可将处理方法分为生物吸收法和生物过滤法两类。生物吸收法主要用来处理含胺、酚和乙醛等污染物的气体，去除率可高达 95%。生物过滤法常用于有臭味废气的降解。美国利用微生物代谢来净化工业性恶臭气体效果显著，而且不产生二次异臭。

（3）固体废物的生物处理中的应用。生物技术的介入可将固体废物进行“无害化、资源化、减量化”处理，处理过程达到了真正的清洁有效，还可优化生态循环。若把处理后的产物作为有机肥料投入农业，又可为人们提供高品质、高产量的绿色食品，构成食物链意义上的又一良性循环。20 世纪 60 年代，研究人员开始进行有关高效、快速堆肥工艺方法的研究。至今，欧美各国及日本已开发了10 多种机械快速堆肥工艺，其中最著名的是达诺式回转圆筒形发酵仓工艺。国外还发展用蚯蚓床处理有机垃圾和粪便。大型化的固体废物填埋场技术可靠，处理效率有保证，适合环境要求。目前，生物反应器式填埋场已在美国获得广泛的重视。

（4）生物修复中的应用。生物修复是生物尤其是微生物催化降解有机污染物，从而修复被污染的环境或消除环境中的污染物的一个受控或自发进行的过程。目前来说生物修复技术还不完善。美国在生物修复方面的研究侧重于不同污染的土壤和水体的整治和修复，尤其是外源有机污染物的治理。1989 年，对受石油污染的 Alaska 海滩进行的生物修复就是很成功的例子。对于含重金属的工业废水和含农药的有机废水，生物修复也起到很显著的作用。

（5）生物检测中的应用。经典的生物技术检测方法有：利用细菌总数及粪便污染指示菌检测水质、应发光细菌快速检测环境毒物、通过测定水中藻类的发生物量来进行水质检测环境毒物。这些方法的操作及检测标准均已成熟。现在伴随着生物技术的不断发展，一些新的分子工具介到生物检测技术中来，主要有：生物传感器和生物芯片，核酸探针，PCR，生物免疫检测，单细胞电泳，病毒检测等。这些方法快速、灵敏、特异性强、试验周期短，因此应用很广泛。

4．保护生态学

保护生态学包括自然保护生物学和恢复生态学。自然保护生物学目前已经有珍稀物种及其栖息地保护发展到生物多样性，包括遗传多样性、物种多样性和生态系统多样性的保护。在自然保护技术和措施方面，已经由自然保护区的建立发展到生物圈保护区的建立。而恢复生态学则研究生态系统的退化机制、物种进化和生长及群落聚集过程的限制因子、群落结构与生态系统功能之间的关系，制订生态系统的恢复方案。

七、环境生态学的研究趋势

（1）从静态的结构研究到动态的功能研究；

（2）从描述现状的定性研究到预报未来的定量研究；

（3）野外调查和室内实验相结合；

（4）宏观研究和微观研究相结合；

（5）生物学与地理、化学、物理和数字互相渗透；

（6）运用自动化测试，计算机和遥感技术等现代化实验手段；

（7）环境生态学与生态学的区别；

（8）以人为中心来探讨其生活环境的科学；

（9）研究人类与环境相互关系的科学；

（10）研究人为干扰下，生态系统内在的变化原理，规律及寻求受损生态系统恢复，重建和保护对策的科学；

（11）开展国际协作。

参考文献

[1] 张杏辉，余丽娟，李廷盛，等.《环境生态学》课程教学创新改革实践[J]. 吉林农业，2014（23）：84.

[2] 牛晓音，郑家文，刘家第. 环境生态学教学改革实践中的问题与对策[J]. 科教文汇（上旬刊），2011（4）：44-45.

[3] 董志国. 环境可持续发展的环境生态学思考[J]. 旅游纵览（下半月），2017（1）：223.

[4] 何天容. 关于《环境生态学》教学的几点认识[J]. 亚太教育，2016（8）：125.

[5] 陈海燕，祖艳群，李元. 环境生态学教学方法研究[J]. 云南农业教育研究，2007（1）：13-15.

[6] 何永美，李元，湛方栋，等.《环境生态学》实践教学改革的探讨[J]. 农业教育研究，2010（1）：21-23.

[7] 祖艳群，李元，何永美，等.《环境生态学》教学实践的探讨[J]. 农业教育研究，2011（3）：32-34.

[8] 林涵，李立峰. 生态环境的守望者——新民晚报《绿色家园》专刊评析[J]. 新闻记者，2003（10）：36-37.

[9] 林涵. 生态健康与可持续发展[J]. 中国质量，1999（3）：31-33.

[10] 林涵. 生态健康与可持续发展[J]. 经济论坛，1999（4）：14-15.

[11] 陈创荣，李渊，林涵，等. 以科学发展观为指导提高大学生思想政治教育工作科学化水平[J]. 科技信息，2011（18）：50.

[12] 叶文彪. 合同能源管理的实践与体会[J]. 变频器世界，2005（2）：6-7.

[13] 孙铁珩，周启星. 污染生态学研究的回顾与展望[J]. 应用生态学报，2002（2）：221-223.

[14] 蔡晓明. 福州市林业有害生物发生防治现状与防控对策[J]. 林业勘察设计，2011（2）：45-47.

[15] 王徽. 生态环境地球化学的研究进展[J]. 地质与勘探，2001（5）：67-70.

[16] 余雪梅. 环境生态学的进展与展望[J]. 科技创新导报，2009（13）：125.

[17] J. Z，H. B S. THE IN SITU STRUCTURE OF L3 and L4 OF THE LARGE RIBOSOMAL SUBUNIT FROM NUCLEAR SPIN CONTRAST VARIATION. Beijing，China，1993. 1.

[18] Bruce W L，Thomas J F，III. The U.S.Department of Energy-National Energy Technology Laboratory's NO_x Control Program for Coal-Fired Power Plants. Third International Methane and Nitrous Oxide Emission Reduction Technology Conference. Beijing，China，2003，9.

[19] 艾翠玲，贺延龄，周孝德. 膜生物反应器在污水处理中的应用研究现状[J]. 长安大学学报（自然科学版），2002（4）：106-110.

[20] 夏明芳，姜伟立，吴志超. 废水膜生物处理技术研究进展[J]. 污染防治技术，2002（2）：

16-20.

[21] 孟小雄. 环境生物技术[J]. 生物技术通报，2002（1）：47-48.

[22] 金晓红，任化炜. 环境生物技术应用于环境保护的新进展[J]. 环境保护，2002（2）：18-19.

[23] 刘晓春，李玉琪，张中华，等. 面向21世纪的环境生物技术[J]. 重庆环境科学，1995（3）：34-37.

草地生态学与我国天然草地生态治理

张　鹏　黄国勤[①]

（江西农业大学生态科学研究中心，南昌　330045）

摘　要：本文根据草地生态学的基本原理，对当前我国天然草地存在的生态问题进行了分析，并提出了相应的生态治理对策和生态恢复措施。

关键词：草地生态学　“草畜”平衡　生态治理　生态恢复　可持续发展模式

一、前言

随着全球经济的迅猛发展和人口的急剧增加，人们对环境资源的摄取日益严重，继而环境所承受的压力也不断加大。虽然近来在环境方面国家相关政策的推出实施和人民环保思想意识的不断提高，我国草地生态逐步改善，但对于已产生的草地生态问题和即将面对的问题不能忽略，依旧需要重视。我国具有丰富的草地资源，草地面积 3.98 亿 hm^2，占国土总面积的 42.06%，为耕地面积的 3.7 倍，是林地面积的 3.1 倍，是我国六大自然资源（森林、土地、草地、海洋、矿产、水）之一[1]。我国大部分草原地区，放牧是当地畜牧业主要的生产经营方式，但由于

① 通信作者：黄国勤，教授、博士生导师，办公室电话：0791-83828143；手机：13627081298；电子邮箱：hgqjxes@sina.com。

人类的不合理利用及其他各种因素的综合作用，草地生态出现了严重的退化现象，有些地区十分严重，危及当地人民的生产和生活，迫切需要应用草地生态学原理加以解决。

二、草地生态学概述

草地生态学（Grassland Ecology）是应用生态学和系统学的观点和方法，研究草地生态系统的结构、功能、生物生产、动态、生态调控，并探索其实现高效、平衡和持续发展的科学。一方面，草地生态学是草地管理、草地可持续利用和草地生态保护的基础，所以可以说草地生态学是应用生态学的范畴；另一方面，草地生态学主要研究的目的是“草畜”平衡，通过研究草地生态，发挥草地资源的生产潜力和建立新型的农业发展模式。

三、我国天然草地概况

我国是世界草地大国之一，草地面积占国土总面积的42%，大多数的草地处于环境条件恶劣的地区，生态系统复杂，类型独特，环境脆弱[2]。其中天然草地主要分布在西藏、内蒙古、青海、新疆、四川、甘肃、黑龙江以及云南等地，占全国草地总面积的80%以上。其中西藏天然草地面积最大，为 7.47×10^5 km^2，占全国草地面积的 26.7%，主要是高寒草原和高寒草甸。其次为内蒙古、青海和新疆，分别为 $5.53\times10^5 km^2$、$4.40\times10^5 km^2$ 和 3.53×10^5 km^2，其中内蒙古草地主要以温性草原和荒漠草原为主，青海主要以高寒草甸和高寒草原为主，新疆则盐生草甸、高寒草原、荒漠草原、温性草原和高寒草甸均有分布。此外，四川、甘肃、黑龙江和云南的草地面积也较大，分别为 1.10×10^5 km^2、1.04×10^5 km^2、$9.1\times10^4 km^2$ 和 9.1×10^4 km^2，四川 80%以上为高寒草甸，云南 86%以上为热带亚热带草丛。北方主要牧区中，宁夏草地面积较少，约 1.8×10^4 km^2，主要为温性草原和荒漠草原。

根据不同的标准草地的划分类型不同，植物群落学分类法、土地—植物学分类法、植物地形学分类法、气候—植物学分类法、植被—生境分类法、农业经营分类法和综合顺序分类法为七大类[3]，其中，1985 年，任继周、胡自治总结了草地分类的基本原则和指标属性，提出了草地的气候—土地—植被综合顺序分类系统（integrated orderly classication system of grassland，IOCSG）[4]，很好地反映了草地植被与气候的相互关系，其中的草地分类检索图在国际上被称为任—胡氏检索图，实现了对天然草地和人工草地的世界统一分类这一草地分类科学的最高目标，这对于草地的分类具有重大意义。

四、天然草地功能

草地资源不仅是发展畜牧业的基础，也是人类重要的生态屏障，其主要功能有生态功能、生产功能、文化功能。首先，天然草地具有固碳、净化空气、调节小气候的作用，作为绿色屏障有极大的防风固沙和保土能力，天然草地一旦退化裸露，极易造成水土流失，加上其所在不良的气候环境，很容易被风蚀，使其裸露面积不断地扩大；其次，天然草地为家畜提供饲草，满足其生长发育的需要，而且天然草地也是许多药材的原料基地；最后，草地也是文化的载体，世代生息在草原地区的先民、部落创造出了一种与草原生态环境相适应的文化，包括风俗习惯、思想观念、宗教信仰、文字艺术等，这都壮大了中华文化的内涵，因此草原文化使中华文化更加多元化。

五、天然草地存在的生态问题

草场退化是目前人类社会在农业方面所面临的生态难题，也是全球生态安全亟须解决的问题，已成为当今全球变化研究的重要课题之一[5]。据统计，退化草地问题在发展中国家和不发达国家更为突出[6]。近年来，我国草原生态保护取得了一定成效，草原综合植被盖度总体呈上升趋势，天然草地草产量有所增加，草原违法案件数量略有下降，但仍存在部分区域草原生态环境较为脆弱、农牧民草原生态保护意识仍比较淡薄、草原鼠虫害仍比较严重等问题[7]。自2009年全国天然草原监测报告有相关数据以来，草原违法案件数量从2009年的27 000起下降到2015年的 17 020起。但草原违法案件破坏的草原面积没有明显减少，变动明显，2010年为1.56万hm^2，到2014年达到2.09万hm^2，2015年明显有所下降。买卖或者非法流转草原事件仍有发生，2014年买卖或者非法流转草原面积2.9万hm^2。草原鼠害面积从2006年的3 947.00万hm^2下降到2008年的3 675.80万hm^2，2009年出现了反弹，高达4 087.20万hm^2，之后又呈下降趋势，2015年下降到2 908.40万hm^2，鼠害面积仍比较严重。草原虫害面积从2006年的1 683.00万hm^2上升到2008年的2 700.70万hm^2，但从2008年开始下降，2015年下降到1 254.70万hm^2，一定程度上有所缓解。

原有的生态环境一旦被打破，很难恢复到原来的状态，而且破坏的环境更加容易向着生态的负向发展，再加上各种不良因素的综合作用，所以草地生态环境是比较脆弱的，很容易被打破原有生态。

六、原因分析

当今世界面临全球气候变暖的问题，预计在21世纪末，气温上升1.4～5.8℃[8]，这些问题是由于化石燃料的使用与森林的不合理利用所造成的，而生态问题需要用整体的眼光去看待，所以温室问题不可避免地会影响草地生态，对于高寒区草地的影响可能会更加突出，而这是一个需要被长期研究的问题，目前还有待解决。前者是从生态学的整体出发所探讨草地退化，此外就具体而言，过度放牧无疑是草地退化的一个重要原因，当超过草地最大载畜量的时候，草地满足不了其生长需要，那么它将采食草根，这对于草地的来年再生是致命的，再加上家畜的践踏，草地退化继而加速。草地一旦退化，其裸露面积将不断扩大，草地不仅要面临沙化威胁，而且对于家畜不采食的毒杂草却将大肆蔓延，这将是一个恶性循环，据2007年统计数据，全国毒草危害造成的直接经济损失达9亿元，间接经济损失92.6亿元，严重影响了当地畜牧业的发展和农牧的收入，动摇了农牧民对草原的安全感[9]。另外，草地鼠、虫害也是草地退化的一个重要原因，其中鼠害主要通过掘土和采食牧草使天然草地逆向演替[10]，并且也容易传播疾病。2011年全国天然草地鼠害危害面积约占全国天然草地总面积的10%，其中西部地区的青海、内蒙古、西藏、甘肃、新疆和四川6省（区）危害面积占总危害面积的89.9%[10]。

七、运用草地生态学原理进行草地生态治理与恢复的对策

1．思想的转变

当代经济飞速发展，任何以环境为代价来促进经济的增长是错误的，无论何时都要把环境问题放在第一位，环境关乎我们每一个人的生命健康，提高对环境的保护意识是解决草地生态问题的第一步。

2．创建草地保护制度，推动生态文明建设

草地是我国最大的陆地生态系统，建立天然草地的保护制度一方面有益于生态环境；另一方面是对广大农牧民生产、生活资料的基本保障，加强天然草地的保护制度建设，对于牧区的经济健康发展具有必不可少，此外天然草地保护制度完善与实施对全球生态环境的良性循环有着重大意义。在政府制定了相关法律法规的同时，还应该建立相应的生态补偿机制，这将更加有利于生态文明的建设。

3．“草畜”平衡与退牧还草

草地是重要的畜牧业资源，不能通过无节制地增加家畜数量来增加牧民的经济效益，必须科学、合理地确定载畜量[11]和放牧强度，实行季节畜牧业生产[12]。例如，夏秋季节气候温暖、牧草营养丰富、牲畜生长快，适宜在此时大量繁殖仔畜，对当年犊牛、羔羊进行育肥，并且将多余饲草储藏，为家畜冬季牧草不足而做准备，这充分体现了适度放牧也是“草畜平衡”的一方面[13]；另一方面，退牧

还草也是对草地生态恢复的一项重要措施，为了治理不断恶化的草地生态环境，抢救草地资源，内蒙古阿拉善盟从2002年开始，退牧还草112.8万hm^2，连续4年对退牧还草项目区的监测结果表明，草地植被覆盖度提高了97%，干草产量提高了134.7%[14]，农牧民人均纯收入稳步增长，生态、经济、社会效益十分明显。因此，退牧还草是阿拉善荒漠草地生态治理和农牧民致富的有效途径。

4．人工封育、草地改良、建立栽培草地

人工封育是恢复退化草地的有效途径之一[15]，进行人工封育将一段时间内停止对草地资源的利用，这将有助于恢复草地植被。在草地进行放牧的时候，由于家畜采食喜好的不同，会对某一植物的利用高于其他植物种类，这使得草地植物类型的数量发生变化，可能原本的优势种会逐渐减少，家畜不经常采食的植物逐步取代原来的优势种，这将改变原有的生态环境；另外，某些地区人们对于“冬虫夏草”等药材的过度挖掘，都会危害原有的草地生态。所以，通过人工封育草地的措施，可以避免此类问题，对于原有生态起到保护作用。

草地改良是草地生态修复的重要手段之一，适用于轻度和中度的退化草地，而对于重度以及极重度的退化草地，则需要建立人工草地，通过人工建立植被恢复当地原有的生态环境，而这无疑是一项非常复杂的工程，具有很大的挑战性，目前我国人工草地重建技术处于落后于发达国家[16]。人工草地的建设中，需要对该地原有的生态环境做详细的了解，并且充分分析，研究当地的土壤养分以及土壤微生物等的情况，选择优质抗逆、适合补播的种质与补播措施[17]。董世魁等[18]的研究表明，在天祝高寒地区建植多年生禾草混播草地，两年内就可使草地植被盖度超过95%，草群高度明显超过封育天然草地和未封育天然草地，可食牧草比天然草地提高23%，产量为封育天然草地和未封育天然草地的2.3倍和3.1倍。因此，相对于人工封育，草地改良和人工草地重建的效果更加明显，但是，这只是在短期时间内所出现的成效，对于以后不良环境的抵抗能力是否有明显的效果还有待研究，毕竟自然界所形成的植物群落分布是一个长期适应自然的结果，所以草地改良和建立栽培草地的施工措施中，需要对生态环境做相当深入的了解，从而建立草地生态的良性循环。此外，目前草原生态工程建设的内容缺乏多样性，没有形成一个完整系统[19, 20]，而草原生态建设应该是一个多层次全方位的系统工程[21]，所以在生态工程的建设中必须考虑生态系统的完整性，不能依据某一植物的独有优良特性或某一简单的生态因子来进行生态工程建设。

5. 鼠害问题的解决

气候干旱与草原退化为鼠害的发生创造了极大有利条件，草原鼠类通过啃食草根以及筑巢的行为危害草地生态，尤其对退化草地的影响极度恶劣。一方面，鼠类的繁殖速度快；另一方面，少数民族的宗教信仰问题，草地鼠害也是相当严重，对于草地生态危害严重。在今后，必须加强鼠害的宣传工作以及加大灭鼠工作中灭鼠器具的使用。

6. 人才培养

在草地生态建设中需要培养大量人才，并将其科学技术逐步转化为生产力，提高牧民种草养畜的能力，改变原来以家畜数量衡量经济的思想观念，此外，做好草地生态的基础研究工作。

八、“藏粮于草”的重要思想与“草地农业”发展

发展“草地农业”是对传统农业结构的一种转变，而这也是相对于“耕地农业”而提出的，草地农业将牧草与家畜引入农业系统，因此“藏粮于草”这一思想具有重大意义。据统计，我国人均耕地面积已下降到1.3亩，预计到2030年，我国人口将达到16亿人，人均耕地面积将再减少25%[22]。面对如此严重的问题，必须做出相应的农业结构调整，在保护好草地生态的同时，大力发展草地畜牧业，首先使得“草”“畜”平衡，其次将“草畜”产业发展达到经济最优化，为农牧民增加经济收入的同时保障我国肉类食品供给。

九、小结

草地生态学研究的内容丰富，其中生物成分有草地植被、草地动物、土壤微生物，而草地环境有水热状况与土壤营养，另外，在草地生态学的研究中，有着明显的地区特点和民族特色，因此草地生态学具有广阔的发展前景。充分认识草地与环境之间的相互关系，发挥草地的生产力和生态服务功能，明确草地是重要的生态安全屏障、畜牧业发展的重要物质基础、广大农牧民生存和发展的家园、我国民族文化的重要载体。草地生态一方面对于我国生态安全具有重大意义；另一方面对我国草地畜牧业的发展有重要的现实意义。

参考文献

[1] 云锦凤. 中国草地资源概况[J]. 中国花卉园艺，2002（17）：4-5.

[2] 郭月玲，江海东，蒋志峰. 我国草地生态环境退化的原因与对策[J]. 畜牧与饲料科学，2011（8）：81-82.

[3] 胡自治. 草地分类方法研究的新进展[J]. 国外畜牧学—草地与牧草，1994，4（4）.

[4] 徐吉宏. 天祝县草地综合顺序分类及其生态系统服务价值的评价[D]. 甘肃农业大学，2009.

[5] 孙海群，周禾，王培. 草地退化演替研究进展[J]. 中国草地，1999，1.

[6] 毕伟. 民勤县天然草地退牧还草工程效益分析及存在的问题[D]. 兰州大学，2016.

[7] 杨旭东，杨春，孟志兴. 我国草原生态保护现状、存在问题及建议[J]. 草业科学，2016，33（9）：1901-1909.

[8] 张卫建，许泉，王绪奎，等. 气温上升对草地土壤微生物群落结构的影响[J]. 生态学报，2004，24（8）：1742-1747.

[9] 赵宝玉，尉亚辉，史志诚，等. 我国西部草原毒草灾害状况及防控对策[C]// 中国畜牧兽

医学会家畜内科学分会代表大会暨学术研讨会. 2011.

[10] 郭正刚，王倩，陈鹤. 我国天然草地鼠害防控中的问题与对策[J]. 草业科学，2014，31（1）：168-172.

[11] 徐长林，鱼小军. 天祝高寒草地退化原因分析与治理策略[J]. 草业科学，2011，28（9）：1695-1699.

[12] 兰玉蓉. 青藏高原高寒草甸草地退化现状及治理对策[J]. 青海草业，2004，13（1）：27-30.

[13] 侯扶江，杨中艺. 放牧对草地的作用[J]. 生态学报，2006，26（1）：244-264.

[14] 塔拉腾，陈菊兰，李跻，等. 阿拉善荒漠草地退牧还草效果分析[J]. 草业科学，2008，25（2）：124-127.

[15] 桑潮. 高寒草地退化与围栏封育对土壤种子库及其与地上植被关系的影响[D]. 兰州大学，2015.

[16] 王祥，郑伟，朱亚琼，等. 人工草地建植对昭苏盆地山地草甸碳水通量特征的影响[J]. 中国草地学报，2017，39（2）：1-10.

[17] 王启基，史惠兰，景增春，等. 江河源区退化天然草地的恢复及其生态效益分析[J]. 草业科学，2004，21（12）：37-41.

[18] 董世魁，胡自治，龙瑞军，等. 高寒地区混播多年生禾草对草地植被状况和土壤肥力的影响及其经济价值分析[J]. 水土保持学报，2002，16（3）：98-101.

[19] 张立中. 中国草原利用、保护与建设评析及政策建议[J]. 农业现代化研究，2012，33（5）：523-528.

[20] 梁涛. 锡林郭勒草原生态保护的公共政策研究[D]. 内蒙古师范大学，2012.

[21] 王关区，花蕊. 草原生态保护建设中存在的问题[J]. 内蒙古社会科学（汉文版），2013，34（4）：163-167.

[22] 卢欣石. 草地农业是农业结构调整新选择[J]. 江西农业，2015（10）：11.

分子生态学的研究进展

李新梅　黄国勤[①]

（江西农业大学生态科学研究中心，南昌　330045）

摘　要：分子生态学是众多学科交叉的学科，是生态学的微观研究层次与领域，它利用分子生物原理、方法和技术，来研究生命系统与环境相互作用的机理及分子机制的科学，从分子水平探讨生物与环境的关系。从分子生态学的产生、研究内容、特点以及分子生态研究热点进行综述，并对分子生态学的应用和展望进行了简述。

关键词：分子生态学　研究进展

一、前言

1992 年，英国生态学会主办的国际性杂志《分子生态学》（Molecular Ecology）的创刊成为分子生态学诞生的主要标志。就整个生态学的发展过程分析，当前生态学的发展趋势是从中观（个体到生态系统的各个层次）向宏观和微观两级发展，而其中宏观生态现象的多样性需要用微观的室内实验分析来揭示其生态本质的一致性也就成为生态学宏观与微观相结合发展的必然趋势，从而分子生物学原理和

① 通信作者：黄国勤，教授、博士生导师，办公室电话：0791-83828143；手机：13627081298；电子邮箱：hgqjxes@sina.com。

技术应用于生态学研究而形成的生态学新的分支科学——分子生态学，使生态学的试验研究一跃进入分子水平。分子生态学的产生给整个生态学带来了巨大的冲击，其研究的问题是过去其他经典的生态学难以解决或者从未涉及的问题，它的产生就引起广大生物学家和生态学家的极大兴趣和高度重视[1]。

分子生态学是一门新型的交叉学科，是近年来兴起的一门前沿学科，是分子生物学与生态学这两个 20 世纪带头学科交叉融合的产物，形成于 70 年代末 80 年代初，这一学科的出现使生态学真正从宏观领域深入微观领域，使生态学步入新的发展时期[2]。目前较一致的看法是：分子生态学是生态学的微观研究层次与领域，它利用分子生物原理、方法和技术，来研究生命系统与环境相互作用的机理及分子机制的科学，从分子水平探讨生物与环境的关系。分子生态学主要包括分子环境遗传学、分子种群生物学和分子适应性三个方面的研究，包含了生物形态、遗传、生理生殖和进化等各个水平上调节适应的分子机制[3]。

二、分子生态学的特点

分子生态学的最重要特点是：

（1）分子生态学允许我们从生命现象的基础即 DNA 的分子结构及生命大分子的表观修饰等层次上揭示生物不同生理状态、个体、种群、物种以及更高阶元间的差别和共性，区别遗传和非遗传、同源和非同源（趋同、趋异等）性状和特征。因此，它极大地提高了我们的分辨能力[4]。

（2）分子生态学使得研究人员不但能定性地，而且可定量地描述个体、种群和物种间性状差异的遗传基础[5]，对感兴趣的现象（如个体迁移、群体、谱或物种起源、祖先状态和生境等）从时间和空间上进行追踪，推证关联性（如决定生态和进化适应的遗传背景、入侵生物的地理来源等），追溯和拟合导致这些变化的生理、生态、气候、地理地质、人类活动等因素及其所影响的时空尺度。

（3）分子生态学极大地延伸了我们所能研究的宏观生物学问题的空间跨度、

时间跨度、微观尺度、系统性、复杂性、对比能力和精确度；因此空前地提高了我们对具有普遍意义的科学规律、生态过程和演化机制的探索能力和揭示能力。在这些基础上，人类有可能在一定程度上定向改变生物多样性的构成、调节生境、预测生物对环境的适应能力，以及生物和环境未来的演变趋势[6]。

（4）分子生态学的众多研究实践和所取得的成果表明，我们对很多机制和进程的理解和了解还甚为肤浅[7]，解决很多宏观生物学问题需要借鉴和了解生物和生态系统的演化历史，必须从生态、遗传和进化的视角进行综合考虑和分析。

（5）分子生态学多方面地促进了原来缺乏关联性的众多学科间的交叉融合和发展，一方面使得许多学科之间的界限变得模糊或消失；另一方面催生了新的交叉学科，因而前所未有地改变了我们的视野、思维方式、研究理念和习惯[8]。

(6) 通过分子生态学的方法解决种群水平的生物学问题。与其他生态学相比，分子生态学是从分子水平上来研究与生态学有关的内容，是使用现代分子生物学的技术、方法从微观的角度来研究生态学问题。所以，分子生态学更能从本质上说明生物在自然界中的生态学变化规律。同时，新的和难以解决的生态环境问题，是分子生态学所要研究的一个非常重要方面[9]。

三、分子生态学研究的内容

分子生态学的研究内容是基于DNA和蛋白质研究，包括种群在遗传多样性、分子环境遗传学和遗传工程改良生物体的环境生态效应等[10]。研究方法同样基于DNA和蛋白质的研究方法，主要有RFLP（限制性片段长度多态性）、AFLP（扩增片段长度多态性）、RAPD（随机扩增多态DNA标记）、SSR（微卫星分标记）、EST-SSR（表达序列标签开发微卫星分子标记）、绿色荧光标记法、PCR法、DNA指纹图谱、DNA杂交技术和蛋白质免疫法，蛋白质电泳法等。同时，分子生态学探讨基因工程产物的环境适应性和投放环境后所引起物种与环境互作、物种之间互作、种内竞争等方面的生态效应。并利用分子生物学原理发展一套针对生物监测的规范化技术，促进遗传工程的健康发展。

Burke[11]等认为分子生态学主要涉及以下 3 个方面的问题：①分子环境遗传（包括种群生物学和基因流，释放重组生物的环境生态学和自然界中的遗传交流）；②分子种群生物学（包括种群和进化生物学，行为生态学和保护生态学）；③分子适应性（包括遗传分化和胜利适应和环境对基因表达的影响）。分子生态学研究内容主要有以下几个方面。

1．群体和遗传保护

群体遗传学（population genetics），是用数学模型和实验来研究繁育系统、突变、选择、随机漂变对种群基因频率的影响，也就是生物进化的过程。对保护遗传学的研究可以为物种保护提供对策和依据[12]。

2．行为生态学

行为生态学主要是研究动物与其环境之间的相互关系，行为生态学根据现代遗传学理论[13]，在基因水平上对自然选择进化做了新的表述，其出发点是：虽然选择是作用表现型（即存活能力和生殖能力均有差异的个体），但真正变化的是基因频率。所以把进化理论进行重新表述：①所有生物都有基因，基因决定着蛋白质的合成，而这些蛋白质又对神经系统、肌肉的发育和生物结构起着调控作用；②在种群内很多基因多具有两个或者更多的等位基因，等位基因即使对同一蛋白的编码也有所不同，将导致发育上的差异并产生种内变异；③等位基因对染色体上某一特定位点存在竞争关系；④任一等位基因分子复制的基因，如果比对立的等位基因所复制的更具存活力，那么它最终就能在种群中取代其对立基因。

用分子生态学的观点来研究行为生态学能使人类从分子水平来认识动物的某些行为的原因本质，为研究动物的行为提供理论依据。

3．保护生态学

保护生态学是研究直接或间接接受人类活动干扰的种群、群落生态系统的生态学，其目的是为生物多样性保护提供原理和方法[14]。保护生态学是自然学科和社会科学交叉而形成的综合性应用学科，其主要原理来源于生态学、遗传学、岛屿生物地理学和一些社会科学。其核心是生物多样性保护。就物种多样性而言，尽管遗传工程本身在技术上可增加它的潜力，而实际上由于遗传工程改良生物投放环境后的直接和间接效应将减低物种的多样性[15]。在生产上，人们更愿意选择产量高的品种而将其他的品种淘汰。遗传工程生物的专利禁止了某些育种家自由交换种质、限制了遗传交流等都降低了遗传多样性。转基因生物进入环境之后参与物种竞争，可能会使一些本来稀有动物、植物种类灭绝或排斥当地生种。如何协调遗传工程和保护物种和基因的多样性的矛盾是分子生态学的一个重要任务。

4. 重组带来的危险

重组生物得到存活、繁殖、扩散和对其他生物的影响以及对重组生物提出生态预测，是分子生态学研究的热点问题之一[16]。一些学者认为，大多数遗传工程产生的产物不会带来大的风险，然而人们并不能因此排除它们中的一部分会带来严重的后果。虽然现在尚无关于遗传工程改良环境的令人信服的证据，但依据人类在引种、育种方面的经验，以及目前遗传学、生态学及进化化学的有关知识，可以推论遗传工程生物释放于环境可能产生的潜在效应。

四、分子生态学的应用

20 多年以来，许多宏观生物学问题的研究从理论机制到实际应用等方面都取得了长足的发展，这在很大程度上归功于分子生态学研究理念和方法的全面引入。可以说，分子生态学的兴起引发了一场宏观生物学研究的革命，给后者带来了若干飞跃性的变化。

1. 遗传多样性研究中的应用

遗传多样性是生物多样性的重要组成部分，广义上是指地球上所有生物携带的遗传信息的综合，狭义上是指研究变异的总和，这种遗传变异能在 DNA 和蛋白质水平方向上进行测量。因此，采取分子生态学技术，可定量的对遗传多样性进行分析。张晶等介绍分子生态学在土壤多样性中的应用进展，分子生态学的渗透，为我们从生理、生态角度进一步了解土壤真菌群落提供了技术支持[17]。

2．种群生态学以及物种起源与进化研究中的应用

生物种群的种群内和种群间遗传关系可以为物种种群地理分布，基因频率变化、基因突变、基因漂流、物种扩散、物种进化、生态适应性、生殖隔离及物种形成的揭示提供重要的理论依据，而这种遗传关系可以通过种群间的遗传距离来测定[18]。

3．生物对环境的适应性应用

生物对寒冷的分子水平适应：冷休克蛋白与抗冻技术，寒冷环境诱导原核生物产生冷休克蛋白，保护生物不受伤害。诱导昆虫和植物产生抗冻蛋白，使细胞不产生结晶，保护细胞不受伤害。膜磷脂的抗冷性，膜磷脂成分的变化可以有效抵抗低温环境对生物的伤害。增加不饱和脂肪磷酸的比例可以增加膜的流动性，脂肪去饱和酶起重要作用[19]。

生物对高温的分子水平适应：高温环境刺激细胞合成一系列进化上高度保守的蛋白质，称为热休克蛋白。因为缺氧、缺血、寒冷、饥饿、创伤、感染、中毒等能诱导生成该类蛋白，又称应激蛋白。一般认为诱导植物合成应激蛋白的最适温度比正常生长温度高出 10℃左右[20]。

植物抗旱的分子水平适应：植物对干旱的抗性是多基因控制的。这些基因可分为两类：一类是转录因子基因，调控抗旱基因表达和信号转录，是早期表达基因；另一类是抗旱功能基因，是晚期表达基因（脱水相应基因、水通道蛋白基因、调节调节蛋白基因等）。

小型哺乳动物适应低氧环境的分子机制：低海拔地区的小型哺乳动物在模拟高原环境低氧时，可以诱导出许多低氧靶性基因的高度表达，进而导致有它们编码的功能蛋白表型的高度表达。这些蛋白具有血管增生、促进红细胞生成、加强葡萄糖转运等功能，从而增强对氧的运输能力和对葡萄糖的供给能力。

五、小结

分子生态学兴起不久，但发展很快。可以预测，随着各种检测 DNA 多样性方法的发明和广泛应用，各种生物种群的遗传结构将得到进一步阐明，指导生物多样性的保育。适应性基因的克隆及其分子分析，望揭示适应的起源并建立一个统一的进化理论。分子生态学强调用分子的手段来解决生态学的问题，为生态学和分子生物学的研究注入了生机和拓宽了视野。

参考文献

[1] 刘明智，曾波. 现代生态学研究进展——以生物入侵为例[J]. 贵阳学院学报（自然科学版），2011（1）：31-37.

[2] 李春霞，吕静霞，王小霞，等. 现代农业生态学研究进展及其应用[J]. 河南科技大学学报（农学版），2004（3）：72-75.

[3] 张德兴. 分子生态学研究的细胞核 DNA 时代[J]. 科学观察，2007（6）：38-39.

[4] 李新荣，赵洋，回嵘，等. 中国干旱区恢复生态学研究进展及趋势评述[J]. 地理科学进展，2014（11）：1435-1443.

[5] 张惠文，张倩茹，周启星，等. 分子微生物生态学及其研究进展[J]. 应用生态学报，2003（2）：286-292.

[6] 肖金学，王文强，廉振民. 浅议分子生态学的概念[J]. 延安大学学报（自然科学版），2008（1）：69-71.

[7] 刘亚锋，山宝琴，刘亚惠. 分子生态学及其研究进展[J]. 延安大学学报（自然科学版），2005，24（1）：85-87.

[8] 康乐，张民照. 分子生态学的兴起、研究热点和展望[J]. 中国科学院院刊，1995（4）：292-299.

[9] 林雨霖，向近敏，刘学锋，等. 分子生态学发展的前提和条件[J]. 中国微生态学杂志，1997（1）：59-62.

[10] 周材权，廖咏梅，何成蓉. 分子生态学研究途径及其应用[J]. 西华师范大学学报（自然科学版），2005，26（2）：136-139.

[11] 姜昕，马鸣超，李俊，等. Analysis of Microbial Molecular Ecology Techniques in Constructed Rapid Infiltration System[J]. J EARTH SCI-CHINA，2011（5）：669-676.

[12] 龙应霞，刘洋. 分子生态学研究概况[J]. 黔南民族师范学院学报，2006（3）：30-34.

[13] 杨玉慧，李义明. 分子生态学研究与动物多样性保护[J]. 生物多样性，2001（3）：284-293.

[14] 王业蘧. 分子生态学的研究及其发展趋势[J]. 世界林业研究，1993（1）：25-30.

[15] 刘洋荧，王尚，厉舒祯，等. 基于功能基因的微生物碳循环分子生态学研究进展[J]. 微生物学通报，2017（7）：1676-1689.

[16] 靳素英，张嘉治，王颜红，等. 基因工程微生物生态学研究进展[J]. 应用生态学报，2003（2）：293-295.

[17] 王文琪，赵志模，王进军，等. 生物入侵生态学研究进展[J]. 安徽农业科学，2009（25）：12153-12155.

[18] Miaowan L，Yanzhen Y，Yan F，et al. Prospect of Molecular Ecology in Microbial Communities of Biofilms[J]. Singapore，2013，4.

[19] 黄瑞林，印遇龙，侯振平，等. 分子生态学的兴起与应用[J]. 广西农业生物科学，2005（1）：80-85.

[20] 何璐，虞泓，袁理春，等. 生物温度适应的分子生态学研究进展[J]. 亚热带农业研究，2014（3）：205-211.

分子生态学原理和方法在农业生态环境保护中的应用

张文秀[1] 黄国勤[1,2]①

（1. 江西农业大学农学院，南昌 330045；

2. 江西农业大学生态科学研究中心，南昌 330045）

摘 要：分子生态学作为一门新兴起的学科综合了许多新技术，使得很多生态理论在实际操作中得以验证，分子生态学方法的引入极大地推动了宏观生态学的发展。但是我国分子生态学研究起步晚，未能将分子生态学的研究方法运用到各个领域，研究成果与国外存在明显差距。在我国生态文明建设的体制下，微生物作为生态系统中的分解者，在保护农业生态环境、治理农业面源污染（如因施肥过多引起的农业面源污染，以及土壤重金属污染等）方面具有极其重要的作用。分子生态研究方法对于推动我国生态文明建设、农田生态系统的调控、土壤生态学、污染生态学学科的发展具有重要作用。

关键词：分子生态学 微生物 农业生态环境 污染治理

生态学是一门蓬勃发展的学科，当今生态学已成为庞大的学科体系，尤其是近10多年来，生态学已延伸到生活的各个领域，大至生物圈小至分子。在生态环

① 通信作者：黄国勤，教授、博士生导师，办公室电话：0791-83828143；手机：13627081298；电子邮箱：hgqjxes@sina.com。

境，农业生产，森林保护，资源利用，物种多样性研究，城市文明建设，可持续发展等各领域发挥着极其重要的作用[1]。一般认为生态学是从宏观的角度研究生物与环境关系的科学，成为人们从个体、种群、群落、生态系统几个层次上探索物种多样性奥秘的基础学科[2]，然而由于 1992 年“Molecular Ecology”杂志的创刊标志着分子生态学的诞生，许多关于群落生态学、种群生态学、进化生态学、植物生态学、行为生态学等宏观的生态学问题从理论和实际操作中取得了突破性的进展。尤其是近年来随着分子标记技术和计算机技术的发展，人们可以从基因水平来探讨物种起源和物种适应环境的机理，对于我国农业上病虫害防治、转基因生物及濒危动植物保护、湖泊草原生态系统建设等各方面将发挥重要作用[3]。但是我国分子生态学研究起步晚，分子生态学的研究也鲜有报道，与发达国家存在着明显差距，未能将分子生态学的研究方法运用到各个领域。

一、分子生态学概述

1．分子生态学的概念

分子生态学作为一门新兴起的学科综合了很多新技术，使得很多理论从实际操作中得以验证，在 1992 年“Molecular Ecology”杂志的封面上，仅仅谈到分子生态学是分子生物学、生态学和种群生物学之间形成的交叉学科，使用分子生物学的手段来研究自然种群或人工种群与其环境之间的相互关系及转基因生物的生态学问题[1-4]。Moritz（1994）[4]认为：分子生态学是用线粒体 DNA（mtDNA）的变化来帮助和指导种群动态的研究[5]。阮成江[6]认为是在蛋白质、核酸等大分子水平上研究和详解有关生态学和环境问题的一门交叉科学(植物分子生态学，2005)。向近敏等提出分子生态学应为研究分子生物的分子环境和分子环境的层次性，还应当研究生物活性分子的分子环境和环境分子网络性（分子生态学，1996）。随着学科的发展，并未形成固定的概念。就目前的研究特点来看，分子生态学几乎囊括了群体遗传学、行为生态学、植物地理学、古生物学、进化生物学、数学生态学、系统发生学、植物保护学、植物生物技术多学科分析方法和知识。分子生态学作为多学科交叉的复杂学科目前较为一致的看法是：分子生态学是应用分子生物学的原理和方法来研究生命系统与环境系统相互作用的机理及其分子机制的科学[6, 7]。

2. 我国分子生态学的研究现状

近年来，我们国家分子生态学主要集中于谱系生物地理学和第四纪生物学的研究。在青藏高原及其周边地区谱系生物地理演化，若干重要生物类群（包括作物、家养动物、濒危动植物等）的种群结构、分化和谱系演化，我国研究者对第四纪气候变化的响应，山脉和高原隆升、河流水系和海岸线变化对我国生物演化的影响等方面开展了较系统的研究工作，在相关杂志发表了众多论文，但是在整个学科领域，我们的理论探讨极少，对科学假说的论证以及机制性研究只是零星地出现，方法研究不多，甚少参与学科领域热点讨论，论文引用率很低[8]。从地域研究水平和竞争力来看，欧洲（主要是西欧和北欧）、北美洲、大洋洲仍然是前三强，无论在上、下游研究的平衡性方面，还是成果的质量和数量方面，抑或是理论和方法技术方面都占据着主导地位。例如，欧洲、北美和大洋洲的科学家关于环境气候变化对生物多样性分布格局影响的系统研究已经使人类对动植物如何应对环境变化有了前所未有的理解。对于生物多样性保护、农业、林业乃至城市规划都有非常重要的意义。

在过去10年间，我国的科研人员在谱系生物地理学和第四纪生物学这两个相关的领域发表了大量论文，极大地丰富了我们对中国生物地理演化格局的了解。但是我国的研究对象集中在植物方面，主要偏于理论研究，在实际应用中取得的进展甚少。下面将以具有农（林）业重要性和对研究微生物对农业生态系统、湖泊生态系统、海洋生态系统保护发挥的重要作用为题，从微生物在分子生态学研究所取得的实质性进展进行讨论，对土壤微生物对农林业生产上的作用，有害生物综合治理、海水资源环境保护与利用、污水治理、生物多样性保护和演化趋势预测等方面做出总结。

3. 微生物在分子生态学中的研究

微生态学在宏观生态学和分子生态学之间起承上启下作用[5]。微生物作为生态系统的分解者，对生态系统的调控发挥着很重要的作用。近年来，随着分子生物学的发展，基于 DNA 方法的群落分析方法也得到了迅速的发展，如 16SrDNA 技术、变性梯度凝胶电泳技术（DGGE）、限制性酶切片段长度多态性技术（RFLP）和宏基因组（微生物基因组）多种分子生物学技术的发展，克服了经典培养方法的不足以及容易引起种群丢失等缺陷，可以使人们更加快速地了解环境中微生物的多样性，为微生物生态的研究开辟了一条新途径。使之可以更客观、更直接地探讨微生物种群结构、遗传多样性及其与环境间的相互关系[9]。微生物分子生态学方法弥补了传统微生物生态学方法的不足，使人们可以避开传统的分离培养过程而直接探讨自然界中微生物的种群结构及其与环境的关系[10]。

二、分子生态学原理和方法在农业生态系统保护中的应用

1. 土壤微生物对农田碳素的控制

自分子生态学方法应用于土壤学后，利用分子生态学中的方法使得土壤微生物作用于氮素循环过程的机理研究取得了很大的进展[11]，利用固氮菌的 *nifH* 基因作为分子标记研究得出固氮微生物的种类和数量与施入土壤的氮素密切相关，发现固氮微生物的丰富度和群落结构与土壤有机质含量呈正相关[12]。反而，施肥导致土壤氮素含量较高时，氮微生物的生长可能受到抑制。最为重要的是稻草还田引起 *nifH* 基因群落组成发生变化，且导致其数量显著增加，稻草还田处理水稻土的全氮含量是常规施肥处理的 1.3 倍[13]，这表明含 *nifH* 基因固氮微生物能够增加水稻土的固氮能力，这与杨滨娟[14]等通过农业生态学的方法研究秸秆还田配施化肥能增加土壤根际微生物的结论不谋而合。硝化作用常发生在通气良好的土壤、堆肥等环境中，利用反硝化功能基因为分子标记研究土壤因子对反硝化细菌群落的影响，表明土壤可溶性有机碳、pH 和土壤水分是影响反硝化细菌数量和群落结

构的重要因子[11-15]，这些研究结果为控制农田土壤氮素流失、控制过度施肥导致土壤污染提供了理论基础。

2．共生固氮对农田碳氮循环的影响

在豆科植物竞争结瘤的共生固氮方面[12-15]：共生固氮主要是根瘤菌属的细菌与豆科植物以及非豆科植物山豆麻属（*Parasponia*）之间共生形成的根瘤共生体，随着分子生态学方法的介入，对于根瘤菌—豆科植物竞争结瘤的各阶段做出了深入的研究。其中豆科植物紫云英作为一种绿肥在土壤固氮、农业生态系统发挥的作用方面，杨滨娟[16]等对冬季种植绿肥（紫云英）对土壤活性有机碳的积累研究表明，冬季种绿肥能够显著促进土壤总有机碳和活性有机碳的累积，绿肥或绿肥氮肥配施对于提高土壤碳库指数和碳库管理指数较单施化肥更具积极意义。在农业生产上，运用分子生态学的研究方法，对根瘤菌进行分子标记，对于根瘤发挥的共生固氮作用，回答了根瘤菌—豆科植物间的“分子对话”[17]。有助于我们从分子水平上认识豆科植物对于土壤固氮、土壤活性有机碳的积累、土壤有机质的分解的作用机制原理、根瘤固氮过程。土壤微生物的固氮作用对于提高土壤肥力，少氮肥投入，高作物产量作用十分显著，根瘤固氮的研究这对于解决我国在农田大量使用氮肥造成的环境污染具有积极的作用。

3．土壤真菌对农业生态系统的影响

随着分子生态学方法的建立和不断改进，使我们对不同环境（土壤、水域、森林、空气等）真菌群落组成、结构、动态方面的多样性有了更深入的了解，标志真菌多样性分子生态学逐渐确立。张晶[18]等从物种多样性、生境多样性、功能多样性角度综述了土壤真菌多样性的分子生态学研究进展，在农田土壤真菌多样性方面：在农业生态系统中，良好发育的多样化的根际生物群落在抑制病原真菌中发挥着重要作用，植物不同发育阶段中根形态和分泌物的改变以及季节变化等因素，使根际真菌群落结构组成与非根际的截然不同，即存在一种根际选择效应。农田土壤真菌群落多样性较丰富，有其独特的群落组成和结构，通过不同的分子标记发现农田环境样品中包括子囊、担子、接合菌门和归属真菌界的卵菌门和根肿菌门真菌，其中88%属于子囊菌门，而12%属于担子菌门，同时发现耕作对一些种类的产孢有明显影响，耕作影响丛枝菌根真菌群落结构，但多样性未受显著影响。杨滨娟[14]等研究了秸秆还田配施化肥对土壤根际微生物以及酶活性的影响，结果表明秸秆还田配施化肥各处理能够增加根际土壤总细菌、放线菌、真菌、氨氧化细菌、好气性自生固氮菌、亚硝酸细菌、磷细菌和好气性纤维素分解菌的数量，但普遍区组间差异不显著。分子生态学对于土壤真菌多样性研究正好可以作为农田土壤微生物研究的补充和验证，也将进一步揭示其原理。这对农业生产上面具有不可小觑的意义。

在林地土壤真菌多样性方面：气候变化、树木种植与砍伐、火烧、动物和人类活动等次生演替外在因素，在改变林地生态系统的环境条件的同时，不同程度地影响着地下真菌群落的结构组成，发现CO_2浓度升高，造成温室效应，影响着生物的各种活动，真菌群落多样性也随之不断变化。树木砍伐降低真菌的碳源输入，改变了树木年龄和种类。火是陆地生态系统中最广泛和有潜在破坏力的干扰因子，以对树木层和地表植被层的干扰为前提，推动林地生态系统的长期演替，同时影响着地表土层和地下真菌群落的多样性和分布。同时真菌群落也受到土壤垂直分布、时空分布，包括树生活史、寄主树木种类、土壤类型、季节和降雨的影响。

三、分子生态学原理和方法在农业面源污染治理中的应用

1. 施肥造成环境污染中的治理

由于分子生态学技术可以通过直接从环境样品中提取微生物或直接在原位对微生物进行研究，而不需要对微生物进行分离培养。因而，能够动态研究微生物群落的多样性，能够真实地反映微生物的存在状态。近年来越来越多的研究者开始应用分子生态学技术对环境微生物进行研究，尤其是对废水和土壤样品中的微生物多样性和功能微生物种进行研究，也取得了一些成果，为相关领域的环境微

生物研究打下了一定的基础。肖升木[20]等运用分子生态学中的功能基因芯片和限制片段长度多态性技术研究发现，氮肥的施用对土壤中微生物群落结构和植物生长产生了显著的影响。施加氮肥使得采样点的植物地上部分的生物量增加，同时使得植物的地下根部的生物量减少，施加氮肥后，还使得土壤中微生物群落多样性下降，但随着施加氮肥时间的延长，样品中微生物群落的多样性可能呈现上升的趋势，并且发现在施加氮肥的样品中参与碳循环、氮循环、硫循环和磷循环的大部分功能基因丰富度下降，而且这种差异很显著。黄国勤[21]等从宏观生态学方面探究了施用化肥对土壤生态环境、水环境、作物品质及食物链、大气环境的负面影响，认为过量施用化肥引起的土壤酸化和板结、重金属污染、硝酸盐污染和土壤次生盐渍化会造成土壤肥力下降，且主要集中在氮肥的过度使用中。农业生产中大量施用化肥，氮、磷等营养元素大量进入水体，是造成水体富营养化的主要原因，地下水硝酸盐污染也主要是因为大量施用氮肥的原因，使得大量的硝酸盐被淋洗到深层土壤造成地下水污染。其中化肥对大气环境的影响也主要集中在氮肥上，氨挥发和 NO_x、CH_4 及 CO_2 的释放，不仅能引起温室效应，且还能够引起臭氧层的破坏[21, 22]。分子生态学的诞生以及分子生态学的研究方法运用到土壤微生物中的研究，对于施用化肥对环境造成的污染有望从根本上进一步得以解决。

2. 土壤重金属污染治理

近些年，发展起来的分子生物学技术和现代农业生物技术为用微生物分子生态学方法检测、预警土壤重金属污染建立了一个高新技术平台[22]。据报道，我国每年因土壤重金属污染的粮食达 1 200 万 t，耕地和大多数城市近郊农田都受到了不同程度的污染，长期的污水灌溉已经引起了稻米等粮食作物中镉等重金属元素的积累，每年在局部地区都会有蔬菜重金属的含量超标的事件发生[22, 23]。对于土壤重金属污染的原因，黄国勤等在施肥造成的污染方面做出解释并从农业生态学方面提出了解决方案。在一些化肥的过度使用过程中，如大量硫酸钾的使用会导致土壤酸化，土壤酸化和土壤板结有可活化有害重金属元素如铝、锰、镉、汞、铅、铬等它们在土壤中的活性，导致有毒物质的释放，对土壤生物造成危害，进一步对农作物造成危害，针对不当施肥造成土壤的重金属污染，提出采用施用石灰、增施有机肥料、调节土壤 Eh（氧化还原电位）等方法降低植物对重金属的吸收积累，可以采用翻耕、客土和换土来去除或稀释土壤中重金属和其他有毒元素[21-24]。以往，不管是用物理、化学还是生物学的方法，都难以反映重金属对土壤生物和生态系统影响的综合效应，也无法说明土壤生物的受害程度。分子生态学的方法在土壤微生物的应用，可以从机理上对治理重金属的方案做出解释，也可进一步对农业生态学上改善土壤重金属污染问题做出补充，并且可能会从宏观生态学上找到新的途径。近年来，许多研究表明土壤微生物指标能够更直接地反映重金属污染物的潜在影响和实际毒性，真实反映土壤重金属污染对生物系统的危害程度，对农田重金属污染进行评价和早期预警。采用分子生态学中的方法，可以使我们从 DNA 水平上了解重金属对土壤微生物遗传物质的作用，从土壤微生物的种群遗传结构，群落组成等变化精确定位到抗重金属微生物功能基因，对于微生物防治重金属污染开阔出一片土地。随着基因组测序成本的降低，分子生态学的方法必将得到推广，这无疑是对农业生态学方面防止重金属污染的一个补充。

四、小结与展望

分子生态学应用分子生物学的原理和方法研究从表观特征观察深入到生物体内各种生物活性分子，以及这些分子与环境相互作用的机制，而以宏观与微观紧密结合的角度反映生态系统中生物个体和种群间关系的本质[1-8]。近年来，随着分子生物学的发展，基于 DNA 方法的群落分析方法也得到了迅速的发展，如 16SrDNA 技术、变性梯度凝胶电泳技术（DGGE）、限制性酶切片段长度多态性技术（RFLP）和宏基因组文库技术等多种分子生物学技术的发展，克服了经典培养方法的不足以及容易引起种群丢失等缺陷，可以使人们更快速地了解环境中微生物多样性，为微生物生态的研究开辟了一条新途径。目前，有关微生物的多样性、系统发育地位、种群结构以及与功能的相关性都成为该领域的研究热点[35]。这势必会推动分子生态学的发展。

在农业方面：尤其是分子生态学运用到土壤生态学中，在土壤碳氮循环、土壤固碳微生物固碳增产[36]和温室气体减排、绿肥固氮及其对土壤肥力的作用、土壤微生物种群和遗传结构的研究、土壤微生物对土壤重金属污染的治理方面取得了突破性进展，分子生态学的研究对于农田生态系统的调控、农业环境保护和农业可持续发展有着重要意义，也必将成为未来研究的热点问题。

在生态环境保护方面：微生物在工业污水处理、城市生活垃圾填埋或堆肥处理[37]、微生物对石油污染的降解、施肥对土壤造成的重金属污染、化肥通过径流或渗漏对水体造成的污染等方面的有着重要作用，分子生态学研究的可以通过直接从环境样品中提取微生物 DNA 对微生物种群进行研究，不需要对微生物进行分离培养，能够动态的研究微生物的种群遗传结构、群落多样性，并且对污染物起作用的微生物功能基因进行定位。所以分子生态学在微生物研究上的应用在技术和理论上将对我国生态环境保护和生态文明建设方面产生重大突破。对于我国今后强化土壤污染管控和修复，加强农业面源污染防治、加强固体废物和垃圾处置方面将起到极大的推动作用。

参考文献

[1] 张德兴. 分子生态学[M]. 北京：科学出版社，2002.

[2] 黄勇平，朱湘雄. 分子生态学——生命科学领域的新学科[J]. 中国科学院院刊，2003(2)：84-88.

[3] 康乐，张民照. 分子生态学的兴起、研究热点和展望[J]. 中国科学院院刊，1995（4）：292-299.

[4] 朱善良. 生态学研究的新领域——分子生态学[J]. 生物学杂志，2000（3）：11-12.

[5] 梅宁，王琦，梅汝鸿. 21 世纪植物微生态学、植物宏观生态学、植物分子生态学的发展和统一[J]. 中国微生态学杂志，2008（2）：187-188.

[6] 阮成江，何祯祥，周长芳. 植物分子生态学[M]. 北京：化学工业出版社，2005：1-27.

[7] 刘亚锋，山宝琴，刘亚惠. 分子生态学及其研究进展[J]. 延安大学学报（自然科学版），

2005（1）：85-87.

[8] 张德兴. 对我国分子生态学研究近期发展战略的一些思考[J]. 生物多样性，2015，23（5）：559-569.

[9] 钟鸣，周启星. 微生物分子生态学技术及其在环境污染研究中的应用[J]. 应用生态学报，2002，13（2）：247-251.

[10] 李景文，李俊清，张华荣. 生态学研究热点——植物分子生态学[J]. 植物杂志，2001（4）：40-41.

[11] 侯海军，秦红灵，陈春兰，等. 土壤氮循环微生物过程的分子生态学研究进展[J]. 农业现代化研究，2014，35（5）：588-594.

[12] 安千里，王伟，李久蒂. 植物联合固氮菌分子生态学的研究方法和应用[J]. 植物生理学通讯，2001（1）：52-58.

[13] 张苗苗，刘毅，盛荣，等. 稻草还田对水稻土固氮基因（*nif H*）组成结构和多样性的影响[J]. 应用生态学报，2013，24（8）：2339-2344.

[14] 杨滨娟，黄国勤，钱海燕. 秸秆还田配施化肥对土壤温度、根际微生物及酶活性的影[J]. 土壤学报，2014，51（1）：150-157.

[15] 张晶，张惠文，李新宇，等. 土壤真菌多样性及分子生态学研究进展[J]. 应用生态学报，2004（10）：1958-1962.

[16] 杨滨娟，黄国勤，兰延，等. 施氮和冬种绿肥对土壤活性有机碳及碳库管理指数的影响[J]. 应用生态学报，2014，25（10）：2907-2913.

[17] 莫才清，周俊初，李阜棣. 根瘤菌—豆科植物竞争结瘤的分子生态学研究[J]. 生物技术通报，1996（4）：6-8.

[18] 张晶，张惠文，李新宇，等. 土壤真菌多样性及分子生态学研究进展[J]. 应用生态学报，2004（10）：1958-1962.

[19] 孙欣，汪诗平，林巧燕，等. 基于分子生态学网络探究西藏草地放牧对土壤微生物群落的影响[J]. 微生物学通报，2015，42（9）：1818-1831.

[20] 肖升木. 分子生态学技术在环境微生物群落与功能基因中的应用研究[D]. 东华大学，2010.

[21] 黄国勤，等. 施用化肥对农业生态环境的负面影响及对策[J]. 生态环境，2004，13（4）：656-660.

[22] 孙建光，高俊莲，徐晶，等. 微生物分子生态学方法预警农田重金属污染的研究进展[J]. 植

物营养与肥料学，2007，13（2）：15-16.

[23] Zhu GZ. Pollution of heavy metals on soil sin east- south area of Beijing and its remediation [J]. Agro- Environ. Prot. ，2001，20（3）：164-166.

[24] 朱桂珍. 北京市东南郊污灌区土壤环境重金属污染现状及防治对策[J]. 农业环境保护，2001，20（3）：164-166.

[25] 李祎，郑伟，郑天凌. 海洋微生物多样性及其分子生态学研究进展[J]. 微生物学通报，2013，40（4）：655-668.

[26] 武婷婷，生吉萍，申琳. 微生物分子生态学技术在湖泊微生物多样性研究中的应用[J]. 生物技术通报，2010（3）：62-66.

[27] 王志强，崔爱花，缪建群，等. 淡水湖泊生态系统退化驱动因子及修复技术研究进展[J]. 生态学报，2017，37（18）：6253-6264.

[28] 苏建强，郑天凌，俞志明，等. 海洋细菌对赤潮藻生长及其产毒量的影响[J]. 海洋与湖沼，2003，34（1）：44-49.

[29] 张倩茹，周启星，陈锡时，等. 微生物分子生态学技术在污水处理系统中的应用[J]. 生态学杂志，2003（3）：49-53.

[30] 孙铁珩，周启星，李培军. 污染生态学[M]. 北京：科学出版社，2001.

[31] 邹扬，曾胤新，田蕴，等. 白令海北部表层沉积物中细菌多样性的研究[J]. 极地研究，2009，21（1）：15-24.

[32] 曾润颖. 太平洋暖池区深海沉积物中微生物分子生态学研究[D]. 厦门大学，2003.

[33] 唐景春，吕宏虹，刘庆龙，等. 石油烃污染及修复过程中的微生物分子生态学研究进展[J]. 微生物学通报，2015，42（5）：944-955.

[34] 郝春博，王广才，董建楠，等. 石油污染地下水中细菌分子生态学研究[J]. 地学前缘，2009，16（4）：389-400.

[35] 刘志培，杨惠芳. 微生物分子生态学进展（综述）[J]. 应用与环境生物学报，1999（S1）：43-48.

[36] 袁红朝，秦红灵，刘守龙，等. 固碳微生物分子生态学研究[J]. 中国农业科学，2011，44（14）：2951-2958.

[37] 杨朝晖. 基于分子生态学技术的环境微生物群落结构与功能的研究[D]. 湖南大学，2007.

第二部分

农业生态学实践

我国可持续农业发展中的问题及对策

张　鹏　黄国勤[①]

（江西农业大学生态科学研究中心，南昌　330045）

摘　要：农业作为人类历史上发展最长的产业，历来被认为是安天下、稳民心的基础性战略产业，农业的健康发展对我国具有十分重要的意义，只有保证粮食基础的不动摇，才能为我国经济健康、长远发展提供基础支持，因此要不断摸索农业发展的途径。我国发展可持续农业一定要从实际出发，选择适合人口众多、资源匮乏、环境恶化、生产力水平较低、资源利用潜力大的可持续农业发展模式、发展方向和目标。

关键词：可持续农业　模式　技术　环境污染　可持续发展

当代经济飞速发展，各种环境问题也随之而来，到目前为止已经威胁人类生存并已被人类认识到的环境问题主要有：全球变暖、臭氧层破坏、酸雨、能源短缺、森林资源锐减、土地荒漠化、物种加速灭绝、垃圾成灾、有毒化学品污染等众多方面[1]，全球变暖引起降水格局的变化和极端干旱天气将是全球气候变化的重要特征之一，未来多数地区将因降水量的减少和土壤蒸发量的增加而面临严重的、大面积的干旱[2]。在这种环境危机的背景下，农业发展也面临相当大的危机，

① 通信作者：黄国勤，教授、博士生导师，办公室电话：0791-83828143；手机：13627081298；电子邮箱：hgqjxes@sina.com。

原本的“石油农业”[3]已经不适应当代农业的发展，必须寻找新的方向才能解决农业面临的危机，既满足当代农业发展的要求，又不损害后代的利益，借鉴“绿色农业”[4, 5]的反思和“替代农业”[6]的实践之后，得出发展可持续农业是全球的共识和潮流[7]。

一、可持续农业发展的现状

目前，国际上研究和开发可持续农业主要采取与耕作制度有关的技术措施，主要包括以下几个方面：①作物轮作。结合常规耕作措施，用于缓解杂草和病虫害，并且以此降低土地侵蚀。②生物防治。采用轮作、新的抗性品种以及各种监测手段等措施降低在农业生产中对农药的使用。③土壤肥力。利用豆科植物以及有机化肥、菌肥等的使用减少化肥的用量，从而通过土地改良提高肥料利用率，减少化肥对水体和土壤造成的危害。④耕作制度。作物秸秆的覆盖减少地膜的使用，从而降低白色污染，以及近年来所推广的少耕、免耕、休耕等农耕制度。通过对以上内容的研究，可以看出可持续农业的研究具有综合性、系统性和实践性的特点[8]。

我国农业可持续发展的方向和目标是：控制人口，提高素质；节约资源，保护环境；集约经营，增加效益；优化产业结构，重塑良性生态系统；加速技术替代，建立生态平衡机制。这就对原来的耕作制度提出了新的要求，只有将耕作制度研究领域扩大到“广义农业”范围内，才能适应农业可持续发展的要求。在“广义农业”的范畴内发展耕作制度，要认真处理好各方面关系，如农牧、农林、用养、产加销等关系，才能促进整个农业的可持续发展。我国农业发展历史悠久[9]，积累了丰富的农业生产经验，这是农业可持续发展的重要的保障条件。千百年来，劳动人民积累和创造的传统的农业生产经验主要包括：农业生产观念上强调“天时、地利、人和”三方面的协调和用地、养地相结合[10]，农业生产技术上重视灌溉和排水、讲究精耕细作以及精心培育、保护和利用丰富的物种资源。正是这些宝贵的经验，奠定了农业可持续发展的良好基础。

二、我国可持续农业发展面临的问题

1．水资源短缺

我国水资源人均占有量低，时空分布不均。目前人均水资源占有量约为 2 200 m^3，仅为世界平均水平的 30%左右[11]。长江以北水系流域面积占全国国土面积的 64%，水资源量却只占全国的 19%，干旱缺水成为北方地区的主要自然灾害[12]。我国大部分地区每年汛期连续 4 个月的降雨量占全年的 60%～80%，不仅容易形成春旱夏涝，而且水资源量中约有 2/3 是洪水径流量[13]，形成江河的汛期洪水和非汛期的枯水。

2．水土流失严重

水土流失造成经济的巨大损失，并影响生态安全和作物种植，成为可持续农业发展的阻碍因素之一，据 2005—2008 年中国科学院、水利部及中国工程院合作进行的“中国水土流失与生态安全综合科学考察”的报告结果来看，我国水土流失面积已超过 350 万 hm^2，占我国国土面积的 30%以上[14]。江西省现有水土流失面积 26 629.68 km^2，占土地总面积的 15.95%，其中水力侵蚀面积 26 496.87 km^2，风力侵蚀面积 132.81 km^2。按侵蚀强度分，轻度侵蚀面积 14 930.08 km^2，中度侵蚀面积 7 598.74 km^2，强烈侵蚀面积 3 207.63 km^2，极强烈侵蚀面积 780.41 km^2、剧烈侵蚀面积 112.82 km^2[15]。

联合国 2012 年报告《“里约+20”峰会的可持续发展目标：土地退化总面积零增长》指出，目前全球有 15 亿人口直接受到荒漠化的威胁，每年有 1 200 万 hm^2 可耕地流失[16]，我国仍有超过 37 万 km^2 的沙漠化土地亟待治理，其中处于半干旱区的内蒙古中东部、宁夏、陕西、山西和河北北部等省区的沙漠化土地面积巨大，在整个北方沙漠化土地中占较高的比例[17]。

3. 土地荒漠化

荒漠化是指由于气候变异和人为活动等因素，干旱、半干旱或亚湿润干旱地区的土地退化[18]。根据地表形态特征和物质构成，荒漠化分为风蚀荒漠化、水蚀荒漠化、盐渍化、冻融及石漠化。我国荒漠化的主要特点：一是面积大、分布广、类型多。目前，全国荒漠化土地面积超过 262.2 万 km^2，占国土总面积的 27.3%[19]。二是造成的损失巨大。据统计，我国每年因荒漠化造成的直接经济损失达 540 亿元，相当于 1996 年西北 5 省区财政收入总和的 3 倍，平均每天损失近 1.5 亿元。新中国成立以来，全国共有 1 000 万 km^2 的耕地不同程度的沙化，每年造成粮食损失高达 30 亿 kg[20]。三是荒漠化问题日趋严重。资料显示，20 世纪 50 年代，我国土地荒漠化面积以每年 1 560 km^2 的速度扩展，80 年代每年扩展 2 100 km^2，90 年代增加到每年 2 460 km^2[21]。

4. 农业环境污染日益严重

常规农业集约化生产对资源和环境造成严重压力，对农业生产持续增长产生严重阻碍。目前我国农药化肥用量的问题，早在 2005 年，我国已成为世界第一大农药生产和使用国[22]，2010 年全国农药的施用量达 175.0 万 t，产量则是 1985 年的 11 倍[23]，而由于成本和效果的优势，在今后很长的一段时间内，化学农药仍是难以替代的重要保产农资[24]，这样的盲目使用不仅导致耕地土壤的退化，而且一些高残留、高毒性的农药通过人们食用最终富集在人体内，对人类生命安全造成严重威胁。不仅如此，过量化肥随水体流入江河湖泊，造成水体污染。有研究表明，农业面源污染对太湖氮、磷的贡献率高达 64%和 57%[25]，太湖地区每年稻田地表径流造成的氮素损失约为 29 kg/hm^2，占氮肥施用量的 8.4%，以目前江苏太湖地区稻田面积 2.45×10^6 hm^2 估算，地表径流造成的氮肥损失 7×10^4 t 以上，养分资源浪费极其严重[26]。

三、我国可持续农业发展的对策

众所周知，我国已经在农业和食品生产方面取得了巨大成就，用占世界 7%的耕地养活了世界 22%的人口[27]，同时也面临着严重的资源危机和生态环境破坏。从某种程度上讲，我国农业和食品生产的高速增长，是靠浪费资源和牺牲环境利益换取的，农业高速发展是付出了高昂的生态环境资源代价的，必将进一步从根本上制约农业和食品生产的可持续发展。

1．大力发展绿色食品

可持续农业的原则和目标是人与自然的和谐，保护和改善自然生态环境，消除贫穷、人人都享有健康富裕的生活，社会经济发展同资源环境协调，不断提高生活质量，其中“绿色食品”是遵循可持续发展农业的原则。按照特定生产方式，经专门机构认定，许可使用绿色食品。农业部于 1990 年提出“绿色食品工程”[28]，10 多年来，借鉴国际相关行业做法，结合中国国情，创造了一个概念，开辟了一个领域，形成了一个模式。创造了一个既追求保护生态环境，提高食品安全性的深刻内涵，又容易被全社会和广大消费者接受的形象概念；开辟了一个可持续发展农业和生产无污染、安全、优质食品的新领域。

2．加强农村环境保护立法建设

推行农业的可持续发展模式，其目的就是在发展农业的同时，协调人与自然之间的关系，优化农村生态环境。我国在防治大气、水污染，以及保护森林、草原、海洋环境、野生动植物、矿产资源、渔业资源等方面已颁布和实施了一批重要的法律。因此，补充和制定农村环境保护方面的专门法规，对使农业自然资源的利用走上依法治理的轨道，提高全民族农业环境保护的法制观念十分必要。

3．加强脆弱生态系统的保护管理

在我国沙漠、干旱地区、山地、沼泽地等脆弱生态区域占有较大的面积。由于农业生产和开发活动的影响，这些区域的地表结构、土壤肥力、生物多样性及生物生产率出现了下降的趋势，并同时引起了局部气候变化，在一定程度上加剧了自然灾害的发生，降低了农业对自然灾害的抵抗力。因此，加强脆弱生态系统保护和生态环境预警研究，是加强农村环境保护的需要，更是实现我国农业可持续发展的必然要求。

4. 重视生物肥料和生物农药的研制与开发

在我国，化学肥料所起的作用占粮食增产的40%左右，目前我国的化肥生产量约为4 000万t，就我国国情而言，应把提高化肥的利用率放在重要的地位。以市场为导向，发展高效出口创汇农业，发展绿色食品产业，都急需无公害、无污染的新型生物肥料和开发高效无毒生物农药，因地制宜进行各种生物肥料和生物农药的研制与开发，对推动我国农业持续、高效发展具有重大现实意义。

5. 促使土壤培肥的良性方向发展

当前，我国农业经济正朝着以提高效益为核心的目标迈进，这是市场经济条件下经济规律对农业和农村经济增长方式的必然要求。在经济转轨时期，应充分重视政策的引导功能，使农民高效地利用土地，有效地培肥土壤，防止重用轻养的短期目标和行为。因而，在保持土地所有权政策稳定的同时，实施农业产业化战略，建立土地使用权的流通机制和土地质量监管机制，实现土地经营的规模化、集约化，将是今后土地使用的发展趋势。对在使用土地时注意培肥土壤、提高土壤肥力的土地经营者，应给予一定的经济激励，这将对土地的可持续利用起到积极的推动作用。土壤-植物系统中，物质循环和能量流动的良性程度是农业可持续发展的重要基础，施用有机肥，能使土壤有机质始终处在动态平衡之中，这对土壤保持其良好的物理、化学和生物学性状具有良好的培肥作用。因此，广辟有机肥源，实施秸秆还田，既可充分利用有机肥源，提高资源利用率，又极大地改善了土壤的生态环境。

6. 大力发展节水灌溉农业

我国农业灌溉用水有效利用率仅为30%～40%，与发达国家的70%～80%相比尚有相当大的差距[29]。因此，针对我国水资源严重短缺的现状，发展节水型灌溉农业，提高水资源的利用率，是促进农业可持续发展的重要途径。在这方面必须进行水资源的科学开发和合理利用，积极引进和消化国外先进的节水技术；同时，搞好试点示范和制定节水灌溉方面相应的政策和法规，促进节水农业的发展。

四、小结

我国要实现农业的可持续发展，一定要从本国实际出发，选择适合国情的可持续农业发展模式。鉴于我国人口众多、资源匮乏、环境恶化、生产力水平较低、资源利用潜力大的特殊国情，我国可持续农业的发展必须坚持以下原则：一是立足于人口多的基本国情，坚持自力更生为主，解决农产品供给问题；二是立足人均资源少的基本国情，在农业中加大科技力度；三是立足农业长期、持续发展的战略目标，走节约资源、保护环境、永续利用、协调发展的道路。

参考文献

[1] 冯春梅. 我国环境会计信息披露框架的建立研究[D]. 财政部财政科学研究所，2012.

[2] Dai A. Increasing drought under global warming in observations and models[J]. Nature Climate Change，2012，3（1）：52-58.

[3] 徐凤莉，王维宏，方德福，等. 论石油农业时代的终结[J]. 农产品加工·学刊，2008（9）：65-67.

[4] 靳明. 绿色农业产业成长研究[D]. 西北农林科技大学，2006.

[5] 刘伟明. 中国绿色农业的现状及发展对策[J]. 世界农业，2004（8）：20-22.

[6] 姚萍，张晓辛. 现代农业发展模式梳理研究[J]. 现代农业科技，2016（16）：251-253.

[7] 万春雷. 可持续农业发展现状与展望[J]. 农业科技与装备，2010（6）：126-127.

[8] 伍国勇，王秀峰，雷睿勇. 中国农业的区域可持续发展能力评价研究——以西南地区为例[J]. 安徽农业科学，2004，32（3）：580-582.

[9] 张辉，崔泽民，宋玮，等. 英国现代农业发展的启示与建议[J]. 中国农业资源与区划，2016，37（4）：62-68.

[10] 付嘉. 中国传统农业生态思想研究[D]. 西北农林科技大学，2006.

[11] 李中玉，李孟奇，郭净芳，等. 从灌溉水的利用率和水分生产率分析农业节水措施[J]. 黑龙江水利，2001（12）：43-44.

[12] 汪恕诚. 我国水资源安全问题及对策[J]. 地理教学，欧洲太阳能光伏展览会，2010（1）：4-7.

[13] 胡淑云. 唐山市水资源危机及对策[J]. 河北水利，2005（9）：13-14.

[14] 王彪东，单晓翠. 我国水土流失现状和防治对策[J]. 农业与技术，2016，36（5）：83-84.

[15] 张利超，王农. 江西省水土保持现状分析及防治对策研究[J]. 水土保持应用技术，2015（6）：42-46.

[16] 王涛. 荒漠化治理中生态系统、社会经济系统协调发展问题探析——以中国北方半干旱荒漠区沙漠化防治为例[J]. 生态学报，2016，36（22）：7045-7048.

[17] 王涛. 中国北方沙漠与沙漠化图集[M]. 北京：科学出版社，2014.

[18] 朱丕荣. 日益严重的全球荒漠化[J]. 世界农业，2000（9）：3-4.

[19] 牟秀云，邹继勋. 松嫩平原沙地荒漠化的成因及其治理开发原则浅析[J]. 水土保持应用技术，2000（3）：33-34.

[20] 胡光，王世俊，杨月桂. 土地荒漠化与保护性耕作[J]. 河北农机，2007（2）：17.

[21] 张溪. 西北干旱区额济纳盆地植被对气候变化的物候响应研究[D]. 中国地质大学(武汉)，2012.

[22] 王韧. 我国农药工业现状及发展形势[J]. 化工技术经济，2006，24（5）：11-14.

[23] 陈舜，逯非，王效科. 中国主要农作物种植农药施用温室气体排放估算[J]. 生态学报，2016，36（9）：2560-2569.

[24] 杨曙辉，宋天庆. 关于我国化学农药使用相关问题的理性思考[J]. 农业科技管理，2007，26（1）：42-45.

[25] 张亦涛，刘宏斌，王洪媛，等. 农田施氮对水质和氮素流失的影响[J]. 生态学报，2016，

36（20）：6664-6676.

[26] 朱成立，张展羽. 灌溉模式对稻田氮磷损失及环境影响研究展望[J]. 水资源保护，2003，19（6）：56-58.

[27] 陈丹. 浅谈永久基本农田保护工作的思考与建议[J]. 国土资源，2017（9）：52-53.

[28] 丁翔文. 绿色农业之思考——兼谈绿色农业示范建设与保护性耕作技术的结合[J]. 农机科技推广，2005（5）：4-6.

[29] 周兆君. 论我国农业节水灌溉及其发展[J]. 现代农业，2006（12）：79.

气候变化对我国主要粮食作物的影响与对策

李　萍　黄国勤[①]

（江西农业大学生态科学研究中心，南昌　330045）

摘　要：伴随着社会经济的快速发展，气候变化也越来越显著，这不但体现在气温上升、水资源短缺上，还体现在降水不均、气候极端等方面。农作物的生长和气候有着天然的联系，气候的变化对农作物会产生直接的影响。本文分析了近年来气候变化主要特点分析，然后分别阐述了气候变化对粮食作物的总体影响、气候变化对中国不同地区主要粮食作物生产的影响以及气候变化对中国主要粮食作物生产潜力的影响，最后提出了如何应对气候变化、提高适应能力的对策措施。

关键词：气候变化　农作物　影响　对策

气候变化已经成为全球公认的环境问题，气候变化及其对经济、环境和社会发展的影响是当前人类面临的严峻挑战，尤其是近10多年来全球范围的气候异常给许多国家的粮食生产、资源和环境带来了深刻影响[1, 2]。农业对天气和气候变化是非常敏感的，包括温度、降水、光照和极端天气（如干旱、洪涝和暴风雨等）。有研究表明，温度增加扩大了作物生长区域范围[3]、延长了作物生长季[4]、缩短了

① 通信作者：黄国勤，教授、博士生导师，办公室电话：0791-83828143；手机：13627081298；电子邮箱：hgqjxes@sina.com。

作物生育期[5, 6]、调整了种植结构和作物种植熟制[7]。近百年来，全球海平面上升了 10～20 cm，我国沿海海平面在过去 30 年里上升了 90 mm，平面速度为 2.6 mm/a，已经高于全球的 1.8 mm/a。2008 年创下近 10 年新高，据预测，未来 30 年还将再上升 130 mm。按照人类现在的生存情形，2030 年海平面将有可能上升 30 cm，对此已经产生了国际影响。例如，居住在太平洋岛的图瓦卢决定举国迁往新西兰，将成为世界上第一个因海平面上升而计划放弃自己家园的国家。海平面上升除了直接淹没土地外，还将加剧风暴潮等极端天气事件，加速咸潮发生和土壤盐渍化，一旦土壤受到破坏，将严重危及农作物的生长，最终导致粮食产量波动等一系列的重大问题。气候变暖还将导致农业生产的不稳定性增加，农业成本和投资的增加等。因此，研究与探讨气候变化对农作物的影响，科学制定各项应对措施，以确保人类的粮食安全已刻不容缓。

一、近年来气候变化的主要特点

如今的全球气候变化较大，生态环境日益恶劣，而我国的气候变化有着自己的特点，主要包括以下几个方面[8]。

1．水资源稳定性差

相关调查显示，近百年来我国的年降水量呈现出下降的趋势，主要河流的流量也受到较大影响，出现旱情的概率明显增加，局部地区在一些极端气候的影响下，甚至会暴发洪水以及次生灾害。总的来看，全球气候变化对水资源的稳定性，将产生较大的影响，水资源的供需矛盾将体现得更加尖锐。

2．气温明显增加

通过对我国近百年气温年均值比较后发现，气温增长比较明显，增长区间在 0.5～0.8℃，这一气温均值相较于全球均值要更高。气温升高比较显著的是近 50 年，其中 20 世纪 80 年代中期以后，伴随着工业的发展，商业活动的活跃，对外贸易的开放，气温升高趋势日益明显。从当前的情况来看，我国的冬季是增温比较明显的季节。

3．极端气候较常见

随着气候变化加剧，极端气候事件出现的越来越多，如台风、干旱、高温热浪等都出现得更加频繁。当前全球变暖趋势日益明显，我国的自然环境复杂性又较高，相较于其他国家，出现极端天气的可能性要高。就既往的情况来看，我国受到气象灾害的影响最为严重。

二、气候变化对粮食作物的总体影响

通过上述分析，对我国气候变化的特点有了清晰的认识，正是这些典型的气候变化对农作物造成了很大的影响[9]。总的来看，气候变化影响农作物，需要从积极和消极两个方面来进行分析。

1．积极影响

光、热、水对农作物的生长至关重要，这三个要素的组合直接影响着农业生产的效果。气候变化、温度上升会导致作物种植熟制北移。气温不断上升，可以使积温增加，进而延长作物的生长期，这不但会影响作物种植的结构，还会对种植制度产生较大的影响。就既往的情况来看，北方存在严重的冻害，气候变暖将使这种状况得到很大的改善。以冬麦种植为例，20 世纪 50—70 年代，北方冬麦区低温冻害较为常见，大大减少了冬麦的产量，而随着全球气候变暖，北方冻害得到了缓解，强度也有所减轻。

2．消极影响

虽然气候变化对农作物有积极的影响，但是其带来的消极影响也是不容忽视的，具体来说，气候变化对农作物的消极影响主要包括以下几个方面。

（1）减少农作物产量。农作物的生育期，受到气候变暖的影响会缩短，如果不采取新的农业技术，我国的水稻、玉米等作物的产量将大为减少。虽然气候变暖使作物的生长期得以延长，但是缺乏足够长的生育期，将直接导致农作物减产。

（2）导致病虫害发生。气候条件的变化会直接对农业病虫害产生影响，农业病虫害在我国的农业生产中影响较大，我国幅员辽阔，农业种植产量的减少在很大程度上都是因为病虫害，因此造成的粮食损失达到了总产量的 9%。由于气候发生了变化，我国农业病虫害的客观条件得到加强，致使病虫害的管理和控制存在更大的难度。在气候变暖的情况下，害虫虫卵越冬界北移，这间接提高了害虫生活率，这无疑为农作物的生长埋下了巨大的隐患。

（3）诱发洪涝灾害。气候变化加剧，我国极端天气出现的概率增加，暴雨频发，这无疑对农业生产造成了巨大冲击。暴雨本身会带来大量的降水，缓解旱情，对农作物生长是有利的；如果雨量过分集中，山洪暴发、河堤决口、路基冲毁灾害都有可能发生，酿成惨剧。通过上述分析可以看出，我国的农业生产与这些极端天气存在着密切的联系。

（4）影响农作物品质。农作物的品质在气候变化的情况下也会受到影响，其中比较典型的就是水稻。稻米的外观、品质，在气候变暖的作用下将会大打折扣，在高温的影响下农作物度过了开花至成熟时期，水稻的成熟天数被缩减，这样就导致了稻米籽粒充实不良、精米率降低等品质问题。一般来说，水稻成熟期的时候，米粒透明度与有效积温负相关，大米的蒸煮食用，在很大程度上受到温度的影响，米饭香味浓郁，一般需要保证灌浆结实期间具有较大的昼夜温差；在灌浆期间温度比较高的话，就会导致煮熟的米饭过硬[10]。

三、气候变化对我国不同地区主要粮食作物生产的影响

近 40 年来，我国年平均气温以 0.04℃/10 a 的速度上升，其中东北、华北、华南和西北区的年平均气温增速是正的，最大增温区在东北，高达 0.192℃/10 a，其次是华北，为 0.104℃/10 a[11]。

1. 对东北地区的影响

我国的东北地区主要以发展农业生产为主，是玉米、大豆等粮食作物的主产

区。东北地区的气温在近 50 年当中增加最为迅速。在这 50 年中，该地区的年地表平均气温增加 1.5℃，是近 100 年增温速度的 1.5 倍[12]。气候的变暖不仅造成了一系列的自然灾害，而且还改变了作物的种植布局，使农业种植带向北移动。以吉林地区为例，吉林省地处世界三大黑土带之一的中国东北平原中部，位于北半球的中纬度地带，欧亚大陆的东部，相当于我国温带的最北部，接近亚寒带地区。东部地区距离黄海、日本海较近，气候湿润多雨；西部地区远离海洋而接近干燥的蒙古高原，气候较为干燥，全省形成了显著的温带大陆性季风气候的特点，有明显的四季更替。全省大部分地区年平均气温为 3～5℃，全年日照时数为 2 200～3 000 h，年活动积温平均在 2 700～3 600℃，全省年降水量在 550～910 mm，无霜期为 120～160 d，具有雨热同季的特点，对各种农作物生长十分有利。吉林省比较适宜种植玉米、大豆、水稻等温带农作物和其他经济作物，特别是吉林省中西部地区作为中国粮食主要产区之一，粮食占有量、商品量，玉米出口量和粮食商品率等连续 10 多年居中国的首位。随着气候的变暖，吉林省的玉米品种熟期较以前延长了 7～10 d，玉米杂交种北移现象十分突出，生育期长、成熟期晚的玉米种植面积迅速增加。资料显示，吉林省作物生长季大于等于 10℃积温年变幅较大，并且有逐年增加的趋势，其中西部地区增加了 70℃左右，丘陵山区和延边地区分别增加 44℃和 56℃。全省稳定大于等于 10℃的初日的年变化幅度较大，极差大概为 20 d，有提前的趋势，中西部提前了 2～3 d，丘陵山区提前了 5 d 左右，延边山区提前了 2～3 d。由于大于等于 10℃初日提早的速度比终日提早的速度快，因而农作物有效生育日数（大于等于 10℃间日）有延长的趋势，延长了 1～4 d[13]。

2．对南方地区的影响

南方夏季持续的高温天气使灌浆后期的早稻遭受“高温逼熟”，导致籽粒不饱满、粒重下降；也使得脐橙、柑橘等水果幼果脱落严重，产量受到较大影响。冬季也时常有暴雪、暴雨的袭击。2008 年 1 月，长江中下游及以南地区和西南地区出现大范围的持续低温、雨雪、冰冻天气，使温室大棚里的蔬菜、花卉等生产受到较大影响。同时，由于降雪量过大，出现冰冻的地区部分大棚受损，运输严重受阻，增加了农业生产上的成本。持续低温、雨雪、冰冻天气，致使江淮和西南地区等地的部分冬小麦、蔬菜等遭受不同程度的冻害；其中湖南和贵州大部分地区日最低气温维持在−5～−2℃，遭受冰冻灾害最为严重。大部地区出现低温、霜冻天气，致使喜温作物、果树和蔬菜遭受低温寒害；华南南部热带经济果树及水产养殖等受到一定程度的影响。长江中下游持续阴雨雪天气，降水量比常年同期明显偏多，农田过湿，出现不同程度湿、渍害；特别是强降雪为历史同期所罕见，造成冬小麦、油菜和大田蔬菜等完全被积雪覆盖，对作物根系生长产生一定的影响。

3．对西部地区的影响

西部部分地区地广人稀，耕地分散；部分地区山高坡陡；西北部地区大多为内陆戈壁、沙漠地带，干旱少雨；西南地区除少数平原地区外，大多为喀斯特地貌，土地瘠薄；部分地区气候寒冷，不适宜于农作物生长。因此，气候变化对西部地区粮食产量的影响非常显著。以西藏为例，西藏在自然地理学上处于中低纬度的高寒环境，奇特多样的地形、地貌及地形上的差异，使全区气候的区域分带十分明显。气候变暖使西藏地区近年来频繁出现极端的气候事件，据 2009 年西藏自治区气象局的资料显示，2009 年 4 月 1 日—6 月 18 日，西藏全部 7 个地区平均气温与历史同期相比均升高 0.4℃以上，其中拉萨偏高 2.3℃。这次干旱造成拉萨全区共 41 个县（市）不同程度的受灾，受旱的播种面积达 3.40 万 hm^2，直接造成的经济损失已达 5 876 万元。资料显示，1961—2008 年，西藏年平均气温大约以 0.32℃/10 a 的速率升高，相当于全国增温率的 4 倍以上。

四、气候变化对我国主要粮食作物生产潜力的影响

1．气候变化对冬小麦生产潜力的影响

过去 40 年的气候变化对中国南北麦区影响截然不同。北方麦区冬小麦的生长发育及产量形成经常受到低温冻害的影响，所以气候变暖、气温升高可能对这些

地区的冬小麦产生有利的影响；但对于南方地区，气候变暖很可能在短时间内使气温超过冬小麦生长的最适范围，冬小麦生育期缩短，影响干物质积累时间，致使潜在产量下降。有研究表明，在作物品种、耕作措施、土壤特性不变的条件下，南方麦区模拟的 1961—2005 年冬小麦光温潜在产量呈下降趋势，下降幅度为 54.1 kg/（hm^2 ·10a）；北方麦区大部分光温潜在产量增加，但总体也呈略下降趋势，下降幅度为 11.1 kg/（hm^2 ·10a）。虽然冬小麦生育期内降雨量明显减少，但春季降雨量没有明显的减少趋势，因此降雨量变化对北方冬小麦产量潜力影响不大，1952—2005 年北方冬小麦气候生产潜力变化趋势与光温潜在产量变化趋势基本一致[14]。由于总辐射的下降以及积温增加使得冬小麦生长季缩短，1961—2007 年华北地区冬小麦潜在产量总体呈下降趋势，河北下降趋势最明显，河南次之，山东的德州、惠民和临沂等极少数站点呈上升趋势，每 10 年下降 175.0 kg/hm^2[15]。还有研究表明华北地区不同年代冬小麦不同品种的光温生产潜力均呈显著下降趋势，当前品种的下降幅度较高；不同年代冬小麦不同品种的雨养产量均呈不显著增加趋势。同时，日照时数减少也会对冬小麦光温潜在产量产生影响，全国大部分麦区日照时数缩短会对冬小麦生长发育及产量形成产生不利影响[16]。总体而言，冬小麦的潜在产量是温度、降雨和日照时数等因子综合作用的结果，近 50 年气候变化对华东、华中和华南区域小麦总生产潜力都产生负面影响，而对东北和西南小麦总生产潜力都产生正面影响[17]。

2. 气候变化对水稻生产潜力的影响

温度升高对水稻产量的影响存在显著的地区差异，温度升高对东北、西北地区水稻生产的影响最大，其次是中南地区，再次是华东和华北地区，对西南地区的影响最小。东北地区水稻生长期内光、热、水资源同步，且昼夜温差较大，水稻种植面积明显北扩[18]；虽然水稻生育期缩短，但光温潜在产量呈增加趋势，这是由水稻生长季内大于等于 10℃积温逐渐增加造成的，但这种增加趋势主要发生在 20 世纪 90 年代末以后；虽然东北地区水稻生育期内降雨量呈减少趋势，但气候生产潜力由于受自然降水的影响较小，仍旧呈明显增加的趋势[19]。在南方稻区，单季稻的产量略增，主要得益于 CO_2 的增益效应；但华中和华南地区的双季稻（特别是早稻）将大幅度减产，原因是温度升高缩短了水稻生育期和光合时间、增加了呼吸消耗，同时对水稻抽穗扬花和籽粒灌浆不利，这些负效应明显超过了 CO_2 的增益效应[20]。石全红等[21]研究表明，自 1980 年以来南方稻区早稻光温生产潜力均呈不同程度的增加趋势，其中安徽、浙江、福建、江西增幅最为明显，而湖北、湖南两省增幅较小；气候变化对南方稻区水稻光温生产潜力的负面影响主要体现在对一季中稻和晚稻的影响，影响的主要区域有东南部的浙江、江西、福建三省以及西北部的湖北、河南两省。胡清宇[22]指出，江淮地区近 30 年水稻光温生产潜力呈线性下降的趋势，递减速率为每年 24 kg/hm^2。另外，极端性天气/气候导致长江中下游稻区（夏季极端高温）和东北稻区（夏季极端低温）产量波动性加大[23]，光照日数和有效辐射强度降低也是水稻减产的普遍因素[24]。

3. 气候变化对玉米生产潜力的影响

气候变化对玉米生产的影响因不同产区而异。温度升高和作物生长季延长对部分高纬度地区、高海拔地区（尤其是黑龙江省）的玉米生产总体呈有利影响，但是对其他玉米主产区的影响总体上仍以减产为主。钟新科等[25]指出，近 30 年来中国春玉米气候生产潜力倾向率为−887～1 689 kg/（hm^2·5a），东北地区西部、黄淮海地区北部及黄土高原部分地区的气候生产潜力呈减少趋势，黄淮海平原南部及南方大部分地区呈增加趋势；夏玉米气候生产潜力倾向率为−589～1 768 kg/（hm^2·5a），除黄淮海平原北部呈减少趋势外，其他地区夏玉米气候生产潜力呈增加趋势。陈长青等[26]报道，在气温不断升高的情形下，1971—2007 年东北地区春玉米的光温生产潜力呈增加趋势，但由于各地区降水的差异，东北地区春玉米的气候生产潜力在各地区间变化差异较大，相对于 20 世纪 70 年代，21 世纪以来南部地区气候生产潜力降低，而中部地区增加。黑龙江省玉米光温生产潜力伴随着温度的升高，表现为增加趋势，每年增长 52.675 kg/hm^2；气候生产潜力则随着降水量的减少而呈减少趋势，每年减少 45.446 kg/hm^2；气候生产潜力的减少则主要归因于有效降水量减少和作物需水量的增加[27]。张强等[28]研究表明，尽管整个黄土高原年平均温度呈升高趋势，但玉米生长期内的温度反而有所下降，因而玉米光温生产潜力呈下降趋势；受降水变化的影响，除陕西省外，其余地区年代间气候生产潜力均呈增加趋势。黄川容等[29]以黄淮海平原气象数据、土壤数据和作物数据为基础，应用 WOFOST 作物生长模型，得出黄淮海平原夏玉米光温潜力、气候潜力均呈现下降趋势。

五、应对气候变化的主要对策

气候变化对农作物生产的影响已是不争的事实，我们所能做的是如何通过人为干预，应对与适应这种变化。从作物生产对环境的依赖关系来看，应从内因和外因两个方面考虑，应对气候变化主要应采取以下几项措施[30]。

1．调整与确立适应育种目标

根据未来气候变化趋势，培育抗旱、耐高温的新品种将成为育种家的主要目标之一。育种工作是一项面向未来的较长期科学研究，一个作物新品种的选育需要 8～10 年。因此，育种工作者必须把握气候环境的长期变化趋势，加强对高温、干旱、病虫害和紫外光等具有抗性的作物品种的选育；重视对不利气候与生物因素的抗性生理生化机理、抗性亲本的征集与鉴定，抗性基因的定位与抗性基因转移技术等多方面的研究，力求选育出对未来气候变化具有更强适应能力的新品种。

2．调整种植制度和农作物结构

气候变暖使得农业种植带北移，因此在种植制度和农作物结构上应该做相应的调整。针对气候特点种植适应该地区气候的农作物及采用相应的适应管理措施。针对气候变化对农业的影响，应该对作物的品种布局进行改进，有计划地培育和选用抗旱、抗涝、抗高温和低温的优良品种，积极采用防灾抗灾、稳产增产的技术措施，发展旱地农业和节水农业生产以适应气候可能产生的不利影响。

3．控制温室气体增长，努力做好减排工作

气候变暖的主要原因是大量 CO_2、CH_4、O_3、CFCs（氯氟烃）等温室气体的

排放。人类除了种植植被吸收这些气体，净化空气外，在生产、生活等方面，还要控制这些气体的产生，如控制汽车的数量、燃油的种类等，以减少尾气排放量，减缓大气中温室气体的增加速度。

4．灾害频发，积极采取防御措施

气候变暖使自然灾害频繁的发生，干旱、洪涝、暴雪、飓风等自然灾害给人类带来了巨大的灾难，为了防御这些灾害对农作物的影响，应该积极做好防御措施。加强给水工程、排水工程建设，抗御干旱、洪涝的袭来；暴雪来临之前，多给温室大棚增加覆盖物，防止暴雪压塌大棚；公路交通方面也要做好应对措施，以免因灾害对运输造成影响，给粮食、蔬菜等造成经济上的损失。总之，要强化综合防治自然灾害的工程设施建设。

5．大力开展生态环境治理，提高应对与适应气候变化的能力

气候变暖不仅仅带来了一系列的自然灾害，对生态环境的破坏也十分严重。人们应该积极开展生态环境的治理活动，提高应对气候变化的应对能力。如减少大水灌溉；应用优良抗旱抗病的新品种，发展旱作农业；把治理水土流失与提高土壤肥力、提高土地生产潜力等结合起来，走生态农业和高效农业的道路；加强土地的复垦，提高土地的利用率，使荒废的土地资源充分的利用等。争取在较短的时间内把低产田改造成为高产田、优质田，进而提高土地资源对气候变化和可能发生的灾害的抗御能力，也是应对气候变化的重要措施。

参考文献

[1] 秦大河，丁一汇，苏纪兰，等. 中国气候与环境演变评估（I）：中国气候与环境变化及未来趋势[J]. 气候变化研究进展，2005（1）：4-9.

[2] LI Zhi，LIU Wenzhao，ZHANG Xunchang，et al. Assessing and regulating the impacts of climate change on water resources in the Heihe watershed on the Loess Plateau of China[J]. Science China（Earth Sciences），2010（5）：710-720..

[3] Chih-Yuan C，Yu-Hsien L，Jiann-Fuh C，et al. Design and Implementation of DSP-based

Voltage Frequency Conversion System[C]. 中国台湾台南，2010.

[4] 徐铭志，任国玉. 近40年中国气候生长期的变化[J]. 应用气象学报，2004（3）：306-312.

[5] XU B C O S，China W H S O，Shenyang U S Y，et al. A Routing Metrics Based on Optimize Power for Wireless Sensor Networks[C]. 成都，2010.

[6] Gary T T，Jack T. Highest Elevation Vertebrate Fauna In Late Pliocene of Kunlun Mountain Pass，Northern Tibetan Plateau[C]. 第二届国际古生物学大会. 北京，2006.

[7] 赵俊芳，杨晓光，刘志娟. 气候变暖对东北三省春玉米严重低温冷害及种植布局的影响[J]. 生态学报，2009（12）：6544-6551.

[8] 蔺怀博，杨丽，朱丽敬. 浅谈气候变化及其对农作物的影响[J]. 农民致富之友，2014（14）：291.

[9] 孔维财. 气候变化对农田生态系统的影响及其对策研究[J]. 安徽农业科学，2009（31）：15313-15315.

[10] 翟晓慧，刘孝勇，宋乃平. 气候变化对农业产生的影响及农业适应对策综述[J]. 甘肃农业，2011（7）：20-22.

[11] 郑有飞，牛鲁燕. 气候变暖对我国农业的影响及对策[J]. 安徽农业科学，2008（10）：4193-4195.

[12] 周小珊，杨森，陈力强. 沈阳区域气象中心中尺度数值预报业务系统的改进与拓展[J]. 气象科技，2003（5）：262-267.

[13] 王江山，孙凤华，赵春雨，等. 气候变暖对东北地区农业生产的影响[J]. 安徽农业科学，2009（19）：9053-9056.

[14] 谢立勇，李悦，徐玉秀，等. 气候变化对农业生产与粮食安全影响的新认知[J]. 气候变化研究进展，2014（4）：235-239.

[15] 李克南，杨晓光，刘园，等. 华北地区冬小麦产量潜力分布特征及其影响因素[J]. 作物学报，2012（8）：1483-1493.

[16] 杨再洁，史磊刚，文新亚，等. 华北平原不同年代冬小麦品种灌浆特性对水分亏缺的响应[J]. 中国农业大学学报，2013（3）：21-27.

[17] 田展，梁卓然，史军，等. 近 50 年气候变化对中国小麦生产潜力的影响分析[J]. 中国农学通报，2013（9）：61-69.

[18] 王媛，方修琦，徐锬，等. 气候变暖与东北地区水稻种植的适应行为[J]. 资源科学，2005（1）：121-127.

[19] 张旭光. 气候变化对东北粮食作物生产潜力的影响[D]. 湖南农业大学，2007.

[20] 金之庆. 论气候变化对我国粮食生产的影响[C]. 全国农业气象与生态环境学术年会. 南昌，2006.

[21] 石全红，刘建刚，陈阜，等. 长江中下游地区水稻产量差及分布特征研究[J]. 中国农业大学学报，2012（1）：33-39.

[22] 胡清宇. 近 30 年江淮地区气候变化对主要作物生产的影响[D]. 南京农业大学，2012.

[23] 刘娟，杨沈斌，王主玉，等. 长江中下游水稻生长季极端高温和低温事件的演变趋势[J]. 安徽农业科学，2010（25）：13881-13884.

[24] 潘根兴，高民，胡国华，等. 气候变化对中国农业生产的影响[J]. 农业环境科学学报，2011（9）：1698-1706.

[25] 钟新科，刘洛，徐新良，等. 近 30 年中国玉米气候生产潜力时空变化特征[J]. 农业工程学报，2012（15）：94-101.

[26] 陈长青，类成霞，王春春，等. 气候变暖下东北地区春玉米生产潜力变化分析[J]. 地理科学，2011（10）：1272-1279.

[27] 王秀芬，杨艳昭，尤飞. 黑龙江省气候变化及其对玉米生产潜力的影响[J]. 干旱地区农业研究，2012（5）：25-29.

[28] 张强，杨贤为，黄朝迎. 近 30 年气候变化对黄土高原地区玉米生产潜力的影响[J]. 中国农业气象，1995（6）：19-23.

[29] 黄川容，刘洪. 气候变化对黄淮海平原冬小麦与夏玉米生产潜力的影响[J]. 中国农业气象，2011（S1）：118-123.

[30] 李萍萍，刘恩财，谢立勇，等. 气候变化对农作物生产的影响与对策[J]. 江苏农业科学，2010（6）：532-534.

长江流域旱地玉米-大豆带状复合种植株行距配置研究

崔爱花 王 兰 王淑彬 黄国勤[①]

（江西农业大学生态科学研究中心，南昌 330045）

摘 要：采用单因素试验设计，分别以玉米单作和大豆单作为对照，设置 5 种不同的玉米-大豆复合种植模式，通过对光热水及养分资源利用效率进行比较，并从产量和经济效益方面进行分析，筛选出适于红壤旱地种植的较优模式。综合分析认为，玉米大豆间作（带宽 2.8 m，行比 2∶4，玉米株距 11.9 cm，大豆株距 9.5 cm）是比较适于在红壤旱地推广的较好模式。

关键词：玉米-大豆复合种植 资源利用效率 经济效益

一、研究背景及研究的目的与意义

《国务院办公厅关于加快转变农业发展方式的意见》（国办发〔2015〕59 号）中强调，“大力推广轮作和间作套作。支持因地制宜开展生态型复合种植，科学合

---

① 通信作者：黄国勤，教授、博士生导师，办公室电话：0791-83828143；手机：13627081298；电子邮箱：hgqjxes@sina.com。

国家重点研发计划课题“长江流域旱地多熟种植资源优化配置与丰产高效种植模式”子课题（2016YFD0300209-06）资助。

理利用耕地资源，促进种地养地结合。”长江流域耕地光热资源两熟有余、三熟不足，旱地粮食作物又以玉米为主，玉米与低位作物间套作种植是其资源高效利用的主要形式。采用玉米间作大豆种植模式，可以提高耕地复种指数和土地利用率；避开了种间对光、温、水、肥等生态因子的竞争；减少化学肥料的施用量，促进玉米产量的提高。然而，当前长江流域旱地存在的共性问题是：光温水资源的时空变化及作物响应机理不明；空间配置参数与高产及机械化不协同；创新种植模式的基础理论欠缺。

江西省红壤分布面积大，达 13 966 万亩，约占全省总面积的 55.78%。但也存在以下问题：丘陵红壤旱地水土流失严重、红壤生产力降低，红壤的生产潜力未得到发挥和挖掘。

本项目在前阶段研究的基础上，探讨红壤旱地玉米-大豆间套作多熟种植系统中光、热、水、肥的分布特点和循环规律，以及作物的响应机制，筛选出适于机械化采收的优良模式，从而为挖掘长江流域旱地资源生产潜力，优化玉米-大豆带状复合种植模式，建立高效、低耗、生态、协调发展的红壤旱地农业生产模式提供技术和理论支撑。

二、材料与方法

1．试验地概况

试验设在江西省红壤所内（116°20′E，28°15′N），该点属于中亚热带季风气候，年均降水量 1 537 mm，年蒸发量 1 100～1 200 mm，年均气温 17.7～18.5℃，最冷月（1 月）平均气温为 4.6℃，最热月（7 月）平均气温为 28.0～29.8℃。海拔高度 25～30 m，坡度 5℃，为典型的低丘红壤地区。

2．试验设计

本试验采用单因素随机区组设计，7 个处理，3 次重复，共 21 个小区，每个处理种 2 带，带长 5 m，重复 3 次，窄行玉米、大豆均 40 cm，玉米密度 4 000 株/亩，大豆10 000株/亩，单株定植（表1）。试验田间设计如图1所示，田间布置如图2所示。

表1 试验设计

处理	种植模式
M处理1	带宽2.0 m，行比2∶2
N处理2	带宽2.4 m，行比2∶3
P处理3	带宽2.4 m，行比2∶4
Q处理4	带宽2.8 m，行比2∶3
R处理5	带宽2.8 m，行比2∶4
S处理6	玉米单作（等行距，70 cm）
T处理7	大豆净作（等行距，50 cm）

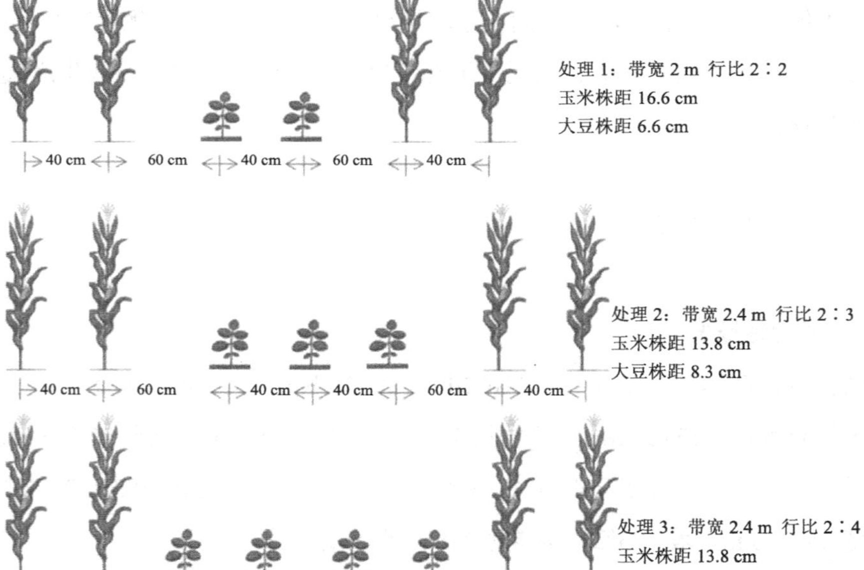

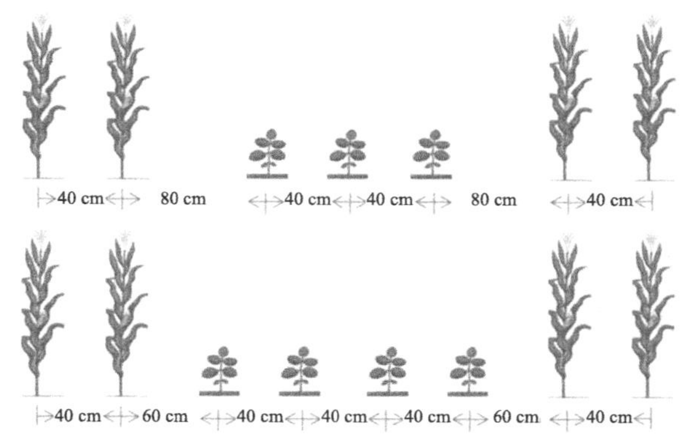

处理 4：带宽 2.8 m 行比 2∶3
玉米株距 11.9 cm
大豆株距 7.1 cm

处理 5：带宽 2.8 m 行比 2∶4
玉米株距 11.9 cm
大豆株距 9.5 cm

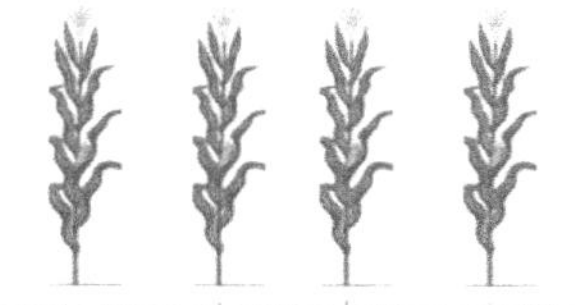

处理 6：玉米净作，等行距 70 cm
株距 23.8 cm

处理 7：大豆净作，等行距 50 cm
株距 13.3 cm

图 1　田间设计

T1 处理 7（2.5 m）	M1 处理 1（4.0 m）	N1 处理 2（4.8 m）	P1 处理 3（4.8 m）	Q1 处理 4（5.6 m）	R1 处理 5（5.6 m）	S1 处理 6（2.9 m）
过道 1 m						
S2 处理 6（3.5 m）	R2 处理 5（5.6 m）	Q2 处理 4（5.6 m）	P2 处理 3（4.8 m）	N2 处理 2（4.8 m）	M2 处理 1（4.0 m）	T2 处理 7（2.5 m）
过道 1 m						
T3 处理 7（2.5 m）	P3 处理 3（4.8 m）	M3 处理 1（4.0 m）	R3 处理 5（5.6 m）	N3 处理 2（4.8 m）	Q3 处理 4（5.6 m）	S3 处理 6（2.8 m）

图 2　田间布置

3. 田间管理

玉米、大豆 4 月 1 日播种，玉米底肥每公顷配施过磷酸钙 600 kg（含 P_2O_5 12%），氯化钾 150 kg（含 K_2O 60%），玉米全生育期共施纯氮 180 kg/hm^2，按底肥∶穗肥 5∶5 比例施用。大豆基肥配施尿素 75 kg/hm^2、过磷酸钙 600 kg /hm^2、氯化钾

60 kg/hm^2、追肥为初花后施尿素 75 kg/hm^2，其他管理同大田。

三、测定项目与方法

1．土壤化学性质的测定

土壤于作物种植前及收获当日采集土样（五点法），测定项目及方法如下[1, 2]：

pH——电位测定法。

有机质——用重铬酸钾法-浓硫酸外加热法测定；

全氮——半微量开氏法；

速效氮——用碱解蒸馏法测定；

全磷——酸溶-钼锑抗比色法；

速效磷——用 $NaHCO_3$-钼锑抗比色法测定；

全钾——NaOH 熔融-火焰光度法；

速效钾——用 $NaHCO_3$-钼锑抗比色法测定。

2．收集生长期内逐日的气象数据

查阅当年江西农业大学气象站定点观测数据，并参考历年气象资料，进行综合运用和分析。

3．记载玉米、大豆生育时期和生育期

记录玉米、大豆的生育期与生育时期，统计不同作物季光温水资源量和周年光温水资源量，分析不同处理与光温水资源匹配机制。其中光以辐射量计算，温度以作物有效积温计算，水资源以降水量计算。

4．物质的积累与分配

从玉米、大豆成熟期，每小区测定单位面积作物干物质积累量，按器官分装，鲜样在 105℃条件下杀青 1 h，80℃烘干至恒重，称重。分器官粉碎后供氮、磷、钾的测定。养分含量的测定采用浓 H_2SO_4-H_2O_2 消煮，氮素含量测定采用凯氏定氮法；磷素含量的测定采用矾钼黄比色法；钾素含量的测定采用火焰光度法。

5. 土壤水分含量

土壤重量含水量的测定采用烘干法，在玉米、大豆播种前和收获期，每小区玉米窄行、玉米与大豆行间中间、大豆行间，各选有代表性 1 点，取 0～20 cm 土层，称量土样烘干前后重量差，计算各处理土壤重量含水量。

6. 作物产量

在玉米成熟期，收获前考察每小区的有效穗，小区实打实收折算实际产量，大豆于成熟期收获测定产量。

四、计算方法

光能利用效率 $\mathrm{SUE}=H\times Y/\Sigma Q\times 100\%$

热量利用效率 $\mathrm{HUE}=Y/\Sigma T$

水分利用效率 $\mathrm{WUE}=Y/\mathrm{ET}$，$\mathrm{ET}=P+\Delta\mathrm{SWS}$

养分利用效率 $\mathrm{NUE}=Y/U$

式中，Y 为单位面积产量（$\mathrm{kg/hm^2}$）；H 为单位面积上干物质重燃烧热（J/g），取 $1\,779\times 10^4$J/kg；ΣQ 为生长期间的太阳总辐射（MJ/kg）；ΣT 为日平均气温稳定积温；ET 为季节性蒸散量；P 为降雨量（mm）；ΔSWS 为从播种至收获土壤储水量变化（mm）；U 为作物中氮（磷、钾）的积累量。

五、统计分析

采用 Microsoft Excel 2007 软件对数据进行处理和作图，采用 SPSS17.0 软件和邓肯新复极差法进行方差分析。

六、结果与分析

1．不同处理土壤养分含量变化特点

（1）土壤 pH 和有机质。将种植前和收获后的土壤 pH 值和有机质含量列于表 2。由表 2 可知，除了处理 2 显著低于处理 7 即大豆单作外，其余处理均与玉米单作和大豆单作差异不显著。收获后，除了处理 5 与玉米单作差异不显著外，其余处理均低于玉米单作，低幅为 2.7%～6.0%，差异显著（$P<0.05$）；除了处理 5 和处理 1 与大豆单作无显著差异外，处理 2、处理 3、处理 4 均低于大豆单作，低幅为 2.8%～4.5%，差异显著（$P<0.05$）。从 pH 值增加量来看，除了处理 1、处理 3 和处理 6 为负数外，其余处理均为正值，说明土壤酸度有所改善，处理 2 和处理 4 在改善土壤酸度方面优于玉米和大豆单作。

表 2　不同处理土壤 pH 值和有机质含量变化

处理	pH 值			有机质/（g/kg）		
	种植前	收获后	增加量	种植前	收获后	增加量
处理 1	5.68ab	5.67bc	−0.01	21.57a	20.17a	−1.40
处理 2	5.21b	5.53d	0.32	21.20ab	21.40a	0.20
处理 3	5.88a	5.48d	−0.40	19.33bc	21.07a	1.74
处理 4	5.82a	5.58cd	0.24	19.13c	23.37a	3.57
处理 5	5.91a	5.79ab	0.12	19.8abc	21.70a	1.90
处理 6	5.69ab	5.83a	−0.14	19.10c	20.50a	−1.40
处理 7	5.97a	5.74ab	0.23	19.6abc	20.90a	−1.30

由表 2 还可知，种植前间作处理 1 和处理 2 的土壤有机质含量分别比玉米单作高 9.9%和 12.9%，差异显著（$P<0.05$），其余处理均显著低于玉米处理；间作各处理与大豆单作差异均不显著。种植后，间作处理与玉米、大豆单作的土壤有机质含量差异均不显著。从种植前和收获后的增加量来看，除处理 1 和玉米、大豆单作无增加外，其余间作处理均有不同程度的增加，由高到低依次为：处

理 4＞处理 5＞处理 3＞处理 2。间作较单作可促进土壤有机质含量的增加。

（2）土壤速效养分含量。将土壤速效养分含量列于表 3。由表 3 可知，种植前各处理的碱解氮含量无显著差异，收获后，间作各处理与大豆单作差异均不显著，除了处理 5 与玉米单作无显著差异外，其余处理均高于玉米单作，增幅为 14.3%～18.4%，差异显著（$P<0.05$）；种植前与收获后相比，除了玉米单作土壤碱解氮减少了 10.67 mg/kg 外，其余各处理均有不同程度的增加，处理 2、处理 3、处理 5 增加量高于大豆单作，分别高 440.5%、110.2%和 180.2%。

表 3　不同处理土壤速效养分含量变化　单位：mg/kg

处理	碱解氮			速效钾			有效磷		
	种植前	收获后	增加量	种植前	收获后	增加量	种植前	收获后	增加量
处理 1	109.67a	112.00a	2.33	252.67a	146.67b	−106.00	16.9abc	18.97a	2.07
处理 2	98.00a	116.67a	18.00	237.00a	217.33a	−19.67	13.80c	13.40a	−0.40
处理 3	105.00a	112.00a	7.00	267.00a	174.00ab	−93.00	14.80bc	16.40a	1.60
处理 4	112.00a	114.33a	2.33	255.67a	170.67ab	−85.00	12.40c	20.17a	7.77
处理 5	98.00a	107.33ab	9.33	284.33a	225.33a	−59.00	14.80bc	15.63a	0.83
处理 6	108.67a	98.00b	−10.67	244.67a	216.00a	−28.67	21.50a	15.40a	−6.10
处理 7	108.67a	112.00a	3.33	239.00a	227.00a	−12.00	18.70ab	17.50a	−1.20

种植前各处理的速效钾含量无显著差异，收获后，除了处理 1 显著低于两单作外，其余各处理与单作无显著差异。收获后较种植前。各处理土壤速效钾含量均有不同程度的减少，处理 1、处理 3、处理 4、处理 5 减少量均高于玉米和大豆单作，说明间作处理较单作需要消耗较多的速效钾，以供作物的生长发育。

种植前处理 2 和处理 4 有效磷含量显著低于其他各处理，收获后，各处理之间差异均不显著。除了处理 2 和两单作的土壤有效磷含量减少外，其余各处理均有不同程度的增加，增加量由高到低依次排列为：处理 5＞处理 4＞处理 1＞处理 3。

（3）土壤全量养分含量。将各处理的全量养分含量列于表 4。由表 4 可知，种植前土壤全氮含量处理 1 最高，显著高于其他各处理；收获后，间作各处理与玉米单作差异不显著，而处理 2 和处理 4 显著高于大豆单作，从全氮增加量来看，处理 2 和处理 4 的间作优势更为明显。种植前土壤全磷含量仅处理 3 显著低于两单作，其余间作处理均与单作差异不显著。收获后各处理之间差异均不显著；从增加土壤全磷含量来看，处理 3 和处理 4 较单作具有明显优势。种植前全钾含量除了处理 5 低于大豆单作外，其余处理均与玉米、大豆之间无显著差异，收获后各处理之间差异均不显著，处理 5、处理 2 和处理 3 较单作在增加土壤全钾含量上具有明显优势。

表 4　不同处理土壤全量养分含量变化　单位：g/kg

处理	全氮			全磷			全钾		
	种植前	收获后	增加量	种植前	收获后	增加量	种植前	收获后	增加量
处理 1	1.47a	1.42ab	−0.05	0.60a	0.51a	−0.09	23.5bc	20.03a	−3.47
处理 2	1.21b	1.48a	0.27	0.50bc	0.48a	−0.02	22.17bc	23.03a	0.86
处理 3	1.24b	1.43ab	0.09	0.44c	0.52a	0.08	23.2bc	23.20a	0.00
处理 4	1.25b	1.49a	0.24	0.48bc	0.58a	0.10	29.23a	22.70a	−6.53
处理 5	1.29b	1.32b	0.03	0.55ab	0.48a	−0.07	20.67c	21.70a	1.03
处理 6	1.29b	1.38ab	0.09	0.53ab	0.49a	−0.04	25.10abc	21.70a	−3.40
处理 7	1.29b	1.32b	0.03	0.53ab	0.56a	0.03	26.90ab	25.80a	−1.10

综合以上分析认为，间作处理较单作在增加土壤 pH、有机质含量、碱解氮，有效磷及全量养分含量方面有优势。

2．不同处理对土壤含水量变化特点

从表 5 可以看出，玉米和大豆播种前，间作处理与单作处理土壤含水量差异不显著；大豆成熟期，处理 5 的土壤含水量较高，处理 3 最低，差异显著（$P<0.05$），间作各处理均与两单作差异不显著；玉米成熟期这一阶段的土壤含水量降到最低，这是由于大豆玉米全生育期消耗了较多的水分。其中，除了处理 4 外，其他间作处理均显著高于玉米单作、而与大豆单作差异不显著；大豆单作土壤含水量显著高于玉米单作。以上分析可知，玉米大豆间作对土壤含水量的影响主要表现在玉米收获期，可有效减少玉米对土壤水分的吸收，但对大豆的优势不明显。就整个生育期来说，各处理土壤含水量无明显差异。

表 5　不同处理土壤含水量变化　单位：%

处理	播种前	大豆成熟期	玉米成熟期	平均
处理 1	21.5 0a	20.73 ab	13.76 ab	18.66 a
处理 2	21.37 a	20.72 ab	14.06 a	18.72 a
处理 3	21.57 a	18.96 b	14.15 a	18.23 a
处理 4	20.62 a	19.95 ab	13.31 b	17.96 a
处理 5	21.11 a	21.87 a	14.11 a	17.96 a
处理 6（玉米单作）	21.11 a	20.03 ab	13.24 b	17.96 a
处理 7（大豆单作）	21.21 a	20.17 ab	14.43 a	17.96 a

3．不同处理光热水资源匹配比较

试验各处理的玉米和大豆均为 4 月 1 日播种，玉米的收获期均为 7 月 29 日，大豆的收获期均为 7 月 12 日。由表 6 可以看出，间作种植的资源利用效率明显高于单作种植，和玉米单作相比，间作可以有效提高季节利用率 28.2%、辐射量 32.4%、有效积温 36.7%、降水 60.6%，与大豆单作相比，间作可以有效提高季节利用率 32.9%、辐射量 41.9%、有效积温 45.2%、降水 60.6%；无论间作或单作玉米的资源利用率除降水量外均高于大豆，在季节利用率、辐射量、有效积温及方面，分别比大豆高 4.7%、9.5%、8.5%。以上分析可以得出，玉米、大豆间作可以提高资源利用率。

表 6　不同种植方式的资源匹配特点

处理	作物	季节		辐射量		有效积温		降水	
		生育期/d	占全年/%	被利用/（MJ/m^2）	占全年/%	被利用/℃	占全年/%	被利用/mm	占全年/%
间作	玉米	120	32.9	1 795.54	41.9	2 959.79	45.2	827.1	60.6
	大豆	103	28.2	1 387.92	32.4	2 405.89	36.7	827.1	60.6
	合计	120	32.9	3 183.46	74.3	5 365.68	81.9	827.1	60.6
单作	玉米	120	32.9	1 795.54	41.9	2 959.79	45.2	827.1	60.6
	大豆	103	28.2	1 387.92	32.4	2 405.89	36.7	827.1	60.6

4．不同处理光利用效率、水利用效率比较

由表 7 可知，无论间作或单作玉米的光合利用效率、水分利用效率均高于大豆，间作处理中玉米、大豆的光合利用效率、水分利用效率均低于相应单作，差异均显著（$P<0.05$）。玉米-大豆间作各处理光合利用效率、水分利用效率均低于处理 6（玉米单作），低幅分别为 8.5%～29.6%和 8.5%～22.9%，差异均显著（$P<0.05$）；玉米-大豆间作各处理光合利用效率、水分利用效率均高于处理 7（大豆间作），增幅为 159.7%～208.1%和 159.5%～207.9%，差异均显著（$P<0.05$）；处理 1、处理 2、处理 3、处理 5 差异不显著，但均高于处理 4。

表 7　不同处理光、水利用效率比较

处理	光合利用效率			水分利用效率		
	玉米	大豆	组合	玉米	大豆	组合
处理 1	4.87b	1.10d	5.73b	5.95b	1.04d	6.99b
处理 2	4.41c	1.41cd	5.50b	5.38c	1.33cd	6.71b
处理 3	4.28c	1.73bc	5.61b	5.22c	1.63bc	6.85b
处理 4	3.80d	1.33d	4.83c	4.64d	1.25d	5.89c
处理 5	4.06cd	1.84b	5.49b	4.96cd	1.74b	6.70b
处理 6	6.26a	—	6.26a	7.64a	—	7.64a
处理 7	—	2.40a	1.86d	—	2.27a	2.27d

5．不同处理热量利用效率、氮素利用效率比较

由表 8 可知，无论间作或单作玉米的热量利用效率均高于大豆，间作处理中玉米、大豆的热量利用效率均显著低于相应单作（$P<0.05$）。玉米-大豆间作各处理热量利用效率均低于处理 6（玉米单作），低幅为 8.5%～22.5%，差异显著（$P<0.05$）；但均高于处理 7（大豆单作），增幅为 157.8%～204.7%，差异显著（$P<0.05$）；处理 1、处理 2、处理 3、处理 5 差异不显著，但均高于处理 4。

表 8 不同处理热量、氮素利用效率比较

处理	热量利用效率			氮素利用效率		
	玉米	大豆	组合	玉米	大豆	组合
处理 1	1.66b	0.36d	1.95b	38.62abc	2.85cd	41.47ab
处理 2	1.51c	0.46cd	1.88b	38.15abc	2.55cd	40.7bc
处理 3	1.46c	0.56bc	1.91ab	45.89a	5.29a	51.18a
处理 4	1.30d	0.43d	1.65c	28.54c	2.32d	30.86c
处理 5	1.38cd	0.60b	1.87b	32.60bc	3.17bc	35.77bc
处理 6	2.13a	—	2.13a	43.88ab	—	43.88ab
处理 7	—	0.78a	0.64d	—	3.71b	3.71d

间作各处理中玉米的氮素利用效率除处理 4 显著低于单作外（$P<0.05$），其余处理均与单作差异不显著；间作处理中大豆的氮素利用率以处理 3 最高，比处理 7（单作）高 42.6%，处理 5 与单作差异不显著，其余 3 处理均显著低于单作（$P<0.05$），低幅为 23.2%～37.5%。玉米-大豆间作氮素利用效率除了处理 4 显著低于玉米单作外，其余处理均与玉米单作差异不显著；但间作各处理均显著高于大豆处理。因此，玉米-大豆间作较单作可有效提高大豆热量和氮素利用效率，但在玉米方面优势不明显。

由表 9 可知，间作各处理中玉米的磷素利用效率除处理 4 和 5 显著低于单作外（$P<0.05$），其余处理均与单作差异不显著；间作处理中大豆的磷素利用率以处理 3 最高，处理 2 和处理 4 次之，分别比处理 7（单作）高 242.5%、80.1%和 52.6%，差异显著（$P<0.05$），处理 1、处理 5 与单作差异不显著。玉米-大豆间作磷素利用效率以处理 3 最高，处理 2、处理 4、处理 5 次之，分别比处理 6 高 43.5%～187.1%，差异显著（$P<0.05$），处理 1 与处理 6 之间差异不显著，处理 7 均显著低于其余各处理。

表 9 不同处理磷素、钾素利用效率比较

处理	磷素利用效率			钾素利用效率		
	玉米	大豆	组合	玉米	大豆	组合
处理 1	52.52ab	29.44d	81.97bc	11.60c	3.90c	15.51c
处理 2	45.53ab	58.60b	104.13b	13.38bc	8.34b	21.71b
处理 3	59.25a	111.46a	170.71a	18.15a	12.59a	30.75a
处理 4	38.04b	49.65bc	87.70b	10.21c	5.41c	15.61c
处理 5	41.82b	43.5cd	85.32b	12.20c	4.72c	16.92c
处理 6	59.47a	—	59.47c	17.48ab	—	17.48c
处理 7	—	32.53d	32.53d	—	4.16c	4.16d

间作各处理中玉米的钾素利用效率处理 3、处理 5 分别与单作差异不显著，其余处理均显著低于单作；间作处理中大豆的钾素利用率以处理 3 最高，处理 2 次之，分别比处理 7（单作）高 202.6%和 100.5%，差异显著（P<0.05），其余间作处理与单作之间差异不显著。玉米-大豆间作钾素利用效率以处理 7 最低，显著低于其余各处理，处理 3 最高，处理 2 次之，分别比处理 6 高 75.9%和 24.2%，差异显著（P<0.05），处理 1、处理 4、处理 5 与处理 6 之间差异不显著。

以上分析认为，玉米-大豆间作可有效提高玉米、大豆单作的磷和钾利用效率，以处理 3 效果较好。

6．不同处理玉米、大豆产量及效益比较

由表 10 可知，各间作处理玉米产量均低于单作，低幅为 28.4%～39.2%，差异显著（P<0.05），间作处理中处理 1 玉米产量最高，显著高于其他 4 个处理（P<0.05），幅度为 9.5%～22.0%；处理 7（单作）大豆产量显著高于各间作处理幅度为 23.4%～54.2%。经计算，各处理经济效益排名由高到低依次为：处理 5>处理 6（单作）>处理 3>处理 2>处理 4>处理 1>处理 7（单作），处理 5 比玉米单作高 15.2%，比大豆单作高 226.1%，其余间作处理均未超过玉米单作，但均超过大豆单作，增幅为 110.8%～162.0%。由此看来，处理 5 即玉米-大豆间作（带宽 2.8 m，行比 2∶4，玉米株距 11.9 cm，大豆株距 7.1 cm）间作优势最明显。

表 10　不同处理玉米大豆产量、经济效益比较

处理	玉米/（kg/hm^2）	大豆/（kg/hm^2）	经济效益/（元/hm^2）	排名
处理 1	4 918.3 b	860.0 d	4 080.95	6
处理 2	4 452.8 c	1 100.0 cd	4 321.70	4
处理 3	4 316.7 c	1 350.0 bc	5 073.98	3
处理 4	3 838.1 d	1 033.3 d	4 217.13	5
处理 5	4 100.0 cd	1 438.7 b	6 315.27	1
处理 6	6 317.2 a	—	5 483.29	2
处理 7	—	1 878.2 a	1 936.37	7

注：按玉米按 1.82 元/kg 计，大豆按 4.0 元/kg 计，均为作物收获时的当地市场交易价。

七、小结

（1）玉米、大豆间作较单作在增加土壤 pH 值、有机质含量、碱解氮、有效磷及全量养分含量有优势。

（2）玉米、大豆间作较单作可提高季节利用率和光热水资源利用率；可有效减少玉米对土壤水分的吸收，增加土壤含水量。

（3）无论间作或单作玉米的光、热、水及氮、磷、钾利用效率均高于大豆；间作处理中玉米和大豆的光合利用效率、水分利用效率、热量利用效率均显著低于相应单作；间作各处理的光、热、水资源利用效率均低于玉米单作，但显著高于大豆单作。

（4）玉米、大豆间作较单作可有效提高大豆氮素、钾素和磷素的利用效率；可提高玉米磷和钾素利用效率，但在增加玉米氮素利用效率方面优势不明显。

（5）玉米、大豆间作较单作并未在有效提高玉米、大豆产量上具有明显优势，但可提高单位土地面积经济产量；从经济效益来看，间作处理均超过大豆单作，但仅有处理 5 超过玉米单作。

因此，玉米、大豆间作（带宽 2.8 m，行比 2∶4，玉米株距 11.9 cm，大豆株

距 9.5 cm）是比较适于在红壤旱地推广的较好模式，但鉴于试验只进行一年，试验结论有待于进一步验证。

参考文献

[1] 南京农业大学. 土壤农化分析[M]. 北京：农业出版社，1998.

[2] 鲁如坤. 土壤农业化学分析方法[M]. 北京：中国农业科技出版社，2000.

江西省农业可持续发展的问题与对策

李新梅　黄国勤[①]

（江西农业大学生态科学研究中心，南昌　330045）

摘　要：在现代经济发展的大背景下，走农业可持续发展道路是必然选择。本文就江西省的农业所存在的问题，结合国家走可持续道路的必然性，对江西省农业可持续的发展路径及对策进行探讨。

关键词：农业可持续发展　模式　路径　生态补偿

一、引言

随着国家政策对于农业的倾斜以及相关科学技术的进步，农业发展的综合性研究日益成为新时期我国农业和农村发展领域的研究热点[1]。近年来，学者们对农业发展的研究新进展主要集中在农业的水土匹配。农业的现代化以及农业多功能性研究等方面[2]，在农村发展方面的研究主要集中在以农村土地利用为基础的格局、动力机制等[3]。然而对江西省农业发展的研究不多，尚没有系统的农业发展路径及政策建议方面的研究。

① 通信作者：黄国勤，教授、博士生导师，办公室电话：0791-83828143；手机：13627081298；电子邮箱：hgqjxes@sina.com。

江西省是个农业大省，农业资源丰富，生态资源明显，生态环境是排在全国前列，但农业问题依旧明显，通过对江西省与农业的探讨，希望能总结出江西省农业可持续发展的路径及对策[4]。

二、江西省农业经济发展现状与存在的问题

1. 江西省概况

江西省土地总面积 16.69 万 km^2。地形地貌大致为“六山一水二分田，一分道路和庄园”。全省的耕地面积 4 633 万亩，水面面积 2 500 万亩。总人口 4 592.2 万人，其中农业人口 3 306.9 万人。江西省地处北纬 24°29′14″—30°04′41″，东经 113°34′36″—118°28′58″，东邻浙江省、福建省，南连广东省，西接湖南省，北毗湖北省、安徽省而共接长江，属于华东地区。省内除北部较为平坦外，东西南部三面环山，中部丘陵起伏，成为一个整体向鄱阳湖倾斜而往北开口的巨大盆地。全境有大小河流 2 400 余条，赣江、抚河、信江、修河和饶河为江西五大河流。江西处北回归线附近，全省气候温暖，雨量充沛，年均降水量 1 341～1 940 mm；无霜期长，为亚热带湿润气候。江西省人文古迹丰富、自然资源丰富，地貌复杂多样，生物生境多样，景观环境优美，不仅承担着重要的生态涵养功能，这也是保证江西可持续发展的关键。江西省的合理发展是实现“长江经济带战略”“建设生态文明试验区”。

2. 发展状况

国家政策的支持，给江西省农业带来了一轮新的发展机遇。①种植方面。江西作为全国 13 个粮食主产省之一，是新中国成立以来全国两个从未间断输出商品粮的省份之一，每年外调粮食 100 亿斤。拥有万年贡米、奉新大米、丰城硒米等一大批知名的大米品牌，以及麻姑米粉、五丰米粉等特色米粉。全省“三区一片粮食生产基地”（鄱阳湖平原、赣抚平原、吉泰盆地粮食主产区和赣西粮食高产片）的 62 个粮食主产县，粮食生产面积达 4 935 万亩，年产粮食约 375 亿斤；蔬菜种

植面积 858.40 万亩，产量 1 312.40 万 t；特色水果有赣南脐橙、南丰蜜橘、赣北早熟梨等，“南橘”橘园总面积达 425 万亩，年产柑橘约 290 万 t，“北梨”梨园面积达 32 万亩，年产梨约 10 万 t，“中柚”柚园面积达 40 万亩，年产柚约 3 500 t；全省茶叶种植面积达 116.71 万亩；油菜面积达 821.87 万亩，其中水田油菜达 649.65 万亩。②养殖方面。以蛋鸭笼养和肉鸭旱养为突破口推进水禽标准化养殖，开发利用好兴国灰鹅、吉安红毛鸭、大余麻鸭等品种资源，凸显了“沿江环湖水禽生产基地”（赣江沿线、环鄱阳湖）的重要地位，10 个水禽生产重点县年出栏约 6 650 万羽；江西水产资源丰富，全省水产品养殖面积达 652.99 万亩，水产品总产值和出口连续多年居中国内陆省份前列，“环鄱阳湖渔业生产基地”的 38 个县养殖面积 380.96 万亩，年水产品的产量约 148.16 万 t、产值约 226.22 亿元。③休闲农业。江西省发展休闲农业具有生态资源丰富、农村民俗特色明显、交通便捷、市场客源充足和政策环境良好的优越条件。全省各地涌现出“农（渔）家乐”、休闲农庄、观光采摘园、现代农业示范园、休闲乡村等各种模式的休闲农业企业超过 3 200 家，农家乐 16 200 余家。

3．存在的问题

（1）资源环境承载力加剧。无序的发展导致土地资源整体质量下降，土地资源承载力低，水土流失严重[5]；同时，生活垃圾处理不当，水体污染，土壤污染加剧，生态的脆弱性强调在开发中特别注重生态环境的保护，随着农业发展的推进，相应的保护措施没有适时跟进，开始出现一系列的生态环境问题[6]。

（2）城乡差距仍在持续扩大。城乡差距仍然在继续扩大，城乡之间的不均发展仍在加剧，居民内部的收入差距明显，背离共同富裕的宗旨。由表 1 可见，江西省 2013—2015 年全省居民人均可支配收入年均增长值为 10.5%，城镇居民人均可支配收入年均增长值为 9.5%，农村居民人均可支配收入年均增长值为 10.7%，虽然农村城镇居民人均可支配收入年均增长值更大，但城乡居民收入的绝对值并没有缩小，还在逐年增大。

表1 江西省2013—2015年居民收入情况

项目	2013年	2014年	2015年	年均增长/%
全省居民人均可支配收入/元	15 099.68	16 734.17	18 437.11	10.5
居民人均可支配收入同比增长/%		10.8	10.2	
城镇居民人均可支配收入/元	22 119.66	24 309.19	26 500.12	9.5
城镇居民人均可支配收入同比增长/%		9.9	9.0	
农村居民人均可支配收入/元	9 088.78	10 116.58	11 139.08	10.7
农村居民人均可支配收入同比增长/%		11.3	10.1	

注：从2013年起，国家统计局开展了城乡一体化住户收支与生活状况调查，2013年及以后数据来源于此项调查。与2013年前的分城镇和农村住户调查的调查范围、调查方法、指标口径有所不同。

（3）农业劳动力流失严重。随着城乡一体化，江西省大量有知识、有技能的青壮年劳动力流出农村，导致留守农民耕地劳动和种田质量下降，有的地方甚至出现抛荒弃耕现象[7]。由于农村年轻人外出，农村老龄人口比例明显上升，加快农村人口的老龄化，也使农村部分地区出现劳动力短缺的问题[8]。同时使得流出农村常住人口文化程度明显下降，从长远来看严重制约江西省农业可持续发展。

（4）产业重构现象严重。江西省的大多数民众对竞价综合开发理念认识不足，目前发展速度较快的区域中，相当一部分仅从单一产业发展或者是旅游景观建设方面考虑，缺乏从发展定位概念创意、产业节点打造到生态环境工程设计的系统性谋划[9]。江西省有条件的区域均倾向于发展旅游业和休闲农业，但存在服务相似争夺客户的现象[10]。这不仅形成恶性竞争，还导致长期产能过剩，盈利水平偏低，大大影响了产业的竞争力。产业项目的投资规模偏小，开发项目档次较低，未能形成竞争力较强的主导品牌。

三、江西省农业可持续发展对策及路径分析

1．农业产业结构调整

农业可持续发展必须与环境保护相协调，应从战略高度对江西的发展及全面

小康所面临的突出问题进行深入研究[11]。农业产业化是一项涉及农业与农村经济整体发展的社会经济演化过程，必须强调因地制宜，追求不同的模式，江西省各个区域发挥各自的优势，发展特色经济，建立生态型产业；优化农业结构，发展以信息化为基础的现代农业[12]。现代农业是现代的农业科技技术，是现代的农业管理体制和现代的农业经营手段，是第一、二、三产业相结合的农业，其核心是农村的土地经营方式。

江西省农业应该按照现代农业的发展思路。进行总体设计和产业培优，优化产业体系，合理调整产业布局和产业结构，深入开发农业的生产、生活、生态功能和综合价值[13]。在农产品生产上，更加重视有机、绿色、安全、品质；在农业产销上，更加注重产品的可识别、可追溯，提高消费者的信心和消费能力；在政策上，争取更多的农业补贴；在产业发展策略上，引进先进产销技术，延伸产业链条，逐步加大第一、二、三产业的融合程度，吸引更多社会资本融入乡村的经济发展[14]。

2. 特色农业品牌打造与营销

江西生态农业基础良好，现已形成特色知名品牌的农副产品有万年贡米、奉新大米、丰城硒米、麻姑米粉、五丰米粉等。

农业品牌的打造有利于提高农产品的附加价值、推动农业结构调整、促进农业产业化发展，从而增加农民的收入，培养新型农民，加快推进农村建设步伐[15]。江西农业在今后的发展中，第一，要在现有特色农业品牌的基础上进行高层次的品牌营销，充分利用节庆、会展和各种媒介进行品牌推广，塑造生态绿色、有机、健康、养生理念；第二，要注重品牌的拓展，利用江西省农副产品资源，树立现代生产经营理念和品牌意识，全力打造优势特色产业，走标准化生产、农业企业化经营的路[16]。

3. 农村空间重构

社会主义新农村规划和空心村整治是推进江西省农村空间结构重构的切实有效的途径。通过新农村建设和空心村整治促进城乡要素的合理流动和农村要素的相对聚焦，重构农村发展的有序结构，促进农村空间的生态化方向发展。产业布局和镇村建设相互依托，在严格控制农村建设用地总规模基础上，通过盘整用地，挖潜存量土地扩大产业发展的空间[17]。

4．发挥农业合作社的作用

让农民充分共享农业发展带来的利益，关键是要实现农产品的专业合作化经营。实现农民专业合作社的自营、直营，欧美、日本的做法证明这是行之有效的，这样使得农产品直接进入市场，让农民直接享受到分配各环节的收益。农产品的专业合作化经营更要追求本地农产品的优质和高效，让江西省各区域的农民获得农业全产业链的收益。这种实行农业组织模式、成立联合社的关键是农产品必须由联合社经营，所有的收益归农民所有[18]。这种模式不但能有效解决农产品销售的利益分配问题，而且便于政府部门的管理和农业科学技术的推广。

5．大力发展乡村生态旅游

建议江西省在农业经济发展中要以农村为基本单元充分发挥农村资源特色，结合生态环保型产品的市场需求，大力发展特色林果业、现代型现代农业、生物工业、特色农产品加工工业；充分利用生态农业、生态工业的发展基础，依托生态工业和生态农业基地，建设“农、工、旅”结合型乡村生态旅游基地[19]。

四、加快江西省农业经济发展的对策与建议

1．坚持城乡统筹，推进基本公共服务均等化

坚持城乡统筹发展，依托江西省城区的带动作用，大力发展农村经济，立足城市发展，着眼农村建设，最终实现城乡差距最小化、城市和农村共同富裕文明。推动基本公共服务均等化，让人民共享改革发展成果[20]。这是解决民生问题、化解社会矛盾、促进社会和谐、体现社会公平的迫切需要。

2．实施生态补偿

实施生态补偿，尽快建立完整的补偿机制，尽可能做到补偿到位；同时建立

完整的监管机制；随着经济社会的发展，还应不断加大生态补偿力度。

五、结语

江西省是“长江经济带”战略所包含发展省之一，也是生态文明示范区之一，因发展具有不确定性，所以需要对江西省进行进一步的研究，制定合理的发展路径，以便让江西省实现农业可持续发展。

参考文献

[1] 丁忠兵. 农业农村可持续发展探索——“农业农村可持续发展与生态农牧业建设论坛暨第六届全国社科农经网络大会”综述[J]. 中国农村经济，2010（9）：91-96.

[2] 刘彦随，龙花楼. 中国农业地理与乡村发展研究进展及展望——建所 70 周年农业与乡村地理研究回顾与前瞻[J]. 地理科学进展，2011（4）：409-416.

[3] 武瑞营. 基于农村经济可持续发展的特色农业开发策略[J]. 承德石油高等专科学校学报，2014，16（2）：78-80.

[4] 王春生. 完善农业可持续发展体系的思考[J]. 农村实用科技信息，2016（5）：3-4.

[5] 张艳涛. 现阶段农业与农村可持续发展问题探讨[J]. 吉林蔬菜，2012（1）：57-58.

[6] 杨兵. 我国农业和农村经济的可持续发展研究[J]. 技术与市场，2014（4）：233.

[7] 刘彦随，刘玉，翟荣新. 中国农村空心化的地理学研究与整治实践[J]. 地理学报，2009（10）：1193-1202.

[8] 刘晓伟，尹洪涛. 促进农村经济可持续发展的重要途径——关于南和县发展绿色生态农业情况的调查[J]. 河北农业科技，2007（11）：48.

[9] 宋唯琳. 农业可持续发展及效益评价相关文献综述[J]. 信阳农业高等专科学校学报，2010（1）：49-52.

[10] 侯增琦，简小鹰. 我国观光农业研究综述[J]. 河南农业，2016（17）.

[11] 刘丽丽. 农业多功能性与推进现代农业建设[J]. 中国农业信息，2013（23）：217.

[12] ZHOU S，Felix M，Benjamin B，et al. Assessing Agricultural Sustainable Development Based on the DPSIR Approach：Case Study in Jiangsu，China. J INTEGR AGR，2013（7）：1292-1299.

[13] 单琳. 中国农产品的品牌管理战略浅析[J]. 山西农经，2016（8）：26.

[14] 孔玉生，谢沅辰. 农业政策视角下我国农村经济的可持续发展探究[J]. 农业经济，2014（1）：51-52.

[15] 奚国泉，李岳云. 中国农产品品牌战略研究[J]. 中国农村经济，2001（9）：65-68.

[16] 尹成杰. 农业多功能性与推进现代农业建设[J]. 中国农村经济，2007（7）：4-9.

[17] 张桃林. 加强土壤和产地环境管理　促进农业可持续发展[J]. 中国科学院院刊，2015（4）：435-444.

[18] 王晴雯. 我国农业上市公司竞争力与可持续发展研究综述[J]. 中国乡镇企业会计，2010（11）：182-183.

[19] 林文雄，陈婷，周明明. 农业生态学的新视野[J]. 中国生态农业学报，2012（3）：253-264.

[20] 李丽. 制度创新视角下我国农业与农村经济可持续发展研究[J]. 改革与战略，2016（6）：77-80.

江西省生态农业发展存在的问题及对策

李新梅 黄国勤[①]

（江西农业大学生态科学研究中心，南昌 330045）

摘 要： 本文阐述了生态农业的概念、意义，分析了江西省生态农业发展的优势以及发展存在的问题，并着重论述江西生态农业发展中存在的主要问题及应采取的对策和措施。

关键词： 生态农业 农业可持续发展 江西省

一、引言

生态农业的建设是我国未来农业发展的趋势，是实现可持续发展的重要保障。生态农业是根据生态学原理和经济学原理，利用现代科技及先进的管理方式，结合多年来我国传统农业积累的经验，不断改进、完善而建立起来的复合型农业系统，该系统能获得较高的经济效益、生态效益和社会效益[1]。

江西省是农业大省，人口众多，近年来农业经济发展较稳定，国民经济快速增长。江西省生态农业的发展开始于20世纪80年代中期，经过多年的实践和探索，取得了明显的成效，但与全国靠前的省市先进水平相比，还有较大差距。因

① 通信作者：黄国勤，教授、博士生导师，办公室电话：0791-83828143；手机：13627081298；电子邮箱：hgqjxes@sina.com。

而，要结合江西省生态农业建设的实际，深入探究，积极促进当地生态农业的健康发展[2]。

发展生态农业对江西经济社会可持续发展具有重大的战略意义[3]：①有利于江西现代化农业经济的可持续发展。生态农业是现代农业的重要内容，是以保护好农业生态环境为宗旨，通过采取一系列先进的农业措施来实现生态平衡，保障人畜安全，并生产出高清洁的产品，使现代农业得以可持续地发展。②有利于解决江西与国内外共同关注的食品安全问题。生态农业生产的是清洁、安全、绿色、有机的食品，这样就能使食品的“数量安全以及质量安全”问题从根本上得以解决，并能充分发挥其特有的增产、增收与增效的作用[4]。③有利于江西农业和食品工业应对国内外市场的挑战。只有大力发展生态农业，江西才能有效地开辟市场的“绿色通道”，才能融入国内外的大市场中去。④有利于全面提升江西农业和食品工业的市场竞争力。

二、江西省生态农业的发展优势

江西素有“钟灵毓秀，物华天宝”的美誉之称，作为一个农业大省，江西以其一流的空气、一流的水质、一流的环境具备了发展生态农业的得天独厚条件。

1．优越的生态环境

江西的地理结构特殊，山、江、湖兼有，并错落有致，形成了一个完整的、相对独立的水陆生态大系统，且是三面环山、一面开口（鄱阳湖）的地形条件，可以防止外来污染，所以全省空气和水的污染较轻[5]。

在2014年，根据《2014年全国环境监测工作要点》，中国环境监测总站组织全国31个省（自治区、直辖市）环境监测中心（站）开展了全国生态环境监测与评价工作，对全国的生态状况及变化趋势进行了分析。根据分析，在2014年生态环境质量“优”的省份有浙江、福建、江西、广东、广西和海南，占国土面积的8.9%。另外，江西省环境监测站的统计数据也显示，江西省全省91个县域中，其中有 61 个生态环境质量为“优”，30 个为“良”，占江西省面积的比例分别为71.6%和 28.4%。这为发展绿色农业和有机农业为主的生态农业提供了良好的外部环境条件[6]。

2．丰富的自然资源优势

江西地处中亚热带季风气候，水热资源极其丰富，全省平均气温为 16.3～19.5℃，活动积温为 5 000℃以上，无霜期长达 240～307 d，全省平均降水量为 1 350～1 940 mm，人均水量为全国的 1.6 倍，可以满足各种农作物对水分的需求；江西有相当丰富的光能资源，年平均日照时数为 1 500 h 以上；江西森林覆盖率63.1%，活立木蓄积量 4.45 亿 m^3，活立竹总数 19 亿根，均位居全国前列。总之，全省地肥、水足林密，为生态农业的发展提供了得天独厚的条件[7]。

3．独特的地理区位优势

江西省位于我国中部地区，东临江浙、南接福建、广州、西靠湖南、广西、北临湖南、安徽，地理区位独特，具有“承东启西沟通南北”的战略地位。江西又是长江三角洲和珠江三角洲最近的经济腹地。江西作为全国经济流量的过渡地带，其连接全国大动脉的纵横交通“京九线”“浙赣线”等高铁线及多条高速公路干线已经贯通，战略地位十分凸显。

4．后发的比较经济优势

江西属于中部欠发达地区，虽然近几年发展速度很快，但国民生产总值和人均占有量以及人均消费水平都落后于东部沿海发达省市。因为工农业经济落后，因而其综合成本低廉，同时地方原料成本，运输成本也都比较低，这也给江西经济的发展提供了竞争优势[8]。

5．江西生态农业产业已有一定基础

近年来，江西积极实施区域生态经济示范区的建设和生态农业建设试点示范，取得了显著的成效。江西的绿色食品、有机食品走俏国内外市场，使经济效益、社会效益和生态效益得到较好的统一，为江西生态农业发展奠定了基础。

三、存在的问题

1．思想认识不足

在广大农村地区，部分干部群众不能充分地认识到发展生态农业的重要性，还是采用原来的生活习惯，如乱扔垃圾、乱倒脏水，环保意识不强，在对人们的身体健康产生危害的同时，也不利于农村生态文明的发展，进而制约整个生态农业发展进程[9]。

2．投入资金不够

生态农业是在传统农业技术的基础上引入高新科技而发展的农业，因而需要大量的资金，而农民的收入水平有限，建设生态农业的资金不可能由农户来投资，需要政府给予足够的支持[10]。因部分地级政府不够重视，并未设立专项基金用于发展区域内的生态农业，不利于生态农业在全省范围的推广。

3．生态农产品的竞争能力不强

目前江西省生态农业产品的结构主要表现为初级产品，技术含量高的加工产品不多；缺乏当地特色农产品和品牌产品[11]。

4．环境污染日趋严重

近些年，江西省农业环境污染严重，不少河流、湖泊都有不同程度的污染，有些地方农业用水质量不达标、农田重金属含量超标、农产品农残超标，还有包括秋季秸秆的大面积焚烧，带来了严重的污染，这些都严重制约了江西省生态农业的发展。

四、对策

1．加大宣传力度，树立全民生态意识

目前，江西省各级领导和广大群众对生态环境、生态农业的重要性意识有一

定的提高，但全省的生态农业建设尚处于起步阶段，不少干部与群众对生态环境与生态农业认识还不到位，为了建设全省性生态农业产业，还必须进一步加大宣传力度、提高全省各级干部和广大农民群众的生态保护意识，并将生态农业政策落到实处[12]。所以，对内要宣传建设和保护生态环境，发展生态农业对建设江西生态的意义；对外要宣传江西优良的自然生态环境和生态农业建设成果及江西省优质的有机、绿色、无公害农产品，树立江西生态品牌形象，为培育优势生态产业造势。

2．加强全省环境立法和生态农业建设规划

要加强全省生态环境行政管理系建立和健全环境保护的立法工作，努力调动县城经济对环境的积极性，实行经济建设环保一票否决制，为建设和利用江西省生态环境创造条件[13]；要尽快制定全省生态农业建设规划和进行地方生态体系建设[14]。

3．加大农业生态体系建设力度

结合江西省各地农业发展的实际情况，积极探索适宜当地的生态农业发展模式，突出各地的资源、区位优势、重点发展经济及生态效益较高、技术优势明显的农产品，逐步促使生态农业的布局更加合理化[15]。积极发展设施农业、精品农业、休闲观光农业；同时，依法加大监管力度，不断完善法制建设，保护生态农业环境，严厉查处破坏生态环境的行为，遏制其进一步恶化。

4．提高农业产业化水平

在广大农村地区积极推广土地的“三”政策，为生态农业的规模化发展创造条件。充分整合资源，将原来分散式经营的农户集中起来，实施农业化经营，以扩大生产规模、增加农户收入。结合生态农业发展的要求，重点对发展基础好、优势明显、特色鲜明、发展前景广阔、具有一定规模的农业企业给予资金等方面的支持，发挥其辐射带动作用。按照统一规划、因地制宜的原则建立农产品的绿色生产基地，大力发展农产品的工业园区，充分发挥其优势。此外，要重视农业专业合作组织的发展，共同抵制市场风险，提高整体竞争水平[16]。

5. 提高农产品的竞争能力及占有率

结合江西省各地的特色优势农产品，发展品牌农业，提高农产品在市场上的竞争能力。政府要在生态农产品的生产、销售方面给予资金及政策上的倾斜，帮助其开拓市场，提高产品在市场上的占有率，激发农户对生态农业的主动性[17]。结合国外的经验，制定高水平的农业生产标准，完善农产品的档案管理，包括产地、生产环境等信息。依托生态农业，促进绿色食品的发展[18]。

6. 实施源头治理、减少农业污染

要从根本上整治环境，较少农业污染，改善生态环境，就必须实施对污染源头的治理，具体就是要防止面源污染[19]，江西省过量、不合理地使用农药、化肥，小规模养殖的畜禽粪便，以及未经处理的农业生产废物和废水等，都是造成面源污染的直接原因。因此，要通过农业，生物措施，大量积造有机肥，提倡种植绿肥与秸秆还田，少用化肥并大幅度减少化肥农药用量，严格控制或停止生产与生态农业生产的洁净食品相抵触的农药、化肥、激素及添加剂，重点应加大按国家标准生产的有机、绿色、无公害洁净食品的示范推广力度，大力改造江西省的农业生产和组织管理方式，从源头治理好面源污染[20]。

参考文献

[1] 安忠花. 我国生态农业现状与发展前景[J]. 现代农业科技，2015（23）：270-271.

[2] 童军，付昕，金国花，等. 对江西生态农业建设的思考[J]. 农业网络信息，2008（10）：151-153.

[3] 郇庆治. 生态文明创建的绿色发展路径：以江西为例[J]. 鄱阳湖学刊，2017（1）：29-41.

[4] 朱圆圆. 生态文明视角下江西省农业发展问题及对策研究[J]. 中国农业信息，2016（22）：22-23.

[5] 张曦，罗瑶，吴丁花. 基于湿地保护的生态农业发展模式研究——以洞庭湖区为例[J]. 南方农业，2017，11（5）：119-120.

[6] 靳颖. 中国首次发布《全球生态环境遥感监测 2012 年度报告》[J]. 卫星应用，2013（5）：7-9.

[7] 唐安来，黄国勤，吴登飞，等. 绿色生态农业——江西绿色崛起的必然选择[J]. 农林经济管理学报，2015（5）：538-545.

[8] 张其海，邓绍平. 江西生态农业产业化发展战略及对策[Z]. 全国生态建设研讨会：2005.

[9] 相静波. 我国生态农业发展的问题及对策[J]. 农技服务，2008（5）：113-115.

[10] 李金才，张士功，邱建军，等. 我国生态农业现状、存在问题及发展对策初探[J]. 农业科技管理，2006（6）：43-45.

[11] 卓仕雄. 我国生态农业发展存在的问题及对策[J]. 现代农业科技，2010（19）：282-283.

[12] 薛领，胡孝楠，陈罗烨. 新世纪以来国内外生态农业综合评估研究进展[J]. 中国人口·资源与环境，2016（6）：1-10.

[13] 李哲敏，信丽媛. 国外生态农业发展及现状分析[J]. 浙江农业科学，2007（3）：241-244.

[14] Dai T F，Zhang Z F. Study on Regionalization of High Efficiency Eco-agriculture in Eco-economic Zone of Poyang Lake [J]. Agricultural Science & Technology. 2010（8）：57-60.

[15] Li W H，Liu M C，Min Q W. China's Ecological Agriculture：Progress and Perspectives [J]. Journal of Resources and Ecology，2011（1）：1-7.

[16] Li Q，Yang Q I. Analysis on Green Agriculture Policy during the Development of Eco-city in European Countries and the United States and Policy Recommendations[J]. Asian Agricultural Research，2014（8）：18-20.

[17] 杨晓锋. 我国生态农业发展面临的困境与出路——基于社会化小农的调查分析[J]. 财经理论研究，2015（1）：50-56.

[18] Xia T，Chen Z，Jin S. New Normal Control of Agricultural Non-point Source Pollution in the Dianchi Lake Basin[J]. Meteorological and Environmental Research，2017（2）：63-72.

[19] 刘应元，冯中朝，李鹏，等. 中国生态农业绩效评价与区域差异[J]. 经济地理，2014（3）：24-29.

[20] 蔡军，王彬彬. 我国生态农业经营模式创新[J]. 农村经济，2016（8）：35-39.

江西省农业机械化与农业可持续发展研究

周燕芝[1] 黄国勤[1,2①]

（1. 江西农业大学农学院，南昌 330045；

2. 江西农业大学生态科学研究中心，南昌 330045）

摘 要：可持续性发展作为一种新的思想理念，在全球广泛传播，针对我国农业基本国情，提出了具有中国特色的可持续农业内涵，大力提倡走可持续发展道路，然而农业机械化是确保农业可持续发展的重要基础和条件，目前从我国农业机械化的适用情形与农村发展的状况来看，农业机械化在可持续农业中起突出地位，因此本文从点到面，对江西省农业机械化与农业可持续化发展进行了分析和探讨。

关键词：农业可持续发展 农业机械化 江西省

一、前言

2017年中央一号文件提出，要强化科技创新驱动，引领现代农业加快发展[1]。而农业现代化的发展是建立在农业可持续发展的基础上，更离不开农业农机化的发展。农业机械化水平的提高对农业经济全面、协调、可持续发展有着不可估量

---

① 通信作者：黄国勤，教授、博士生导师，办公室电话：0791-83828143；手机：13627081298；电子邮箱：hgqjxes@sina.com。

的作用。作为重要优质农产品重要供应基地的江西省，在地形地貌以及气候等方面具有得天独厚的优势。2016 年，全年粮食总产量 2 138.1 万 t，连续 4 年稳定在 2 100 万 t 以上；全省农机总动力 2 201.62 万 kW；主要农作物综合机械化水平达 69.23%，其中水稻耕种收综合机械化水平达 74.16%[2]。2016 年全国农作物耕种收综合机械化水平达 66%，基于此，江西省的综合机械化水平略高于全国平均水平。但较美国、日本等发达国家而言，机械化水平相对落后。因此，应该提高作为农业现代化的重要标准及内容的农业机械化水平，从而提高资源使用效率以及农业生产能力，有利于促进农业的可持续发展[3]。

二、农业可持续发展与农业机械化

1．农业可持续发展概述

可持续农业是 1987 年世界环境与发展委员会在《我们共同的未来》中首次提出的，以自然资源基础，采取某种使用和维护的方式，以技术变革和体制性变革结合实施，确保当代人类及其后代对农产品的需求，保证农业得到满足[4]。可持续农业是应对当今出现的环境污染、水土流失、生态平衡破坏以及资源的缺乏下提出的一种战略方针。确保农业走稳定可持续发展，并着重强调农业发展就必须合理地利用自然资源，保护和改善生态环境，稳定持续提高土壤肥力。在此基础上不断提高农业的生产水平和农民的收入水平，降低农村贫困比例，以使农业和农村经济得到持续、稳定、全面的发展。农业可持续发展是一种技术与生态结合、经济与社会并存的理想农业模式，是我国现在农业发展的趋势[5]。

2．农业机械化的作用与意义

科学的发展理念是我国农业不断提高机械化生产水平的基本保障，时代进步也为农业发展提供了适应性强、技术先进、配套齐全、结构合理的机械化农具。并且农业机械以多专业、多形式、多层次、多方面结合，这样提升了大范围、大规模的农业机械整体结合优势，从而不断优化农业机械服务与技术含量[6]。

《中华人民共和国农业机械化促进法》明确提出提高农业机械化水平，对农民个人、农场职工、农机专业户和直接从事农业生产的农机服务组织购置和更新大中型农机具给予一定补贴[7]。因此，农机装备投资主体应以农民为主，政府为辅，两者相辅相成，政府加大对于农业机械化装备的资金投入，提高农民的生产效益，提高农户经济总额。

农业发展总是跟随着时代的步伐，科学化水平为农业机械发展提供了发展新道路。经济效益的发展为农业提供了良好基础，农业机械化水平已渐渐渗入耕整、播种、秋收、田园管理、植保等各个环节，江西省作为主要粮食产地，农业机械化水平仍需不断提高。

作为以农业为主体，人口最多的国家，促进农业资源合理开发利用，保障经济平稳发展，着重保护生态环境问题，但在生存与发展中，其根本取决于农村发展状况，农业的可持续性发展，是我国可持续发展的根本前提和优先考虑领域。

江西省以实施绿色崛起战略，打造生态文明建设，走可持续农业道路。以农业发展、生态资源、环境协调发展作为共同体，更强调的是生态环境的发展。现代科技的不断改善与创新，工业化的加大，产品质量的逐步提高，财富得到增值[8]。但是环境污染问题、生态平衡的破坏逐渐显露出来，以江西农业生态环境的现状、可持续发展为中心，农业生态环境保护为根本，提高机械化水平与知识，对可持续农业发展具有重大意义。笔者经查阅文献、分析和了解如何促进农业可持续发展，并提出自己的建议，对江西省农业发展提供可行途径。

三、江西省农业可持续发展的形势及农机农艺结合的必要性

1．江西农业发展形势

江西省政府高度重视农业发展，以“发展升级、小康提速、绿色崛起、实干兴赣”为方针，以可持续发展为方向。转变农业发展方式，优化农业结构，农业现代化水平逐步提高，一手提高机械化水平，抓农业生产。另一手抓农业资源环

境保护与生态建设[9]。

江西省具体主要表现以生态保护为根本，利用先进科学技术，提高农业机械化水平，在农村将资源充分利用，做到无害化处理，在农业生产能力随着机械化水平提高而不断增强、农业资源利用水平稳步提高、农业生态保护成效显著、农村人居环境逐步改善。围绕农业产业打造生产模式及多方面的运营模式为主体，以生态、循环、低碳为核心，打造多姿多彩的乡村生态区。加强“无害化、资源化、减量化”的核心理念[10]。减少农作物秸秆的堆烧、生活污水的减排、农村生活垃圾的集中处理。坚持把握源头、严格的控制、大力开发农村生态乐园。

2．农机与农艺相结合的必要性

加强农机与农艺相结合，通过农业机械化提高土、种、肥、药、水等农业资源高效利用的基础理论研究，提高农业机械化水平对农业可持续发展的积极促进作用，具体表现在土壤方面可拓展新的可耕地资源，减少水土流失现象，且能有效减少土壤中碳的流失，使土壤的透气性能与脱水性能加以改善，让土壤能够充分吸收雨水，从而确保植物根系的发育，增强农作物蓄水能力，增加土壤肥力，提高耕地质量[11]。在自然资源方面，有利于持续合理地利用农业资源和保护环境，能有效抵御自然灾害，对于干旱地区，机械化旱作农业技术能有效改善土壤结构蓄水保护能力，对于水旱灾地区，机械化电排灌能使水旱成灾率降低 10%。在种植收获阶段，使用农业机械化设备能缩短非生长期作业时间，增加了农作物复种指数、减少农业生产作业环节，降低农产品损失率。使用机械化灌溉能使灌水呈现均匀性，对地温进行有效控制，节省水资源和肥料，提高作物的质量与产量，减少病虫害的发生[12]。

四、现阶段农业机械化发展存在的问题

1．传统耕作思想影响

首先，部分农民采取的是独户的经营模式，缺乏相应的创新，很难实现农业

机械的连片作业，这严重制约了农业机械化事业的发展。其次，农民对农业机械认识不到位，传统的耕作思维在他们脑中根深蒂固，农业机械得不到优化配置，服务很难实现专业化和全程化。最后，新型、大中型的农机具较贵，在没有政府支持下，大多数农民的经济情况不理想，很难独立承担购买农机费用，这也是江西省部分地区农业无法实现机械化、现代化发展的一大阻力[13]。

2．机械化薄弱设备体系不合理

江西省农业机械化发展基础仍比较薄弱，机械设施不完善，主要以轻便、小型的农机具为主，低档次机械多，高性能机械少，农机产品技术自主创新能力较弱。农业机械化产品的量和性能不稳定，有效供给不足，还不能满足现代农业发展的迫切需要。并且从耕地到播种秋收的阶段，机械化设备没有形成完整体系，动力机械闲置现象明显，严重阻碍农业生产的可持续发展[14]。

3．农业机械化管理滞后

目前，江西省农业机械化管理普遍存在机构不健全，重视程度不够，机械推广能力不足，专业性人才缺乏，农业机械配套设施数量少、档次低、信息流通不畅等问题。大部分地区农民知识文化水平较低，对于农业机械使用了解不充分，对农业机械化的认识还不到位，对设备设施技术方面还较为欠缺，对设备设施的使用还停留在表面，很难掌握机械操作技巧和保养技术[15]。

五、对策与措施

大力发展农业机械化，推进农业可持续发展，应采取以下对策和措施。

1．加大农机投入力度，提升农业技术装备水平

提高江西省农作物产量的关键就是提高农业机械化水平，应积极研发和推广机械化技术和装备，以满足农业生产的需求。要根据不同的作物，按照集约化、专业化、标准化、规模化和产业化的要求，加大对农产品机械化技术装备的扶持力度；同时要推进农作物生产全程机械化，实现作物从种植到收获的全程机械化操作[16]。根据江西的地形，积极研发适宜山地作业的农业机械，切实提高山区农作物生产水平。

2．调整农业产业结构

根据现代化农业的要求，要加快农业产业结构调整，就必须在加快农业产业结构调整的过程中，重点推进农业结构类型转变，建设工厂化农业高标准示范基地和标准基地，拓展机耕、播种、机收等农作物生产关键环节的机械化水平；提高农业机械化服务水平，培育农机专业合作社，发展跨区作业，形成社会化农机服务网络系统；政府部门要扩大农机补贴范围，调整优化农机结构，将适合江西农作物生产的农机具全部纳入农机补贴范围[17]。

3．加强农业机械化信息建设，健全农业机械化制度体系

应建立农业机械化信息系统队伍，充分利用现代技术，实现高度数据共享的网络化、智能化管理，广泛、及时、准确地获取、处理和传递生产、市场和科技信息。为政府部门提供及时有效的信息资源。以提高制定政策、法规、规划等宏观决策的实效性，有利于规范农机市场。进一步完善农业机械化发展体系、农机服务体系、农机科技推广及应用体系[18]。政府应加大对农业机械化发展的政策扶持和补贴力度。综合运用财税、投资、信贷、价格等政策措施。调节和引导农机投资主体的经营行为，建立自觉保护农业资源的激励约束机制[19]。

4．加快培养农业科技人才，强化农村人才队伍

加快培养农业科技人才，培训农村实用人才，强化农村农业人才队伍的建设。在江西建立首席农业科学家制度，引进高层次农业科研人才围绕农业科研重要课题开展攻关研究和国际合作研究。首先要强化农业科研领军人才队伍建设，围绕主导产业和特色产业，其次要强化技能服务型人才队伍建设，开展农技人员尤其是基层农技人员的培训，加快培养动物防疫员、肥料配方师、农村能源工作人员等各类农村服务型人才[20]。强化农村实用人才队伍建设，积极培育一批觉悟高、懂技术、善经营、会管理的新型种养加生产能手，要深入农区，要向农民群众全面系统地讲解农业机械化知识，加强农民群众农机科学种植意识，要加强提高农

业机械化水平意识，积极推广农业机械化装置，对农机操作流程和维修技术要有一套完全的图册讲解，方便农民群众学习[21]。示范带动当地农民发展生产、增收致富。培养农村经营型人才，提高经营管理水平和市场开拓能力，开展农村实用人才创业技能培训，引导农民创业就业。

六、结论与展望

提高机械化水平，是我国实现农业可持续化发展的有效途径，也是江西省要走的道路。因此应该树立农业机械化发展理念，充分利用各种因素，促使江西省机械化水平不断提升，基于技术特点，以满足农业生产需求为原则，提高技术应用效率，加强江西省农机化基础建设，推广适合各地区的农业机械，并组织农机培训相关的活动，提升农民科技文化水平与机械化水平，最终促进江西省农业的可持续发展。

参考文献

[1] 姜文来. 中央一号文件呈现六大特点 为“三农”工作增添新动能[J]. 实践（党的教育版），2017（2）：9-10.

[2] 黄兰. 江西：2017 年农机化工作思路敲定[J]. 南方农机，2017，48（7）：4.

[3] 段会霞. 发展农机化服务促进江西省农村经济发展[J]. 北京农业，2015（23）.

[4] 姚卫红. 浅议我国农业可持续发展的制约因素[J]. 农村经济，2003（3）：55-57.

[5] 王洪国. 农业经济可持续发展问题分析[J]. 丝路视野，2017（8）：22.

[6] 刘智博. 从农业机械化水平中求农业可持续发展[J]. 河南农业，2016（14）.

[7] 刘世昕. 提高云县农业机械化水平促进地区农业可持续发展[J]. 河南农业，2017（14）.

[8] 唐安来，黄国勤，吴登飞，等. 绿色生态农业——江西绿色崛起的必然选择[J]. 农林经济管理学报，2015，14（5）：538-545.

[9] 甘良淼. 稳中求进 改革创新全力推动江西现代农业发展[J]. 江西农业，2014（1）：12-14.

[10] 位彩红. 提高农业机械化水平促进农业可持续发展[J]. 工程技术（全文版），2016（12）：224.

[11] 罗锡文，廖娟，胡炼，等. 提高农业机械化水平促进农业可持续发展[J]. 农业工程学报，2016，32（1）：1-11.

[12] 张朝华. 提高农业机械化水平对促进农业可持续发展的积极影响分析[J]. 南方农机，2016，47（10）：24.

[13] 陈金虎. 中国农业机械化发展存在问题分析与对策研究[J]. 长江大学，2012，143.

[14] 李军民，蒋萍萍，周育辉. 江西省农业机械化的现状分析与发展对策[J]. 农业考古，2011（3）：77-79.

[15] 陈末康. 乡镇农业机械化技术推广存在的问题及建议[J]. 现代经济信息，2016（2）.

[16] 郭勇. 浅析新形势下如何抓好农机安全监理工作[J]. 农业装备技术，2016，42（2）：62.

[17] 颜玄洲，欧一智，姬钰. 江西农机具购置补贴政策实施效果分析[J]. 中国农机化学报，2011（5）：28-31.

[18] 冯顶余. 加强农机信息化建设 推动农机化全面快速发展[J]. 吉林农业：学术版，2013（6）：158.

[19] 官少飞. 抓好“六个建设” 积极推动江西农业机械化进程[J]. 江西农业，2013（4）：25-26.

[20] 陈萍，熊涛，张春，等. 进一步加强江西省农业科学院科技人才队伍建设的思考[J]. 农业科技管理，2013，32（3）：80-83.

[21] 段慧敏. 对提高欠发达地区农业机械化水平的思考[J]. 中国科技纵横，2014（10）：227.

江西省气候变化及其对柑橘生产的影响

邱 琦[1] 黄国勤[1,2]①

（1. 江西农业大学农学院，南昌 330045;

2. 江西农业大学生态科学研究中心，南昌 330045）

摘 要：柑橘是江西省优势的农产品之一。本文通过研究在全球气候变暖背景下江西省的气候变化特点，探讨江西省气候变化对柑橘生产的影响，为江西省有关部门在全球气候变暖大背景下应对气候变化、趋利避害及制定相应的适应气候变化对策以及预测未来江西省柑橘产业发展趋势提供理论依据。

关键词：气候变化 柑橘生产 江西省

一、前言

近百年来，地球气候正经历着以全球变暖为主要特征的显著变化，人类活动导致的“温室效应”的增强被认为是气候变化主要驱动因素。政府间气候变化专门委员会（IPCC）第5次评估报告的最新结果表明：全球地表持续升温，1880—2012年全球平均温度已升高0.85℃（0.65～1.06℃）；过去30年，每10年地表温

① 通信作者：黄国勤，教授、博士生导师，办公室电话：0791-83828143；手机：13627081298；电子邮箱：hgqjxes@sina.com。

度的增暖幅度高于 1850 年以来的任何时期。在北半球，1983—2012 年可能是最近 1 400 年来气温最高的 30 年。且大气中温室气体浓度持续显著上升，CO_2、CH_4 和 N_2O 等温室气体的浓度已上升到过去 800 ka 来的最高水平。

在全球变暖的大背景下，我国气候变化趋势与全球变化的总趋势基本一致[1]，气温上升了 0.4～0.5℃。全球气候变化问题日益突出，给人类生存和发展带来严峻挑战。气候变化通过作物、水果等生育过程和灾害因子等变化对农业生产产生有利或不利影响，农业生产产量的波动很大程度上取决于当地气候的变化[2-7]。

二、江西省气候变化特点

江西地处中国东南部，长江中下游南岸，北纬 24°29′14″—30°04′41″，东经 113°34′36″—118°28′58″[8]。江西属亚热带湿润季风气候区，四季分明，冬夏季长而春秋季短。全年雨量充沛，光照充足。春季（3—5 月）阴冷多雨，常出现大风、强降水、冰雹等强对流性天气，4 月开始进入汛期；夏季（6—8 月）温高湿重，汛期与伏秋期在此季交汇，6 月降水集中，易发暴雨洪涝，7 月、8 月常有伏旱发生；秋季（9—11 月）秋高气爽，气温适宜，但常有秋旱发生；冬季（12 月—次年 2 月）湿冷，冷空气影响频繁，多偏北大风[9]。

江西常态地貌类型以山地和丘陵为主，占总面积的 78%，水面积占 10%；东西南部三面环山，中部丘陵起伏，全省成为一个整体向鄱阳湖倾斜而往北开口的巨大盆地，形成相对独立的自然生态体系[10]。这种自然生态体系具有较强的自我保护功能，但是相对独立的自然生态体系不等于完全封闭，也要受更大尺度乃至全球气候变化和生态环境变化的影响。在全球气候变暖的大背景下，江西气候也呈现出明显变化：

一是气温呈现明显的变暖趋势。近 50 年来，特别是从 20 世纪 80 年代后期开始，江西年平均气温呈现了稳步上升的趋势，且冬季增温最明显，平均气温上升了 1.35℃，近 20 年来暖冬出现频繁[11]。

二是降水呈现阶段性特征，且南北降水差异大，年降水日数则呈减少趋势。20 世纪 90 年代以来，江西降水强度加大（表 1），暴雨和大暴雨频次呈现明显增大趋势。年降水日数平均每 10 年减少 6.9 天，2000 年以后降水日数明显减少，年降水日数减少了 15.0 天[12]。

表 1　2004—2015 年江西省平均气温、降水量、日照时数变化

年份	平均气温/℃	降水量/mm	日照/h
2004	18.7	1 391.2	1 846.7
2005	18.3	1 588.7	1 527.8
2006	18.7	1 682.0	1 567.4
2007	19.1	1 249.3	1 710.3
2008	18.7	1 520.3	1 750.2
2009	18.9	1 438.1	1 686.3
2010	18.5	2 151.3	1 552.7
2011	18.4	1 232.9	1 645.1
2012	18.1	2 189.0	1 485.6
2013	19.2	2 523.0	2121.0
2014	18.8	1 751.0	1 679.0
2015	18.5	2 115.0	1 395.0

三是气温与降水的出现时间有较好的一致性，即气温偏高的时期为少雨期，气温偏低的时期为多雨期。

四是日照时数总体呈减少趋势。尤其是 20 世纪 90 年代，日照时数减少最为明显[13]。江西省夏季日照时数减少，云量也在降低，低云增加伴随有地面大气能见度降低，将导致太阳总辐射减少。

五是极端天气气候事件增多，旱涝灾害增加，强度增强[14]。虽然每年雨量都会有所增加，但是由于雨季的提前，高原上的积雪就提前融化，势必会加剧夏季的旱情。

六是台风频次增多，影响范围增大。

三、江西省柑橘产业发展概况

江西省气候温暖，雨量充沛，光照充足，无霜期长，十分适宜柑橘的生长，柑橘是江西省增长幅度较快的农作物之一[15]。

如表 2 所示，江西省柑橘果园面积逐年增加。从 2001 年的 15.5 万 hm^2 增加到 2015 年的 33.3 万 hm^2，无论是占全省农作物面积的百分比还是占全国柑橘果园面积的百分比都呈上涨趋势。从表 3 可以看到，江西省的柑橘产量规模逐年增大。2015 年比 2001 年增加了 1 349%，产量占全国产量的比重由 3%上升到 11%。说明江西省水果产业中，柑橘无论在产量还是在种植面积上均处于江西果业发展前端，在江西省果业发展中占有举足轻重的地位[16]。

表 2　2001—2015 年江西省柑橘果园面积情况

年份	江西柑橘果园面积/万 hm^2	占全省农作物面积的百分比/%	占全国柑橘果园面积的百分比/%
2001	15.50	2.80	11.71
2002	16.60	3.10	11.81
2003	18.60	3.72	12.35
2004	21.70	4.19	13.34
2005	21.50	4.09	12.52
2006	22.90	4.34	12.62
2007	26.25	5.03	13.52
2008	28.10	5.27	13.84
2009	29.60	5.50	13.70
2010	30.10	5.51	13.61
2011	30.80	5.61	13.46
2012	31.70	5.74	13.75
2013	32.90	5.92	13.58
2014	32.80	5.89	13.01
2015	33.31	5.97	13.26

表 3 2001—2016 年江西省柑橘产量及全国比重

年份	江西柑橘产量/万 t	同比增长率/%	全国柑橘产量/万 t	江西占全国比重/%
2001	28.30		878.30	3.22
2002	43.40	53.36	1 160.70	3.74
2003	48.90	12.67	1 199.00	4.08
2004	61.90	26.58	1 345.40	4.60
2005	84.38	36.32	1 495.80	5.64
2006	109.80	30.13	1 591.90	6.90
2007	139.40	26.96	1 789.80	7.79
2008	195.80	40.46	2 058.20	9.51
2009	248.50	26.92	2 331.30	10.66
2010	299.40	20.48	2 521.10	11.88
2011	268.60	−10.29	2 645.20	10.15
2012	356.70	32.80	2 944.00	12.12
2013	336.50	−5.66	3 167.80	10.62
2014	441.50	31.20	3 320.90	13.29
2015	410.12	−7.11	3 660.08	11.21
2016	360.10	−12.20	3 764.87	9.56

江西省橘类产品资源丰富，是我国柑橘生产的主产区和原产地之一，已登记注册的橘类地理标志农产品有 9 种[17]，其中赣南脐橙、信丰脐橙、南丰蜜橘等地理标志农产品已广销国内外市场。因此江西省柑橘产业的稳定发展对农民增收、解决剩余劳动力，以及整个农村经济发展和稳定都有重要意义。柑橘是亚热带果树，其产量和品质与气象因素关系密切。近年来，江西省气候变化日益显现，对江西省柑橘生产的影响也越来越大[18]。

四、江西省气候变化对柑橘生产的影响

1. 气候变暖影响柑橘果树生育周期

从 20 世纪 90 年代以来，江西省气候明显转暖，冬季出现暖冬现象，导致果树生育期明显提前，花芽萌动、始花期、展叶及果实成熟期比 80 年代提前 5～

10 d[19]。其危害表现为果花盛开快，盛花期短，花粉管生长发育不良，花冠生长快，花粉精发芽，胚囊形成所需冷凉气温和湿润环境不具备；温度高，湿度小，柱头易于干燥，花粉不易附着，授粉授精时间短，从而导致花多果少。

2．气候变暖影响柑橘品质

研究表明，影响柑橘品质的主要气候因子是光照[20]。光照对果实的内外品质有很大影响，光照促进了果皮固有颜色和光泽的形成，促进果实近成熟期内含物质的转化。近 10 年来，夏季日照量减少，柑橘果实近成熟期光照时数明显不足，导致含糖降低，光泽度变差，口感棉软，不耐贮藏，品质明显下降[21]。

3．气候变化导致柑橘果树病虫害发生频率增大

分析表明，温度增高不但有利于病虫害越冬，降低越冬病虫卵（蛹）死亡率，病源和虫源有效越冬基数增大，休眠越冬期缩短，病虫的分布区扩大[22]。而且为各种杂草的越冬生长提供了条件，杂草过多，既会与果树争水、争肥、争阳光，又为病虫害的滋生蔓延提供了场所[23]，进一步加剧病虫害的流行。如 2013 年，春季与夏初季节，高温高湿的环境使黄龙病在江西省大规模传播，至 2016 年年底，信丰县约 10 万亩 440 万株脐橙树被迫砍伐，给信丰县的脐橙产业几乎造成了毁灭性的打击。

4．气候变暖导致柑橘产量波动

研究表明，由于影响果树产量的气象要素和各气象要素的影响时段发生变化，在各种气象综合影响下，导致江西省柑橘产量产生较大的波动。如 1991 年冬季江西省最低气温为−15.8～−3.4℃，有 44 个县市为历年最低值。全省柑橘受冻面积达 70%以上，其中赣北柑橘树的死亡率达 80%；导致 1992 年柑橘产量只有 7.07 万 t，比 1991 年减少了 74%[24]。

在花期和幼果期，导致柑橘产量波动的主要气候原因是暖干气候导致仲春至春末高温干旱加重，气温波动较大，晚霜冻及时段性低温加剧使果树坐果率下降，造成产量出现波动[25]。在柑橘生长成熟期，影响果树产量的主要气候原因是光照和降水量。光照充足，降水适宜，果树丰产；光照少，阴雨天多，降水量大，会

造成病虫害的暴发，导致果树大面积减产；光照强，气温高，降水少，也不利于果实的生长[26]。

五、结论

（1）在全球气候变暖的大背景下，江西气候呈现明显的变暖趋势，且冬季增温最明显，近20年来暖冬出现频繁；年降水日数呈减少趋势，暴雨和大暴雨频次呈现明显增大趋势；日照时数总体呈减少趋势；极端天气气候事件增多，旱涝灾害增加，强度增强。

（2）气候变化对江西省的柑橘生产具有明显影响，表现为冬季出现暖冬现象，导致果树生育期明显提前；气象灾害突发频率增大，果树病虫害发生频率增大，果实品质下降；水果产量波动大。

参考文献

[1] Riahi K，Rao S，Krey V，et al. RCP 8.5—A scenario of comparatively high greenhouse gas emissions[J]. Climatic Change，2011，109（1-2）：33.

[2] Moss R H，Edmonds J A，Hibbard K A，et al. The next generation of scenarios for climate change research and assessment[J]. Nature，2010，463（7282）：747-56.

[3] Vuuren D P V，Edmonds J，Kainuma M，et al. The representative concentration pathways：an overview[J]. Climatic Change，2011，109（1-2）：5.

[4] Ding Yihui，Linda O. Mearns，Peter Wadhams.（2013）.Working group I contribution to the IPCC fifth assessment report climate change 2013：the physical science basis（pp. 1-102）.

[5] Alexander，L. et al. Working Group I Contribution to the IPCC Fifth Assessment Report Climate Change 2013：The Physical Science Basis，Summary for Policymakers. 1-36（2013）.

[6] 孙颖，秦大河，刘洪滨. IPCC第五次评估报告不确定性处理方法的介绍[J]. 气候变化研究

进展，2012（2）.

[7] 沈永平，王国亚. IPCC第一工作组第五次评估报告对全球气候变化认知的最新科学要点[J]. 冰川冻土，2013，35（5）：1068-1076.

[8] 蔡哲，李迎春. 气候变化对江西省农业生产的影响研究[J]. 安徽农学通报（上半月刊），2010（7）：143-144.

[9] 鲁向晖，白桦，吕娅，等. 江西省历史气象分析及未来气候变化预测[J]. 水土保持研究，2015（4）：293-297.

[10] 龙余良，刘建文. 江西冰雹与雷雨大风气候变化特征的对比分析[J]. 气象，2010，36（12）：62-67.

[11] 刘灵. 全球气候变化背景下江西省降雨侵蚀力研究[D]. 江西农业大学，2013.

[12] 章开美，杨华，陈胜东. 江西省盛夏极端高温的气候变化及短期气候预测[R]. 2012.

[13] 辜晓青，李美华，蔡哲，等. 气候变化背景下江西省早稻气候生产潜力的变化特征[J]. 中国农业气象. 2010（S1）：84-89.

[14] 黄璜. 中国红黄壤地区作物生产的气候生态适应性研究[J]. 自然资源学报，1996（4）：340-346.

[15] 康小兰，刘滨，叶咏梅. 江西省柑橘产业国际竞争力研究[J]. 新疆农垦经济，2017（3）：63-68.

[16] 万水林，胡钟东，闫承璞，等. 江西特色柑橘产业现状与对策[J]. 现代园艺，2014（17）：14-16.

[17] 许晶晶，周军，管珊红，等. 江西省橘类地理标志农产品发展现状与对策[J]. 南方农业学报，2014（8）：1514-1518.

[18] 杨洁，郭晓敏，宋月君，等. 江西红壤坡地柑橘园生态水文特征及水土保持效益[J]. 应用生态学报，2012（2）：468-474.

[19] Kimball B. A. 增加 CO_2 和气候变化对作物的影响[J]. 洛阳农专学报，1994，14（2）：33-38.

[20] Traboulsi，Mohamad Rafic. Effect of Climate Change on Supply Response of Florida Citrus Crops 1980-2010[J]. Access & Download Statistics，2013.

[21] R T M. Effect of Climate Change on Supply Response of Florida Citrus Crops 1980-2010[J]. Access & Download Statistics，2013.

[22] 杨洁. 红壤坡地柑橘园水土保持水文效应研究[D]. 江西农业大学，2011.

[23] 孙婷，曹钧. 赣南脐橙产业发展现状和对策研究[J]. 商情，2012（50）：121.

[24] 邓鹏飞，石进婧，游纯城. 临川区近 10 年气象条件变化对柑橘产量的影响[J]. 气象与减灾研究，2014（3）：68-72.

[25] 曹青，彭波，韩晓平. 主要农作物生长与气候变化关系分析[J]. 中国农业信息，2016（5）：119-120.

[26] 张建春. 云南武定县柑橘产量和品质的影响因素及应对措施[J]. 中国园艺文摘，2012（1）：151-152.

规模畜禽养殖污染的治理新模式初探
——以江西万年鑫星农牧股份有限公司为例

王志强[1]　王　海[2]　黄国勤[1]①

（1. 江西农业大学生态科学研究中心，南昌　330045；

2. 江西科技学院，南昌　330098）

摘　要：畜禽养殖污染处理对于净化环境、减少污染和提高经济社会效益具有重要意义。本文首先分析了规模畜禽养殖污染的形成和处理方法，简要总结了畜禽污染治理的经验和模式，根据种养结合、区域生态消纳的先进理念和方法，结合江西万年鑫星农牧股份有限公司的试点经验，探索打造规模畜禽养殖污染治理“种养结合，生态消纳”新模式。

关键词：规模养殖　污染治理　新模式　鑫星农牧股份有限公司

畜禽养殖是农业生产不可缺少的一部分。随着人们生活水平的不断提高，对肉、蛋、奶等畜禽产品的需求日益增加，致使畜禽生产规模不断扩大，畜禽养殖污染对环境造成的影响也日益突出。畜禽养殖污染不仅影响养殖业自身的可持续发展及经济效益，同时损害了社会效益和生态效益。因此加强畜禽污染治理刻不

① 通信作者：黄国勤，教授、博士生导师，办公室电话：0791-83828143；手机：13627081298；电子邮箱：hgqjxes@sina.com。

基金项目：江西省农业厅科教处资助项目“江西绿色生态农业研究”。

容缓[1]。

畜禽养殖污染包括点源污染和非点源污染两种形式，规模化养殖主要以点源污染为主，同时在规模养殖辐射区域范围内，也具备了一定的非点源污染形成过程复杂，具有随机性、滞后性、模糊性和潜伏性等特点，在其所在集水区生态系统范围内是一个受多种因素影响并不断变化的动态系统，单一的控制技术虽然能收到一定的效果[2, 3]，但很难达到预期的控制目标。本文根据规模畜禽养殖污染的形成、污染特点及处理方法，并结合江西万年鑫星农牧股份有限公司的试点经验，根据种养结合，区域生态消纳的先进理念和方法，探索打造规模畜禽养殖污染治理新模式。

一、公司简介

江西万年鑫星农牧股份有限公司（简称“鑫星农牧”）是一家集繁殖母猪、饲料加工、商品猪养殖、生猪屠宰、冷链物流于一体的农业产业化省级龙头企业。多年来，本着“生态优先，规模适度，技术支撑，种养结合”的原则，以工程改造为突破口，以绿色生态循环技术升级为支撑的现代规模化生猪养殖企业。

二、规模畜禽养殖污染的形成

规模畜禽养殖污染具有点源污染和面源污染双重属性，点源污染的成因主要有：畜禽养殖以集约化养殖方式程度不够；农牧脱节，畜禽废物得不到充分利用；污染治理设施单一、不配套，经费投入不足；农业政策与环境政策脱节，污染防治薄弱；监督管理工作不配套、重视程度不够；法规宣传不够广泛深入，环保意识差等多方面的原因。

畜禽养殖非点源污染是指畜禽排出的粪尿等废物，经过雨水的冲刷，通过径流将其带入水体而造成的污染[4]。畜禽养殖产生的非点源污染途径主要表现为三个方面。在饲养过程中畜禽排放的大量废物、食物残渣以及清洁饲养圈所产生的污泥水，直接受雨水冲刷形成地表径流，到达受纳水体形成污染；粪便在堆放和储运过程中，因降雨和其他原因进入水体；粪肥归田，如果不能充分利用，营养物随地表径流进入水体。研究表明，长江三角洲地区市郊畜禽粪便流失率为30%～40%，畜禽粪便流失污染地表水的现象已成为长江三角洲地区最大的污染源和最引人注目的非点源问题[5]。有研究表明，畜禽养殖区非点源污染物的负荷是其他土地利用方式的10倍[6]。因此，畜禽养殖非点源污染是区域水环境治理中一个不可忽视的方面。

三、规模畜禽养殖非点源污染治理的方法

目前，规模畜禽养殖污染治理的主要方法是生态控制法。生态控制是利用生物措施和管理措施，辅助一定的工程措施，在非点源污染物的产生及传输过程中进行系统的控制和治理（以控为主，以治为辅），将非点源污染危害风险控制在最小水平。文中通过对畜禽养殖场的合理布局减少污染危害风险；通过优化管理控制其污染物的产生量；在非点源污染的传输过程中，因地制宜地利用生态措施控制。用生态措施控制畜禽养殖非点源污染有较强生态效益、经济效益和社会效益。

规模畜禽养殖非点源污染治理的方法，具体主要有区域合理布局、废物（污染）最优管理和生态工程措施三大方法。

1. 区域合理布局

区域合理布局是畜禽养殖非点源污染控制的关键[7, 8]。根据调查分析，我国大多大规模畜禽养殖场地处居民区内；8%～10%的规模化养殖场分布在距居民水源地的距离不超过50 m；30%～40%的规模化养殖场距离居民或水源地最近距离不超过150 m。养殖场选址不当不仅构成了对周边地区的环境压力，还在许多地方造成了畜禽养殖场主与周围居民的环境纠纷。

通过对畜禽养殖场合理布局，可以解决畜禽产品的供需平衡，降低成本。从

环境的角度，在区域生态环境承载力的范围内，避免非点源污染造成的危害，同时调节废物的循环利用，避免废物及营养物质过剩，造成大规模的污染，降低粪便长途外运成本。因此对畜禽养殖场的选址进行总体规划，全面考虑生产布局的合理性与生态环境的同步发展；对一些环境敏感性比较高的地点（如水源保护区、河流附近、人口稠密区、生态环境脆弱区等）[9, 10]，应严格限制畜禽养殖场的建设和发展。

2．废物（污染）最优管理

养殖场废物管理，应该改变过去仅限于末端治理模式，而采用清洁生产模式。研究建立适合我国国情的畜牧业清洁生产技术体系，从源头控制非点源污染的产生。废弃物（污染）最小化管理措施主要包括：废水最小化和循环利用、提高饲料的利用率、粪肥归田最佳管理和各种废物（污染）和对养殖场粪便处理和管理（如堆肥技术、固液分离技术等）。

现在一些发达国家开展作物营养施肥控制，环保配方技术的开发研究和田间施肥技术，以达到低耗高效，最大限度提高营养物质的利用率，减少对环境所造成的污染[11, 12]。

3．生态工程措施

非点源污染的形成不仅与物质来源密切相关，而且在更大程度上取决于非点源污染物的空间分布与迁移过程，尤其是土壤与景观（如岸边林、湿地、溪沟、池塘等）对非点源物质的截留，将极大地降低非点源污染的形成危险[13, 14]。非点源污染生态工程控制是充分利用土地、植被及水体的净化能力，截留氮、磷、泥沙等物质。目前比较通用和被人们所普遍接受的控制非点源污染的生态工程技术，主要措施有植被缓冲带、水塘-湿地系统和生态农业。

（1）植被缓冲带。主要包括缓冲林带和缓冲草带，植被缓冲带不仅能有效地截留污染物，而且还可以改善区域环境，增加生物多样性，增加植被覆盖率，提高抗灾能力[15-17]。植被缓冲带无论是等高种植或在坡度小于 12°的坡地上，对农田非点源污染都有较强的控制作用，而且两者结合应用，效果更好[16, 18]。在植被缓冲带对非点源污染治理中，畜禽养殖场的非点源污染负荷与缓冲带对污染负荷的承载能力是一个重要的问题，农田非点源污染控制中，缓冲草带的宽度最好在0.75～1 m，其次要加强设计和管理，防止沟蚀和绕流等不利情况的发生[18]。

（2）水塘-湿地系统。水塘-湿地系统在非点源污染控制中的主要功能是滞留径流污染，循环利用水和营养物质，改善周围环境，提高生物多样性等。多水塘系统能截留来自村庄、农田的 P、N 污染负荷 94%以上[19]。在我国南方大部分农业区域，就有许多水塘用来拦截雨水，灌溉农田；水稻田-水塘湿地系统对总磷和总氮的截留率分别在 90%和 50%以上[20]。同时也可以利用湿地植物，提高去污效率。

（3）生态农业。生态农业能使物质在系统内多次循环，合理分配，使产生的废物最小化，因此对减少农村非点源污染有很好的控制作用。根据市场、地域特色等，筛选出经济效益、社会效益和生态效益都达到较满意的农林牧生态农业模式[21]。目前我国各地都推广了一些切合当地的生态农业模式，如红壤丘陵区的“顶林、腰园、谷农、塘鱼”的模式、黄河三角洲地区的种植业—农区饲养型、台田—鱼塘型等，各地都对地域性的生态农业进行了有效的研究，对减少废物和非点源污染有很强的效果[22, 23]。畜禽养殖非点源污染控制是一个涉及经济、社会、环境各方面的系统工程，需要在资金、管理、技术和提高环境意识等方面进行全方位的投入，需要政府与各部门之间全面合作，同时要加强环境评价和政策引导等，利用现代先进的科学手段和科学管理，在畜禽养殖场的选址、规划、污染控制中发挥更大的作用。

四、鑫星农牧污染治理新模式

鑫星农牧严格执行环保“三同时”制度，按照“清洁生产”的工艺要求，按照“减量化、无害化、资源化”的原则，建立相应的环境污染处理设施，做到污染零排放，维护周围环境现状，将污染转化为资源再利用，增加项目的环境、经济和社会效益。鑫星农牧以五大核心技术系统为支撑，构建了一种“种养结合，生态消纳”新模式（图 1）。

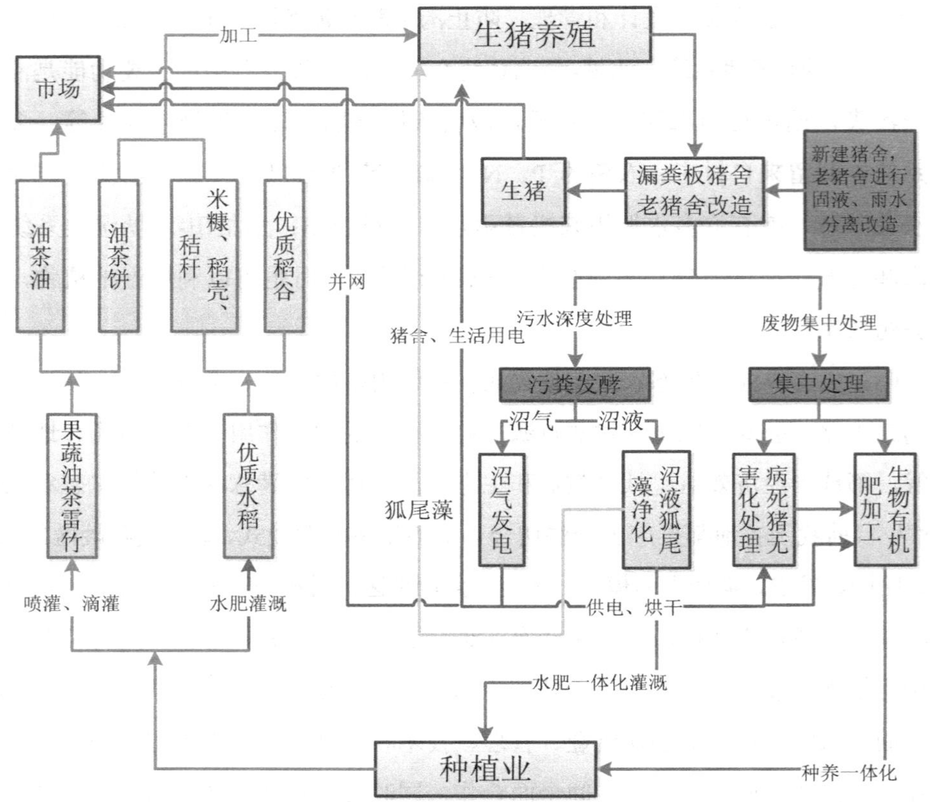

图 1 “种养结合，生态消纳”新模式技术系统流程

（1）三改二分再利用生产技术系统。对猪舍进行改造，改水冲清粪为漏缝板下刮粪板清粪，改无限用水为控制用水，改明沟排污为暗道排污。对猪场的沟渠改造，分别建设排污沟和雨水沟，实现雨污分离、固液分离。建设折旧建新漏缝板猪舍 8 347.35 m^2，改漏缝板猪舍 18 536.88 m^2，猪舍排污管道改造 11 980 m，猪舍雨水沟改造 26 806 m。通过三改二分后，育肥猪平均冲栏用水 2 L/（头·d），则冲栏废水产生总量为 4.8×10^9 L/a，加上生猪尿液产生量，养殖污水产生总量为

1.09×10^9 L/a（4.095×10^4 m^3/a）。

（2）构建污水深度处理技术系统。污水深度处理包括：污粪发酵产生沼气、沼液、沼渣，沼气用于发电，所产生电能用于猪场、有机肥厂生产与生活用电产，余电进行并网输送。沼液经沼液浓缩，排出进入氧化塘进行氧化，通过四级氧化塘种植狐尾藻对沼液的养分进行消纳。改造仿生态塘 30 000 m^2，引进种植狐尾藻（净化草）30 000 m^2。

（3）废物集中处理技术系统。废物集中处理包括：一是老猪舍经过改造后，产生干猪粪集中运至有机肥加工厂，应用微生物发酵处理技术加工成商品肥，进行商品消纳。二是对病死猪进行集中处理，处理后的病死猪用于有机肥加工原料。目前建设辅料堆放场 2 000 m^2，堆肥、后熟车间 1 117.67 m^2。

（4）种养一体化技术系统。经过氧化塘狐尾藻四级净化后的沼液，通过沼液管道输送系统，将沼液输送到废物物养分消纳区，进行稻田水肥一体化灌溉施肥应用，油茶管道喷灌、滴灌施肥应用。应用该技术系统后，稻田沼液水肥一体化达 15 712 亩，油茶喷滴灌水肥一体化达 1 080 亩，田间肥水储存池为 7 500 m^3，区域内养殖污粪将全部得到综合处理。其中狐尾藻净化消纳氧化塘面积 132 亩，油茶种植消纳面积 1 080 亩。区域内 15 712 亩稻田、1 080 亩油茶，共计消纳面积为 32 636 亩。

（5）秸秆循环利用技术系统。主要通过稻田秸秆还田快速腐熟技术和堆沤还田技术，在上季作物收获后，不对秸秆收、晒、运、贮，应用秸秆快速腐熟技术，及时将秸秆覆盖还田或将农作物秸秆堆成垛，添加适量的家畜粪尿或污泥等，调整碳氮比和水分，或者添加菌种和酶，使秸秆发酵生成有机肥，然后进行下季种植。对秸秆及时将秸秆覆盖和发酵生成有机肥还田，秸秆综合利用率达 85%以上，既保障了饲粮的生产，又有利于解决环境容量“瓶颈”。

鑫星农牧正是基于绿色生态循环理念和技术，利用生猪种养循环模式，生态经济社会效益明显。企业内部实现了农牧转化功能、产业链条增值功能、地力增肥功能、优化环境功能和满足社会需求功能，鑫星农牧的种养循环模式促进了生猪养殖由以资源数量型向资源效益型转化，加速了种养新技术、新成果的普及应用，推动了农业技术进步、产业结构转型升级，为加快传统农业向现代农业转变，推进江西省绿色生态农业的发展发挥了良好的示范带头作用。

参考文献

[1] 翁伯琦. 防治畜禽养殖污染刻不容缓[J]. 农业环境保护，2002，22（6）：288.

[2] 张淑芬，付龙，丁昕颖. 寒区畜禽养殖场粪污的贮存技术[J]. 中国畜牧杂志，2016，52（10）：65-67.

[3] 白晓龙. 农村非规模化畜禽污染防治现状调研与分析[J]. 黑龙江畜牧兽医，2016（22）：86-88.

[4] 李定强，王继增，万洪富，等. 广东省东江流域典型小流域非点源污染物流失规律的研究[J]. 土壤侵蚀与水土保持学报，1998，4（3）：12-18.

[5] 刘培芳，陈振楼，许世远，等. 长江三角洲城郊畜禽粪便的污染负荷及其防治对策[J]. 长江流域资源与环境，2002，11（5）：456-460.

[6] 王小燕，王晓峰，王振刚，等. 密云县石匣小流域区不同土地利用养分的流失[J]. 中国地球化学，2003，22（2）：173-178.

[7] 卓慕宁，吴志峰，王继增，等. 珠海非点源污染控制区划[J]. 城市环境与城市生态，2003，16（1）：28-30.

[8] 耿润哲，王晓燕，庞树江，等. 潮河流域非点源污染控制关键因子识别及分区[J]. 中国环境科学，2016，36（4）：1258-1267.

[9] 张淑荣，陈利顶，傅伯杰. 农业非点源污染敏感性评价的一种方法[J]. 水土保持学报，2001，15（2）：56-59.

[10] 张军，李鹏，唐润芒，等. 陕西省丹汉江流域农业非点源污染区划[J]. 水土保持研究，2017，24（2）：325-329.

[11] 朱有为，段丽丽. 浙江省畜牧业发展的生态环境问题及其控制对策[J]. 环境污染与防治，

1998，21（1）：40-43.

[12] 吴炯丽，宋建华，杨俊孝. 新疆畜牧业生态经济系统耦合协调发展研究[J]. 黑龙江畜牧兽医，2017（4）：7-10.

[13] 陈利顶，傅伯杰，张淑荣，等. 异质景观中非点源污染动态变化比较研究[J]. 生态学报，2002，22（6）：808-816.

[14] Ebbert J C，Kim M H . Soil processes and chemical transport[J] . Environ. Qual.，1998（27）：372 - 380.

[15] Bren L J . A case study in the threshold measures of hydrologicloading in the design of stream buffer strips[J] . For Ecol Manage，2000，132：243-257.

[16] 孙平，周源伟，华新，等. 三峡库区面源污染防控 BMPs 框架体系研究[J]. 水生态学杂志，2017，38（1）：54-60.

[17] 叶春，李春华，邓婷婷. 湖泊缓冲带功能、建设与管理[J]. 环境科学研究，2013，26（12）：1283-1289.

[18] 孙金伟，许文盛. 河岸植被缓冲带生态功能及其过滤机理的研究进展[J]. 长江科学院院报，2017，34（3）：40-44.

[19] 尹澄清，毛战坡. 用生态工程技术控制农村非点源水污染[J]. 应用生态学报，2002，13（2）：229-230.

[20] 晏维金，尹澄清，孙濮，等. 磷氮在水田湿地中的迁移转化及径流流失过程[J]. 应用生态学报，1999，10（3）：312-316.

[21] 牛伟，肖立新，李佳欣. 复合生态系统视域下生态涵养区建设对策研究——以冀西北地区为例[J]. 中国农业资源与区划，2016，37（4）：87-92.

[22] 鲁如坤. 土壤-植物营养学原理及施肥[M]. 北京：化学工业出版社，1998.

[23] 陈随军，潘伟光. 农业结构调整中区域优势的正确认识与发挥[J]. 农业现代化研究，2000，21（6）：221-225.

循环农业与湖北“两型农业”发展

王丙庆[1] 黄国勤[1, 2①]

（1. 江西农业大学农学院，南昌 330045；

2. 江西农业大学生态科学研究中心，南昌 330045）

摘　要：党的十七大提出“两型社会”建设，是党和政府在科学发展观指导下所确立的一种重要方略。农业作为我国的基础产业，是一个对资源依存度极高的产业，在建设现代农业的过程中，也具有建设“资源节约型和环境友好型”的内在需求。本文以农业大省湖北省为例，在深入分析目前农业发展所面对的资源与环境现状的基础上，提出以发展循环农业为主促进“两型农业”的建设，并对此提出了对策性思考。

关键词：两型农业　循环农业　可持续发展　湖北省

我国是一个人口众多的农业大国，又处于工业化和城市化发展的快速推进期，对农业资源尤其是水土资源的占用使得农业资源日益稀缺。党的十七大明确指出：“坚持节约资源和保护环境的基本国策，关系人民群众切身利益和中华民族生存发展。必须把建设资源节约型、环境友好型社会放在工业化、现代化发展战略的突出地位。”在这种背景下，为了确保农业的可持续发展，同时也为了满足社会经济

① 通信作者：黄国勤，教授、博士生导师，办公室电话：0791-83828143；手机：13627081298；电子邮箱：hgqjxes@sina.com。

进一步发展对资源消耗的需要，就必须走资源节约型和环境友好型的“两型农业”发展道路。湖北作为农业大省，如何更好地利用“两型社会”建设的机遇，确立其“两型农业”的发展模式，对建设农业强省具有重要影响。

一、推进“两型农业”发展的必然性

资源节约型和环境友好型社会建设，是我国在面对资源与环境约束日益增大的情况下所确立的经济与社会发展的重要指导思想。作为第一产业，农业对资源与环境的高度依赖性更加要求其发展过程必须充分坚持资源节约和环境友好原则，否则，就难以实现农业发展的持续性。因此，从一般意义上，大力提倡和强力推进“两型农业”发展具有其内在的必然性。

1．发展“两型农业”符合现代农业的本质要求

众所周知，现代农业的最终目标在于，为人类社会提供更加丰富和更高质量的生活消费品，就必然要求农业资源的产出率和利用率达到最大。在这一点上，利用现代科学技术发展资源节约型农业，便与现代农业的追求目标完全一致。与此同时，农产品的健康性和安全性又是现代农业发展所必须达到的基本要求，这又与环境友好型农业的基本目标相衔接。由此可见，基于资源节约型和环境友好型特征的“两型农业”与现代农业在目标上具有完全同一性，体现了“两型农业”与现代农业之间的本质融合。

2．发展“两型农业”有利于为工业化和城市化发展提供资源空间条件

我国正处于工业化和城市化的快速发展时期，存在着与农业产业发展拼抢资源的矛盾。从工业化和城市化发展来看，其对水土资源的占用表现出增长态势，在总量方面难以下降，因而需要农业的支持与贡献。从农业来看，水土资源是最基本的生产要素，要腾出部分资源满足工业化和城市化的需要，就必须发展资源节约型和环境友好型农业，通过科技进步最大限度地提高资源利用效率，达到节约资源和保护资源的目的，使得相对多余出来的资源空间可以在实现工业化和城市化的过程中发挥更加重要的作用[1]。

3. 发展“两型农业”有利于实现农业可持续发展

湖北农业现已构成以种植业为主体，林、牧、副、渔全面发展的格局，是我国粮、棉、油、水产的重要生产基地，目前又面临着推进农业产业化经营的伟大变革。然而，产业化农业如果只是盲目地追求经济效益，而忽视“种养加”相结合中的资源优化配置、资源永续利用、循环再生增值，甚至破坏生态、污染环境。那么，这种产业化农业是不可能持续发展的。制约湖北农业可持续发展的因素主要在于人口增长，耕地锐减，人地矛盾加剧；中低产田、园地、林地面积大，水土流失严重，农业生态系统抗灾性差；农业自然资源不合理开发利用现象比较普遍；农业环境污染日趋严重[2]。因此，要持续推进湖北农业可持续发展，就必须发展资源节约型和环境友好型农业，保护水土资源，合理开发利用自然资源，提高资源利用率，改善自然环境，实现农业可持续发展。

二、湖北省农业和农村经济概况

1. 自然环境特征

湖北省位于我国中部，全省南北距离约 470 km，东西距离约 740 km，全省国土总面积约为 18.59 万 km^2。

湖北地貌类型多样。在湖北省境内，山地带分布最广，约占全省国土总面积的 56%；其次是平原带，约占全省国土总面积的 20%；岗地带和丘陵带分布较少，合计共占全省国土总面积的 25%。湖北地势西高东低，西部有海拔 3.105 km 的神农顶，东部有地面高程仅为零的谭家洲。湖北省的西面、北面和东面有武陵山、武当山、大别山等环绕，山前丘陵岗地广布，中南部的江汉平原除了边缘岗地外，多数海拔都在 35 m 以下，地势开阔、地面平坦。

湖北地处亚热带，除了高山地区外，大部分地区光照充足、热量丰富、降水量充沛。湖北的季节分布是夏季最多，冬季最少，春秋两季则因各地地理位置而长短不一。全省大部分地区冬季寒冷、夏季炎热，春季温度变化频繁，秋季温度下降速度较快。年均气温为 15～17℃，最冷月（1 月）平均气温为 2～4℃；最热月（7 月）平均气温为 27～29℃，大于等于 10℃的活动积温在 4 700～5 400℃，属于我国热量资源丰富的地区。湖北属于多雨区，降水量南多北少，呈递减趋势。全区年均降水量除北部边缘在 1 000 mm 以下外，一般为 1 000～1 600 mm，且降水的高峰期大多出现在最热季 6—7 月，雨热同季[3]。

2. 自然资源概况

（1）土地资源。截至 2012 年，湖北省土地总面积约为 1 859 万 hm^2，其中，耕地总面积有 532.33 万 hm^2、林地总面积有 791.01 万 hm^2。

（2）水资源。湖北的水资源居全国第 4 位，地表水资源量居全国第 10 位。省内中小河流共计有 1 193 条，总长度超过了 3.5 万 km。长江由西向东跨越全省，干流位于省边境南部，主要支流多集中于北岸。全省过境容水量约有 6 338 亿 m^3，可开发水能达 3 308.1 万 kW（其中三峡水利枢纽工程可装机 2 500 万 kW）。湖北是全国闻名的“千湖之省”，全省大小湖泊有 1 300 多个，有 14 个湖泊面积超过 5 万亩。省内浅层地下水分布广泛，可开采储藏量约为 355.7 亿 m^3/a[4]。

（3）植物资源。湖北省已发现的木本植物有 105 科、370 属、1 300 种，树种较多、起源古老，迄今仍保存有不少珍贵、稀有孑遗植物。湖北省已发现的草本植物已超过 2 500 种，其中已被人们采制用来制作药材的草本植物就已超过 500 种。

（4）动物资源。湖北境内有着丰富的野生动物资源，有 112 种野生动物属于国家级重点保护对象，有 146 种动物属于省级重点保护对象。

（5）矿产资源。湖北省已发现矿产种类 136 种，超过全国已发现矿种数的 80%以上，保有资源储量位于全国前 10 位的矿产有 57 种。湖北省具有显著优势的矿产包括磷、矿盐、芒硝、石膏、铁、铜、金、银、石灰岩等，化肥用橄榄岩、碘、溴等排在全国第一位。

3. 农业特色和产业布局

湖北省大力发展九大优势农产品产业带和九种特色农产品基地，目前均呈现出区域布局合理化、板块生产规模化、科学经营产业化、特色分工专业化的良好态势。

九大优势农产品带包括优质水稻带、“双低”油菜带、蔬菜带、优质三元猪带、优质水产品带、速生丰产林带、柑橘带、优质棉花带、优质专用小麦带。

九种特色农产品基地包括家禽养殖重点基地、食用菌种植重点基地、蜂产品开发重点基地、茶叶种植重点基地、中药材种植重点基地、蚕茧繁育重点基地、魔芋繁育重点基地、板栗种植重点基地、牛奶生产重点基地[4]。

三、循环农业的内涵及特征

循环农业是一种全新的理念和策略，是人口、资源、环境相互协调发展的农业经济增长新方式。循环农业运用可持续发展思想、循环经济理论与产业链延伸理念，通过农业技术创新和组织方式变革，调整和优化农业生态系统内部结构及产业结构，延长产业链条，提高农业系统物质能量的多级循环利用，最大限度地利用农业生物质能资源，利用生产中每个物质环节，倡导清洁生产和节约消费，最大限度地减轻环境污染和生态破坏，同时实现农业生产各个环节的价值增值和生活环境优美[5]。

从本质上来看，循环农业最主要特征是产业链延伸和资源节约。循环农业的概念经历了循环型农业、循环节约型农业、农业循环经济，最终演变为循环农业。从广义上看，循环农业是整个国民经济系统的一个子系统，在农业资源投入、生产、产品消费、废物处理的全过程中，把传统的依赖农业资源消耗的线性增长经济体系，转换为依靠农业资源循环发展的经济体系，倡导的是一种与资源、环境和谐的农业经济发展模式[6]。

循环农业具有四个方面特征：一是遵循循环经济理念的新生产方式，要求农业经济活动按照“投入品→产出品→废物→再生产→新产出品”的反馈式流程组织运行；二是一种资源节约与高效利用型的农业经济增长方式，把传统的依赖农业资源消耗的线性增长方式，转换为依靠农业资源循环利用的发展增长方式；三是一种产业链延伸型的农业空间拓展路径，实行全过程的清洁生产，使上一环节的废物作为下一环节的投入品；四是一种建设环境友好型新农村的新理念，遏制农业污染和生态破坏，在全社会倡导资源节约的增长方式和健康文明的消费模式[7]。

四、湖北发展循环农业的必要性

1. 发展循环农业是实现农业可持续发展的客观需要

改革开放以来，湖北农业农村经济发展发生了翻天覆地的变化，结束了农产品短缺的时代，农民收入水平大幅提高。2006 年以不足全国 2%的国土面积生产了全国 8.4%的稻谷、6.3%的棉花、10.3%的油料、5.4%的猪肉和 18.0%的淡水水产品，并为全国 5.2%乡村人口提供了生产和生活空间。但是，在农业高速发展的同时，也出现了自然资源过度消耗、农村生态环境持续恶化、抵御自然灾害能力下降、农业生产效益低下等问题。可以说，湖北传统农业发展很大程度上是以牺牲资源和生态环境为代价获得的，其发展模式是不可持续的。循环农业的兴起，是农业发展观念、发展模式上的一场革命，通过发展循环农业，可以有效解决常规农业所带来的资源过度消耗、生态环境破坏等问题，能以最小的成本获得最大的经济效益和生态效益，有效地保护耕地，节约资源，遏制生态环境恶化，从根本上促进农业再生资源的循环利用和非再生资源的节约利用，实现人与自然和谐共存，提高城乡生态环境质量和居民生活质量[8]。

2. 发展循环农业是促进农业自然资源的合理利用的必然选择

湖北是农业大省，但农业资源相对短缺。目前，全省人均耕地面积为 0.79 亩，居全国第 21 位，而且耕地总量呈下降之势。湖北省又是水稻种植大省，对水资源消耗大。然而，湖北省水资源分布不均，给水资源的有效供给带来困难。同时，生产化肥、农药所需的石油、煤炭等重要矿产资源人均储量很低，对外依存度较高。从湖北农业自然资源利用的总体状况来看：一方面，资源的消耗却很大，浪费严重，资源的利用率不高；另一方面，粗放型的增长方式使得污染也十分严重。同时，在资源禀赋和粗放式经营方式下，农业产业结构也不尽合理。这些都严重制约着湖北农业和农村经济的发展。湖北作为全国粮食主产省之一，承担国家粮食安全保障的压力很大，如果继续沿袭传统的粮食增产方式，以土壤肥力、水资源、化肥、农药的大量消耗来确保粮食安全，将得不偿失。因此，大力发展循环农业，转变农业增长方式，降低农业生产对水资源、化肥、农药的消耗和需求，既是缓解资源紧缺矛盾、控制农资价格过快上涨的有效措施，又是增强农业综合生产能力、确保粮食安全的根本出路[9]。

3．发展循环农业是减轻农业环境污染的有效手段

湖北由于受传统生产方式的影响，一些地方片面追求产量和数量，农业生产中盲目、过量使用农药、化肥的现象依然存在，加上畜禽养殖等农业产业的发展，使全省农村地区面临农业环境污染的威胁。据统计，2005 年湖北被列为全国 15 个农业面源污染高风险省市之一，全省农村地区氨氮排放量为 4.74 万 t，是同期工业排放量的 2.09 倍；化学需氧量排放 24.28 万 t，是同期工业排放量的 1.40 倍；总氮和总磷的排放量分别为 19.09 万 t 和 3.31 万 t。湖北省农业化肥的施用量一直处于增长趋势，2014 年湖北化肥施用量达到 348.27 万 t，施用强度为 469.75 kg/hm^2，其中，氮肥、磷肥和钾肥一直保持在一定的水平线附近，而复合肥的涨幅一直较明显，和化肥总量一样整体呈增长趋势[10]。也就是说，全省农村面源污染的主要排放指标已经超过了全省工业污染排放总量，仅占全省国民生产总值 16%的第一产业地区排放量超过全省 50%以上污染物。全省 12 个大型湖泊有 11 个水质超过Ⅲ类，武汉、黄石、鄂州、荆州、襄阳、十堰、荆门 7 个城市内湖的水质均为Ⅴ类。循环农业的推广和实施，能够最大限度地减少化肥、农药的使用量，促进农村生态环境的整治，加强植被保护和动、植物疫情防治，能有效地支持农业污染防治工作。同时，发展循环农业，可以实现农业产业内部物质与能量相互交换、互为原料和废物资源化，有效改善农业生产条件和环境，如发展农村沼气既能合理治理人畜粪便、秸秆和垃圾污染，又能提供清洁能源，实现一举多得[11]。

4．发展循环农业可以有效促进农业增效农民增收

农民收入低下是长期困扰湖北农村发展的核心问题之一。2007 年湖北农民人均纯收入 3 997 元，比全国平均水平低 143 元。发展循环农业可以在四个方面促进农业增效和农民增收。一是通过正确处理人口、资源与环境及生产与生态之间的关系，建立合理的生产结构，变废为宝，使农业资源得到多层次利用，有效降低单位农产品的生产成本，提高农业经营效益。二是发展循环农业，可以按照“资源—产品—再生资源—再生产品”的闭环型物质流动模式，实现农业集约化经营，有效促进资源的综合利用和开发，带动农业产业结构调整和优化升级。三是农业循环经济的一些发展模式还将种、养、加工等环节有机联结起来，拉长了农业产业链，提高了农业的综合效益，促进农民收入的增加。四是建立无公害农产品的生产技术体系，降低农产品因不合理施用肥料和使用生产资料带来的环境污染，降低农产品的农药残留，通过“绿色发展”提高农产品的市场竞争力，可以有效破除国际市场的绿色壁垒，实现农产品质量的提高[12]。

五、循环农业的三种发展模式

1．大农业型发展模式

大农业是种植业、林业、牧业、渔业及其延伸的农产品加工业、农产品贸易与服务业等密切联系协同作用的耦合体，各产业间的相互作用及结构的整体性是建立农业循环经济产业链的基础。大农业型发展模式就是在同一土地管理单元上，立体种植，横向延伸，建设农林牧副渔一体化，主要包括农林型、农渔农畜型、农林牧副渔各业兼而有之的综合型等。山区半山区，可以实施“牧、能、林”一体化建设，如充分利用荒山荒坡等资源，引导农民依托山水资源建设生态庄园，建立山上种果、山下种农作物、水库养鱼、库旁喂猪、院里建沼气池的农业循环体系。沼气池上带养殖业，下促种植业，种养业的有机结合使农业在内部形成了循环[9]。平原地区，可以实施“农、牧、能、商”“农、渔、能、商”一体化建设，如桑基鱼塘以沼气为纽带的蔬菜花卉种植业、养殖业和加工业并举的生态农业工程等。

2. 废物再利用型模式

废物再利用模式是将农业生产过程中的废物处理再利用，集能源、环保、资源为一体的最典型的农业循环经济发展模式，是农业可持续发展的重要保证，主要包括农作物秸秆再利用、人畜食粪便再利用、“三沼”利用等。

（1）农作物秸秆再利用。目前，农作物秸秆再利用是将秸秆加工处理，使其变成肥料、饲料、原料、能源等，消除对环境的污染和生态的破坏，保障农业的可持续发展。秸秆还田包括秸秆直接还田、堆沤还田、过腹还田等，可以增强土壤保水保肥能力，保持土壤养分平衡。秸秆直接还田，可以增加土壤中有机质的含量，增加土壤肥力，但还存在很多问题，如 C/N 过高，不利于微生物分解。在还田时，应注意对土壤中微生物的多样性及组成的影响。通过对土壤微生物多样性及组成的利用，可以改变土壤团粒结构、土壤肥力和土壤养分，从而达到改变土壤生态环境，提高农业生产，把农业废物变废为宝的目的。在多种回田方式中，施用发酵肥+秸秆对土壤微生物的促进作用，相比单施发酵肥或单施秸秆要更好。同时，在回田时要注意严格控制病菌随秸秆回田造成疾病传播[13]。秸秆饲料化是将富含较高营养成分的花生、玉米等农作物秸秆粉碎氨化，加工成便于畜禽消化吸收的饲料。秸秆原料化包括利用小麦秸秆制取纤维素；用稻壳酿酒；用稻草制作板材；作为造纸原料及制作秸秆餐具；编织草帘、草席，用于蔬菜产区的温室大棚等。秸秆能源化主要是指发酵产生沼气用于生产生活。

（2）人畜禽粪便再利用。人畜禽粪便含有大量有机质和农作物所需的养分，是重要的有机肥料。将畜禽粪便和切碎的各种秸秆混合，高温堆肥，经过一定时间的高温发酵，使粪便及秸秆中的病菌、害虫、虫卵、病原体和杂草种子等大量有害农业生产的生物死亡。堆肥过程中由于微生物的作用，使秸秆与畜禽粪便的养分更易被农田土壤吸收和作物利用。如此处理可有效改善农业废物污染，并且得到大量的用于种植业的养料。人畜禽粪便同样可以进行饲料化，将排泄物经科学的干燥、青储、发酵、分离等处理措施杀死病菌，提高蛋白质的消化率和代谢能，变成畜禽可以再食用的饲料，这是人畜禽粪便综合利用的重要途径。人畜禽粪便的能源化是将排泄物厌氧发酵产生沼气用于生活和生产[14]。

（3）“三沼”利用。“三沼”利用是指将农作物的秸秆、人畜禽粪便等有机物厌氧化，对通过微生物分解转化产生的沼气、沼液、沼渣进行充分利用。沼气可作为能源用于生活生产，可以养蚕，可以保鲜、储存农产品。沼液可以浸种；可以作叶面喷洒剂，为作物提供营养并杀灭某些病虫害；可以作为培养液水培蔬菜；可以作为饲料添加剂喂鱼、猪、鸡等。沼渣可以作肥料、栽种食用菌的营养基及养殖蚯蚓的饲料等。沼气池、畜（禽）舍、厕所和日光温室有机结合的“四位一体”可以产气积肥同步，种植养殖并举，在这个循环中，所需的能源是取之不尽的日光、水和空气，生产过程中所形成的废物通过沼气池转化成能源、肥料，综合效益很高。“三沼利用”既可以降本增效，又能改善农村生态环境，是实施农业可持续发展的切入点与结合点，也是实现农业可持续发展的重要技术突破之一[15]。

六、促进湖北省循环农业发展的政策建议

1．加强宣传，强化循环农业发展意识

循环农业是一种新的发展观念和发展模式，涉及农业生产和生活的一切领域。发展循环型农业的主战场在农村，只有让农民明白循环型农业的科学道理和经济效益，才可能变为自觉行动。目前，湖北省农民及各级农业生产管理者对循环型农业缺乏了解，要采取有力措施，通过报刊、广播、电视以及举办循环农业培训班等多种方式迅速加强对全社会特别是农民的循环型农业宣传教育。

2．加大培训力度，提高农技人员的整体素质

加强对农民的技术培训，让农民了解和掌握必要的知识和技能，拓宽视野，依靠农民的自身力量，促进农业循环经济发展。循环农业发展模式应用中的技术环节覆盖种植技术、养殖技术、食用菌栽培技术、水产技术、沼气的生产和应用以及管理等技术。在这些技术中，最为关键的是沼气生产和应用技术，该技术在每个发展模式中都处于核心地位，因为其在农业生产中属于节约型能源，是农业经济可持续发展的一种新型模式的技术保障。沼气技术在沼气生产上除对环境条件要求严格，在使用过程中压力控制等方面也有一定的规范即使用不当即有一定风险性，因此有必要在技术保障上进一步完善同时加强对沼气生产和使用技术的宣传和普及，从而保障沼气使用技术在模式应用中有效、安全运行，并使模式整体运行更趋合理。

3．建立多元化投入机制，为发展循环农业提供资金保障

循环农业的启动和发展如沼气池的建设、节水工程的建设、规模化养殖场的建造以及优良畜种的引进等，需要有较大的资金投入和基础设施建设。目前，我国循环农业的投资主体是农户个体，其投资基础薄弱，而且难以满足中长期发展对大量资金的要求。因此，须建立多元化投入机制，构建完备的资金支持体系，为循环农业提供资金保障。一是要加强政府对循环农业的投入，特别是在示范性工程建设方面，政府财政应承担一定的比例。二是建立银行提供贷款、群众自筹，积极引导民间资本进入循环农业领域的资金支持体系。在循环农业推广发展阶段，应鼓励金融机构通过低息贷款、延长信贷周期、财政贴息等方式对有利于促进循环农业发展的重点项目给予信贷支持。三是积极引导和鼓励各种类型的农业产业化龙头企业到农村投资建设生产基地，配套建设相应的基础设施，改善农村生产的设施条件[16]。

4．努力建立农业科技体系，提升循环农业发展的质量和水平

循环农业的发展离不开科技的支撑。湖北拥有华中农业大学、湖北省农业科学院等一批院校和科研院所，但由于各种原因，他们对湖北农业科技进步贡献率低，导致湖北农业自主创新能力和技术创新能力不强。而湖北多数农业龙头企业缺乏自主开发能力，导致农业科研成果作用不够凸显。另外，湖北农业技术推广制度不健全，农业科技成果利用率比较低。因此，我们要紧紧围绕制约农业可持续发展的重大科技难题进行攻关，实行重点突破。加强农业科技成果向现实生产力的转化，大力推广先进、实用的农业科学技术。同时，各级政府应加强农业循环经济共性和关键技术的研究开发及推广，加强基层农业技术推广体系建设，为循环农业发展提供人才和技术支撑。

参考文献

[1] 张俊飚. 资源节约型与环境友好型农业发展问题的思考——以湖北省为例[J]. 中国地质大学学报（社会科学版），2009，9（1）：35-39.

[2] 郑泽厚，陈御生. 湖北农业可持续发展的途径[J]. 农业环境与发展，1999（2）：16-20，49.

[3] 张安录，陶建平. 湖北农业可持续发展战略构想[J]. 农业现代化研究，1998（6）：30-32.

[4] 毛晓丹. 湖北省农业循环经济发展研究[D]. 华中农业大学，2014.

[5] 尹昌斌，周颖. 循环农业发展的基本理论及展望[J]. 中国生态农业学报，2008（6）：1552-1556.

[6] 尹昌斌，唐华俊，周颖. 循环农业内涵、发展途径与政策建议[J]. 中国农业资源与区划，2006（1）：4-8.

[7] 尹昌斌，周颖，刘利花. 我国循环农业发展理论与实践[J]. 中国生态农业学报，2013，21（1）：47-53.

[8] 陈建博. 发展农业循环经济　促进农业生产可持续发展[J]. 科技资讯，2007（27）：223.

[9] 胡久生. 大力发展循环农业　建设社会主义新农村（2008. 12）[A]. 中国农业资源与区划学会. 2009 年中国农业资源与区划学会学术年会论文集[C]. 中国农业资源与区划学会：2009：35.

[10] 刘天超. 湖北省农业环境污染的动态演进及治理对策研究[D]. 武汉轻工大学，2016.

[11] 白金明. 我国循环农业理论与发展模式研究[D]. 中国农业科学院，2008.

[12] 朱旭，熊文，胡久生，等. 关于发展湖北省循环农业的思考[J]. 资源开发与市场，2008（8）：710-714.

[13] 黄军，何健，周青. 循环农业模式下的农业废物资源化利用[J]. 世界科技研究与发展，2006（6）：76-79.

[14] 董菊兰. 循环农业模式下的农业废物资源化利用[J]. 甘肃农业，2014（6）：44-45.

[15] 王莉. 农业循环经济发展模式研究[J]. 科学管理研究，2006（1）：76-78，83.

[16] 徐琪. 循环农业与中国农业的可持续发展[J]. 现代农业科技，2008（20）：268-270.

河南农业可持续发展研究

杨帅强[1]　黄国勤[1, 2①]

（1. 江西农业大学农学院，南昌　330045；

2. 江西农业大学生态科学研究中心，南昌　330045）

摘　要：农业可持续发展不仅关系到当代人的发展，还关系到后代人的生存。农业可持续发展是当前农业生产过程中不可回避的问题。近期农民收入增长趋缓、农业生态环境有恶化的趋势、农业自然资源遭到破坏、科技能力低弱、农村产业结构不合理等这些因素都成为河南农业可持续发展的巨大障碍。为了解决农业可持续发展中存在的问题，河南省在农业发展过程中需要转变农民落后的思想观念，推广多种农业经营模式，调整农业产业结构，提高农业产业集聚度，加强农业科技投入等。

关键词：农业可持续发展　制约因素　对策　河南省

一、引言

乡村振兴战略是党的十九大报告中提出的农业发展战略。实施这一战略对我国实现社会主义现代化具有重要的意义。而要实现乡村振兴实行农业的可持续发

① 通信作者：黄国勤，教授、博士生导师，办公室电话：0791-83828143；手机：13627081298；电子邮箱：hgqjxes@sina.com。

展是必不可少的。农业是国民经济的基础，农业的可持续发展是农村和整个社会可持续发展的基础，是确保国民经济持续、快速、健康发展的关键。因而必须研究农业可持续发展问题，把农业可持续发展作为重点和突破口，以加强农业的基础地位，促进经济社会的可持续发展从而实现乡村振兴。

农业可持续发展是当代社会发展的必然要求。1985 年美国加利福尼亚议会通过的《可持续农业研究教育法》正式提出了农业可持续发展的概念[1]。1991 年，在国际农业与环境问题大会上通过了《可持续农业和农村可持续发展的丹博斯宣言和行动纲领》，首次将农业与农村发展紧密结合起来，为世界可持续农业的发展奠定了基础[2]。1992 年，我国也启动了农业可持续发展项目，推动农业可持续发展战略在全国的普及推广，为我国农业生产方式转变起到积极推动作用。特别是 2015 年 5 月国务院印发的《全国农业可持续发展规划（2015—2030）》中提出，大力推动农业可持续发展，是实现“五位一体”战略布局、建设美丽中国的必然选择，是中国特色新型农业现代化道路的内在要求。

河南作为农业大省，在实施可持续发展战略中扮演着重要角色。2016 年河南省为了响应国家政策，印发了《河南省加快转变农业发展方式实施方案》，方案主要是以增强粮食的生产能力为前提，以提高农业效益为主攻方向，以促进可持续发展为重要内容。

二、河南农业可持续发展的现状

河南省地处祖国中原内陆，历来以农业生产为主，是典型的农业省。从地理上来说，河南省位于暖温带向北亚热带过渡的地带，热量、水分、光能等气候资源很丰富，冬季寒冷而少雨雪，春季干旱而多风沙，夏季炎热而雨水丰，秋季晴朗而日照长。全省年平均气温在 13～15℃，无霜期在 190～230 d，年降水量在 600～1 200 mm，降水量由南向北递减。由于所处纬度不同和受季风与地形的影响，因此气候的地区差异性比较大，气候灾害比较频繁而且严重。省内水资源比较丰富、水质较好，但分布不均匀，实际可利用的水资源不足，开发利用的限制性因素较多。地貌类型主要包括平原、山地、丘陵、盆地。总的来看，河南省农业生产的自然条件相对比较优越，农耕历史悠久[3]。生活在这片土地上的人民，世世代代辛勤耕作，繁衍生息。特别是新中国成立后，经过半个世纪的奋斗，农业生产取得了巨大的成就。河南是农业大省，粮、棉、油等主要农产品产量均居全国前列，是全国重要的优质农产品生产基地，是全国重要的优质农产品生产基地，全年河南省粮食种植面积 10 286.15×10^3 hm^2。其中，小麦种植面积 5 465.66×10^3 hm^2；玉米种植面积 3 316.86×10^3 hm^2；棉花种植面积 100.00×10^3 hm^2；油料种植面积 1 624.76×10^3 hm^2；蔬菜种植面积 1 772.53×10^3 hm^2。全年粮食产量 5 946.60 万 t，比上年下降 2.0%。其中，夏粮产量 3 476.80 万 t；秋粮产量 2 469.80 万 t。小麦产量 3 466.00 万 t；玉米产量 1 752.97 万 t，下降 5.4%。全年棉花产量 9.75 万 t，下降 22.9%。油料产量 619.09 万 t。瓜果类农作物产量 1 948.53 万 t。全年猪牛羊禽肉总产量 682.54 万 t。禽蛋产量 422.50 万 t。牛奶产量 326.80 万 t。不仅满足了河南省 1 亿多人口的需求，而且每年还调出大量的粮、棉、油、肉、蛋、果等农畜产品。总体而言，河南省主要农产品产量占据全国重要位置。

在发展的过程中，也出现了一些值得人们深思的问题，尤其是在大力提倡可持续发展战略的今天，河南农业中出现的资源浪费和破坏、生态环境日趋恶化、农畜产品品质不高、发展不稳定、贫困人口大量存在等问题，就越来越受到人们的关注。

三、河南农业可持续发展的制约因素

1．人口压力巨大

人口数量的日益增长给农业可持续发展带来前所未有的压力。首先，人口数量的不断增长，人民生活水平的逐步提高，对农产品的数量和质量提出了更高的要求，农产品需求压力日益加大。一方面，人口数量是不可忽视的分母效应。2016

年，河南省粮食总产达到 5 946.60 万 t，由于人口众多，人均占有粮食较少。另一方面，人民生活由温饱向小康跨越进而迈向富裕，对农产品总量、质量、花色品种的要求也会越来越高。

其次，人口数量的增长对资源环境压力日益加大，使农业资源的承载力日趋接近极限。由于人口数量增加，人地矛盾日趋尖锐，2016 年人均占有耕地仅 1.13 亩已接近人均 1 亩的警戒线，低于全国人均水平[4, 5]。

2. 农业从事人员总体素质不高

农民受教育程度低，根据 2016 年全国人口受教育情况抽样调查表中显示河南省初中及初中以下文化程度占 74.7%，其中小学和不识字或识字很少的人占 30%；初中文化程度占 44.7%。高中及高中以上占 23.3%，其中中专和大专及大专以上仅占 10.8%[6]。大量素质低的人口不仅导致人口的恶性膨胀，还极不利于资源的合理开采利用和科技进步，严重制约了资源与环境永续良性循环。首先，缺乏集体观念，过分强调个人利益。对于一些集体的资源开发，他们更多的是考虑自己利益，对集体建设的支持少，有时还横加阻挠。其次，对农业投资关注少。随着农民外出务工人数的增加，农民的整体收入水平在提高[7, 8]。富裕起来的农民，手中的资金一般不是投向生产，他们大多考虑购置房产，很少有农民在农村进行农业基础设施建设，开发农村资源。

3. 生态环境有恶化的趋势

随着河南经济的发展，工业排放的“三废”量逐年增加，每年有大量的污染物未经处理或处理后未达到标准就直接排放到环境中，不仅直接污染了土地、河流和地下水，还通过污水灌溉，使土壤受到间接污染，从而使农产品的产量和质量下降。据河南省环境监测中心监测，全省受到污染等于或大于Ⅴ类的河流占 50% 以上，其中有十几条河流受到严重污染而完全失去了利用价值，一些长期使用污水灌溉的农田，特别是城市郊区，土壤中微量元素的含量常超过背景值而受到污染[9]。

化肥对农业增产起着非常重要的作用，另外，化肥的不合理使用也会引起严重的土壤污染。例如大量使用氮肥会引起土壤中亚硝酸根离子污染，豫北平原土壤受铵离子、亚硝酸根离子、硝酸根离子污染非常严重。

目前，河南农业生产已广泛使用了农药，平均每生产 1 t 的粮食需用农药 2 kg 以上。由于农药不易被阳光和微生物分解，在土壤中残留时间较长，使河南土壤普遍受到农药污染，农产品中农药毒素的含量逐渐增多，给人体健康带来很大危害[10, 11]。例如，河南小麦中含有六六六的成分超标，以及 DDT 的超标，甚至猪肉中也含有六六六。

农业生态环境日趋恶化的趋势还表现在：森林的绿色屏障作用削弱，旱涝风沙等自然灾害频繁。全省平均每年约有 4 600 万亩农田遭受旱涝灾害侵袭，每年因此减产粮食 43 亿 kg，经济损失近 50 亿元。水土流失也很严重，全省年水土流失面积 6 万 km^2，山区年流失泥沙 1.2 亿 t，流失的氮磷钾肥量达 100 多万 t[12]。土壤沙化，盐渍化面积扩大，山区荒碱地资源的过度开发破坏了土地原有的植被和生物，影响了生物的多样性。

4．农村产业结构不合理

农村产业结构调整与农业可持续发展之间存在内在联系。产业结构理论认为，经济发展的不同水平是和一定的产业结构相对应的，不同产业结构有不同经济效益。可持续发展是高层次上的经济发展，它更要求产业结构的合理化、高度化，这是国民经济走向持续、稳定、协调发展的轨道并实现良性循环的前提条件。因此，优化农村产业结构是我们实现农业可持续发展的一个切入点，所以对农村产业结构的研究，便成为对实现农业可持续发展有重要影响的问题。换言之，优化农村产业结构，有利于可持续发展战略的实现[13, 14]。

河南省农村产业结构目前相对较单一，种植业在农业产业结构中占主寻地位，其他产业发展相对较慢。

从表 1 中可以看出，河南省农业生产总值在农林牧渔总产值一半以上的牧业在河南省农业发展中虽占一席之地，但其增长速度较慢，林业和渔业在整个农业体系中所占比例较小[15]。

表 1　河南省农林牧渔生产总产值　　单位：亿元

年份	农林牧渔总值	农业	林业	牧业	渔业
2014	7 549.1	4 492.0	152.4	2 505.2	105.1
2015	7 641.3	4 610.7	134.3	2 455.3	123.6
2016	7 799.7	4 577.2	121.3	2 611.3	128.3

资料来源：河南省历年统计年鉴。

种植结构内部也不协调，河南省粮食作物在种植业中占很高比例，而经济作物相对不足。涵养土地资源的豆类种植较少，对土肥消耗高的玉米种植面积大。由于农业产业结构的不合理，造成农业生产过程中不能有效地形成生态链，农业生产需大量使用农药、化肥来维持土壤肥力，从而使得土壤板结、土壤微生物群衰减[16]。

5. 农业产业化水平低

农业产业化水平对农业可持续发展有着积极的影响。农业产业化是农民在市场经济发展中做出的创新与选择，它使农户在专业分工基础上通过与工、商企业等相关经济组织，建立新型交换关系即“利益均沾、风险共担”的经济共同体而能获得规模经济效益或增值的效益[17]。农业生产过程实质上是生态过程、技术过程、经济过程与社会过程的复合体。农业产业化将农户与市场通过中介组织紧密连接起来。相关经济组织的加入，强化了农业生产中经济、技术、社会过程的复合，通过与农户签订经济合同、协议等形式明确双方的权利与义务，这有利于增强农户经济预期的稳定性，从而促进农户经济行为的优化。农户是农业生产的主体，其优化、合理的经济行为能促进对农业资源（土地、草地、水源等）的合理配置与持续利用、农业生态环境的改善与保护和农业生态多样性的保持等。尤其当农户追求长期经济目标或非经济目标时，其将重视对农业的投入、自身素质的培养和农业资源的持续利用等这些经济行为能促进农业的持续发展。工商企业等相关经济组织的加入在一定程度上既增强了农业的市场竞争力，又改变了农业的弱势地位[18]。

河南省农业在实施产业化的过程中，存在的主要问题首先是农业与市场对接方式简单、脆弱。尽管经过多年的市场磨炼，很多农户具有了市场经济观念，在收集市场信息、摸索市场规律等方面都有不小的进步，但毕竟受经营规模、经济实力的制约，在进入市场过程中缺乏强有力、稳固的媒体，不可避免地受到市场波动的影响，承担着较大的市场风险，致使生产、经营很不稳定，影响了收益。其次是农产品市场体系不健全[19]。主要是农产品收购、运输、批发、销售的初级市场体系尚未健全，农产品大流通的渠道不畅，要素市场、产品市场发育程度低、不完善，缺乏综合性的专业市场。市场规模狭小，导致资源配置效率低，农产品供求和价格波动大。

四、河南农业可持续发展对策

1. 积极引导，提高农民的文化素质

首先，加强农村文化建设，提高农民文化素质。文化属于人们精神层面需求，文化从深层次中影响人们的行为规范。当前农村文化建设相当匮乏，农民获得文化的途径主要是广播、电视。当前农村地区要大力发展农村文化建设的基础设施，如农民书屋、农村电影放映室、农民娱乐文化中心[20]。通过这些基础设施建设将农民吸引进来，然后利用我国优秀的传统文化，逐步培养农民良好的社会公德和遵纪守法的习惯。农村地区可以通过多种方式的教育培训引导广大农民形成良好的生活态度和价值取向。积极宣传社会主义新风尚，消除社会丑恶现象，从而提高农民整体的精神文化水准。

其次，大力发展农村经济，为农民思想观念转变提供物质保障。生产力决定生产关系，经济基础决定上层建筑。我国农村主要以小农经济为主，在这种生产方式下的生活方式，决定了农民生活方式的思想狭隘，只看到眼前利益、个人利益，对于将来会怎么样漠不关心。落后的生产方式造成落后的生活方式，落后的生活方式又转变为落后的思想观念。因此，通过发展现代农业，增加农民收入，

使农民生活富裕，从而改变农民思维方式和价值观念，促进农业可持续发展[21]。

2. 大力发展生态农业

生态农业是遵循生态经济学原理，应用系统工程方法，充分运用传统农业精华和现代农业技术，实现生态和经济良性循环的高产、高效可持续发展的农业，它是在不影响子孙后代需要的前提下，能充分满足当代人需求的一条农业发展途径，这与可持续农业与农村发展的思想内涵是相统一的，即重视农业与环境关系，以管理和保护自然资源为基础，调整技术和机构改革方向，从而确保目前几代和今后世世代代人的需要得到持续满足[22]。发展生态农业是解决我国农村环境问题，促进和保证农业可持续发展的有效途径。目前河南省生态农业模式可选择以下类型：

（1）充分利用空间资源和土地资源的农林立体结构生态经济系统，包括各种农作物的轮作、间作与一套种、农林间作、林药间作等。

（2）物质能量多层分级利用的生态经济系统，包括农作物秸秆的多级利用，畜禽粪便的多级利用，沼气、沼渣、沼液的分别利用等。

（3）农作物病虫害综合防治生态经济系统，包括生物相克避害及天敌除害、轮作倒茬利用、化学信息防治和合理使用农药等。

（4）以家庭为主的院落生态经济系统，包括家庭沼气，利用闲散土地种养经济动植物等。

（5）多功能的农、副、工联合生态经济系统，包括生态农场、生态林场和生态工厂[23]。

3. 调整农业产业结构，促进农业健康发展

2016 年中共中央农村工作会议上，李克强指出，“十三五”时期，要落实发展新理念，破解发展新难题，夯实现代农业基础，调整优化农业结构，发挥多种形式适度规模经营引领作用，着力提高农业质量效益和竞争力。2017 年中共中央农村工会议上习近平发表重要讲话，总结党的十八大以来我国“三农”事业的历史性成就和变革，深刻阐述实施乡村振兴战略的重大问题，对贯彻落实提出明确

要求。李克强在讲话中对实施乡村振兴战略的重点任务做出具体部署。目前河南省要实现乡村振兴进行农业结构的调整可以从两个方面入手。

首先是推进种植业转型升级。河南省在稳定小麦、水稻生产的基础上，加大经济效益较高的水果、花卉、油料、棉花等作物的种植面积，对于山区更应积极发展经济林，丘陵地区可以种植牧草[24]。减少玉米的种植面积，重点生产绿色、无公害农产品，减少化肥、农药的使用量。

其次是推进畜牧、水产业转型升级。畜牧业和水产业产生的经济效益高于种植业，其附加收益更高。加快推进畜禽标准化规模养殖，调整生猪生产布局，划定适宜养殖区域和禁止养殖区域，引导生猪养殖向玉米主产区和环境容量大的地区转移。大力发展牛、羊等草食畜牧业和草业，特别是在那些粮食产量低的丘陵地区，发展畜牧业能够增加农民收入。河南省水资源分布不均，水产养殖应因地制宜，养殖附加值高、市场销路好的水产品[25]。

畜牧和渔业养殖产业转型需要技术支撑，河南省应走“产、学、研”一体化道路，利用河南省农业院校和研究机构的力量，带动畜牧和渔业养殖业健康发展。

4．积极推进农业产业化经营

要推动农民收入的增加，农业的可持续发展必须走产业化道路。农业产业化以市场为导向，以增加农业经济效益为中心，对农业实行专业化生产、一体化经营、社会化服务、企业化管理，把产供销、贸工农、经科教紧密结合起来，形成“一条龙”的经营体制[26]。河南省在推进农业产业化道路上，可以借鉴国内外成功经验，摸索适应自身省情的发展模式。

首先是对已有产业化模式的推广。我国目前农业产业化模式有“公司+农户”“公司+大户农户”“公司+合作社农户”“公司+租赁农场”“公司+家庭农场”“公司+社会组织农户”“合作社+合作社”“现代农业产业联合体”“互联网+”等[27]。现有的农业产业化模式在河南省已普遍推广，如文新茶叶推广“公司+农户”的种植模式带动浉河区广大的茶农脱贫致富。现有的产业模式在实践过程中得到验证，自然有其存在的道理，河南省各地应根据当地情况，推动农业产业化进程。

其次是努力探索新的产业化模式。已有的产业模式并不是在每个地方都能推广，各地政府应鼓励当地农民和农业产业化龙头企业创新合作模式。对于出现的新模式要加以引导，对于成功模式可以复制推广，对于失败的模式要总结经验教训[28]。目前农业产业很多路径可以借鉴现代工业发展的模式，如可以利用工业集聚区发展路径来创新农业产业集聚区的发展，工业科技园区在农业发展上可以推广为农业科技产业园区。

参考文献

[1] 陈玉. 农业可持续发展与生态经济系统构建研究[D]. 乌鲁木齐：新疆大学，2008.

[2] 徐全中. 主体功能区视阀下内蒙古农业[D]. 武汉：武汉理工大学，2013.

[3] 王国强，等. 河南农业自然资源[M]. 北京：人民教育出版社，1994.

[4] 国家统计局. 2017 年中国统计年鉴[M]. 北京：中国统计出版社，2017.

[5] 王婉如，张加恭，曹隆坤，等. 我国土地人口承载潜力的研究[J]. 安徽农业科学，2008（7）：2844-2846.

[6] 晋东海. 河南省农村人口文化素质现状及对策研究[D]. 西北大学，2010：13-15.

[7] 耿东梅. 新农村建设中提高农民科技文化素质对策研究[D]. 中国农业科学院，2007.

[8] 李中萍. 新农村建设中提高农村劳动力科技文化素质对策研究[D]. 吉林农业大学，2015.

[9] 张桃林. 加强土壤和产地环境管理 促进农业可持续发展[J]. 中国科学院院刊，2015，30（4）：435-444.

[10] 李雷通. 试论河南生态环境问题及对策[J]. 河南农业，2016（21）：56-62.

[11] 蔺芳，张家洋，王书丽，等. 河南农村生态环境保护与建设研究[J]. 中国农学通报，2011，27（4）：406-409.

[12] 郭庆杰. 河南生态环境建设现状和问题分析[J]. 濮阳职业技术学院学报，2016，29（2）：54-56.

[13] 牛凯. 我国农村产业结构偏离对农村经济增长影响的实证分析[J]. 中国农业大学学报，

2012，17（1）：182-188.

[14] 党晶晶. 我国产业结构调整与农村劳动力转移协调发展研究[J]. 农业经济，2017（3）：109-110.

[15] 王鑫. 河南省农村产业结构调整优化问题研究[J]. 品牌（下半月），2015（8）：109.

[16] 杨应杰，李想. 河南省新型农业经营主体发展问题研究[J]. 中国农业会计，2016（1）：54-58.

[17] 华静，王玉斌. 我国农业产业化发展状况实证研究[J]. 经济问题探索，2015（4）：70-74.

[18] 张春华. 城乡一体化背景下农业产业化组织形式研究[D]. 华中师范大学，2012.

[19] 刘霜. 河南农业产业化现状、问题及对策[J]. 长江大学学报（社会科学版），2012，35（1）：77-78.

[20] 张丽叶. 河南省现代农业可持续发展的综合效益评价[J]. 中国农业资源与区划，2016，37（10）：95-100.

[21] 李娜. 新常态下农业可持续发展的新问题及对策研究[J]. 中国农业资源与区划，2016，37（1）：30-33.

[22] 曹志平. 生态农业未来的发展方向[J]. 中国生态农业学报，2013，21（1）：29-38.

[23] 郑伟. 生态农业发展模式及其对策研究[D]. 山东农业大学，2014.

[24] 刘凌霄. 农业产业结构调整的理论方法及应用研究[D]. 北京：北京交通大学，2015.

[25] 孔永波. 河南省优化农业产业体系的发展路径分析[D]. 郑州：河南农业大学，2012.

[26] 杜吟棠. 农业产业化经营和农民组织创新对农民收入的影响[J]. 中国农村观察，2005（3）：9-18.

[27] 苑鹏. “公司+合作社+农户”下的四种农业产业化经营模式探析——从农户福利改善的视角[J]. 中国农村经济，2013（4）：71-78.

[28] 孟弼胜，李茜. 农业产业化经营中龙头企业与农户间的利益机制研究述评[J]. 农业与技术，2013，33（5）：196-198.

以色列节水农业对河南农业发展的启示

苏如奇[1] 黄国勤[1,2①]

（1. 江西农业大学农学院，南昌 330045;

2. 江西农业大学生态科学研究中心，南昌 330045）

摘 要：以色列农业以技术和资金高度密集、高效外向型的市场体系、水土资源高效利用和技术垄断四大特点在国际上独树一帜，其中有许多经验是可以借鉴和引进的。河南省是我国重要的粮食主产区，用占全国6%的耕地生产了全国10%以上的粮食，肩负着保障国家粮食安全的重要任务。由于环境污染和农民非科学使用，耕地面积逐年减少，耕地质量也受到严重威胁。虽然河南省内有着生态环境上的劣势，但这些劣势在一定程度上是可以扭转的，充分发挥人的主观能动性，我们有信心在未来几年实现农业的可持续发展。

关键词：节水农业 以色列 河南

前 言

水资源和土地是环境生产最为重要的生产要素，水是生命之源、生产之要、生态之基[1]。而干旱是河南省农业收成的主要限制因素，虽然河南省的农业开发

① 通信作者：黄国勤，教授、博士生导师，办公室电话：0791-83828143；手机：13627081298；电子邮箱：hgqjxes@sina.com。

历史悠久，但农业生产在很大程度上被自然降水所制约。统观全球共有224个国家和地区，其中不少城市的面积并不大，人均占地也很小，自然资源不充足，其所面临的问题与河南省面临的极其相似，有些还更为险峻，却利用了先进的农业管理体系与生产技术，大力发展旱地农业与节水农业，在节约自然资源的同时实现了农作物的高产，实现了农业的可持续发展。这些国家先进的农业灌溉措施和管理体系值得我们学习，本研究以位于世界经济最发达的12国之列的以色列为研究对象，通过研究以色列国家的节水技术与灌溉体系，了解河南省应如何面对农业水资源危机，实现农业的可持续发展。

农业可持续发展是建设有中国特色的农村发展道路的新阶段。农业是国民经济的基础，农村是社会的基本社区。农业可持续发展是整个社会可持续发展的基础。因而在实践我国可持续发展的战略时，必须研究农业的可持续发展问题，以加强农业的基础地位，促进经济社会的可持续发展。随着资源、环境、人口等多重压力的产生，我国只能从原有的靠大量增加资源消耗的粗放式的农业生产方式，转到尽量节约农业资源的消耗、提高农业资源的利用效率，依靠科学技术，走农业和农村经济可持续发展的道路[2-10]。

农业的可持续发展在中国有着特殊的重要意义：一是有利于解决农业发展与环境保护的双向协调，在发展经济的同时保护好资源、环境，不使其遭到破坏，使资源和环境能永续地支撑农业发展。在此基础上，利用农业的可持续发展使资源和环境有效保护，使资源与环境的开发、利用、保护有机的结合，既避免农业发展以破坏资源与环境为代价，又避免因为单纯强调保护而阻碍了开发、利用的进行。二是有利于重新认识农业的基础地位和作用，使农业的功能不断得到拓宽，促进农村全面、综合、协调地发展，增加农村就业，增加农民收入，缩小城乡差距，为早日实现全面小康，建成社会主义现代化强国提供基础支持。三是有利于从我国国情出发，调整农业发展战略和方向，合理开发利用环境，促使农业可持续发展，选择适合我国国情的现代化农业发展道路。

一、以色列与河南省农业基本情况对比

1. 以色列

以色列是一个自然环境较为恶劣的国家，国土面积2.1万km^2，沙漠就占60%以上，可耕地面积占国土面积的20%左右。大部分国土是沙漠，导致了以色列淡水资源极为匮乏，人均可利用的淡水资源只有世界平均水平的1/33。但是，面对如此恶劣的自然环境，以色列的农业却很发达。1996年以来，其农业总产值连年增长，年增长率保持在17%左右，其农业人口只占总人口的3%左右，但以色列的粮食已经完全实现了自给自足。2000年以后，其农产品大量出口到欧洲，以色列的农业创造了“沙漠奇迹”。其精准农业技术水平足可以与美国并驾齐驱，但有着自己的特色。全国务农人口约为12万人，占全国总人口的2%，农业总产值35亿美元，占国内生产总值的7.5%。在农业产值中，种植业占57.4%，畜牧业占42.6%，农副产品60%用于出口，年出口创汇约21亿美元。以色列除了种植小麦、玉米、饲料作物以外，西红柿、甜椒、西瓜、向日葵、草莓以及果园等经济作物和经济林木占了很大比重，水果和蔬菜单产水平居世界前列。以色列的养殖业极为发达，每头奶牛产奶量达40 L/d，平均年产奶量为1.2万L/头，单头奶牛年产奶量目前居世界第1位[11-20]。

以色列农业具有高效、外向型的市场体系，技术与资金高度密集，资源高效利用，而且区域差异明显，科技人员、推广人员、农场主和相关工业部门的密切合作促成了农业的持续增长。以色列农业经历了自给自足的生存阶段、国内市场阶段和工业化阶段，目前正处于农产品出口阶段，并向健康食品阶段迈进，在国际特别是西欧市场上具有很强的竞争力。每一个发展阶段农场主的素质、市场体系和技术体系均不相同，在整个农业发展过程中技术创新起着十分关键的作用。市场导向为主，国家安全优先和国际市场的竞争是以色列农业发展的主要推动力。以色列的农业完全是以市场为导向、以利润为中心、靠自由竞争而发展的，他们

各行各业人员均以经济学的观点预测市场，不能转化的成果不立项，没有效益的产品不生产。实际上以色列建国初期的农业也是计划经济，当时是为适应国防的需要和满足基本生活要求；20 世纪 70 年代以色列政府根据国际市场行情和本国的现实状况，调整了农业发展的重点和方向，重点发展能创造高收益的出口农产品，同时，为进入欧洲市场，政府取消了农业的补贴政策，农业开始进入自由竞争阶段，直到现在完全以市场和利润为目的的农业生产，并且开始从新鲜农产品出口转向以技术和设备出口为主。政府根据国家安全和国内外市场的需要对农业政策的及时调整促成了现代化的农业发展。

2．河南省

河南省位于 110°21′～116°39′E、31°23′～36°22′N，总面积 16.7 万 km^2，下辖 18 个市，以郑州为中心，可以分为豫中（包括郑州、漯河、许昌、平顶山 4 市）、豫东（包括开封、商丘、周口 3 市）、豫南（包括南阳、信阳、驻马店 3 市）、豫西（包括洛阳、焦作、济源、三门峡 4 市）和豫北（包括鹤壁、新乡、安阳、濮阳 4 市）。境内地势西高东低，西北部、西部、南部分别为太行山区、秦岭东部余脉、桐柏山—大别山区，中部、东部为黄淮海冲积平原，西南部为南阳盆地，山地、丘陵、平原分别占总面积的 27%、18%、56%。大部分地处暖温带，南部跨亚热带，属于北亚热带向暖温带过渡的大陆性季风气候，素有“中原粮仓”“国人厨房”的美誉，是我国重要的小麦主产区，小麦产量占全国的 1/4 左右，是我国农副产品生产大省，油料、棉花、牛奶、蔬菜等产量均稳居全国前列。该省现有耕地 0.082 亿 hm^2（1.23 亿亩），主要分布在平原和丘陵地区。2015 年全省总人口 10 722 万人，居全国第 3 位，人均耕地面积不足 0.087 hm^2，低于全国平均水平，人地矛盾突出，因而如何利用现代工业发展理念、先进科学技术和科学经济管理方法来武装农业，从而实现传统农业向现代农业转变，进而实现农业的可持续发展成为当前农业发展的主要问题。全省多年平均水资源总量为 403.5 亿 m^3，人均水资源量 429 m^3，约为全国平均水平的 1/5。

二、以色列发展可持续农业的经验

1．资源环境胁迫，利用模式高效

以色列农业生产的最大制约因素是耕地和水资源，目前人均耕地 0.076 hm^2（1.14 亩），人均年水资源 363.6 m^3，为了克服耕地的限制发展农业生产，他们开发了人为控制的现代化温室技术及基质栽培技术；为了高效利用现有的水资源，创造性地发明了各种喷灌、微灌和滴灌技术来节约每一滴水，同时进一步开发新的水资源和节水途径。与此同时综合调整农产品结构，利用国内有限的资源生产效益高的花卉、蔬菜和水果出口，换回占地面积大、耗水多的粮食。以色列人在如此恶劣的自然环境中不仅养活了自己，而且有相当数量的农产品和技术出口，如此高效的资源利用创造了世界奇迹。以色列除高效利用自己的资源外，还致力于开发国际资源，如品种资源和技术资源等。和平时期他们以资源和技术储备代替产品储备，如海水淡化技术是长期的发展战略。与此同时，以色列对水资源的管理几乎到了吝啬的程度，水的管理使用法律手段保证了水资源的最有效的利用。水资源问题始终是制约以色列农业发展的主要因素。因此，以色列政府着重于在开源节流方面解决水资源供需关系上所形成的矛盾，采取了多种农业节水措施和技术，以追求和实现在单位耗水一定的情况下得到更多的农业产出。以色列主要的农业灌溉用水来自位于约旦河上游叙以边境的太巴列湖，该湖面积 166 km^2，蓄水 42.4 亿 m^3。为了能够充分利用这一水源地，以色列从 20 世纪 50 年代开始投资数亿美元，着力于修建一条长达 440 多米的引水管道。以色列人民把太巴列湖水抽高到 360 m，然后通过直径 2.74 m 的钢筋混凝土管道，依靠北高南低的地形把水送到中部和南部，由于使用管道引水减少了渗漏和蒸发，线路损耗很少。它的建成使以色列核心区域的沙龙平原成为旱涝保收的粮果基地，使内格夫沙漠地区出现了 5.7 万 hm^2 的绿洲，同时也缓解了耶路撒冷的用水紧张状况[21-30]。

以色列的电脑微灌技术给农业灌溉赋予了新概念，为世界干旱地区农业发展树立了榜样。该国的微灌设备由控制枢纽、管材部件和灌水系统三大部分组成。农业专家根据气象条件、土壤含水量、农作物需水量等参数编好程序，由太阳能驱动的计算机控制，利用塑料管道灌水系统密封输水，适时适量缓慢均匀地把含有肥、药的水送到植物根系或喷洒在茎叶上。应用该技术比大畦灌水节水90%，节能50%，平均增产30%。南部沙漠大片柑橘、柚子、柠檬果园全部用遥控电脑灌溉，电脑测定果实酸甜度，机械化采摘、包装、运输。以色列的农业用水较前大为减少，有更多的水用于工业和环保。以色列在利用微咸水的同时，还在内格夫沙漠南部兴建了海水淡化厂，采用闪蒸法获取淡水，又在对海水蒸发处理时发电，一举两得。以色列重视“开源”更重视“节流”，对水资源管理非常严格，明确规定了各部门用水的定额：每年居民用水占20%，农田环保用水占40%，工业用水占40%，任何部门不得突破。国民节水意识也很强，对生活污水都要集中处理后再用于农田灌溉，工业废水也大多实现了循环利用。因此以色列是世界上淡水利用率最高的国家。每到下一个生产季节开始时，农民便会自发地请当地政府下设的试验站工作人员到他的农田里采样，进行土壤肥力分析，严格按照肥料的需要程度进行施肥。在以色列的田间地头到处可以看见一个个黑色的肥料罐，以色列 80%的灌溉土地都在滴灌时使用水肥灌溉法，即“肥料灌”，将灌溉与施肥同时进行。

2．重视农业基础，重视技术投入

资金高投入奠定了农业基础，技术高投入替代资源不足。由于资源与环境的限制，再加上日益增加的人口，农业发展的压力是巨大的。为此，以色列政府投巨资建造了完善的基础设施，如纵贯南北的国家输水工程、遍布全国的灌溉管网使全国的水资源实现统筹、统配、统用，为以色列农业的工厂化生产和适应市场方面提供了良好的基础设施。资金的高投入促进了农业基础设施的完善，如公路和通信设施等，促进了农业的精确化和现代化，实现了有限资源的高效利用和生产效率的大幅度提高。在国内资源高效利用的同时，投入大量资金用于引进和消化吸收，其中他们更强调消化吸收，将引进材料和技术进行改造和更新后变成自己的成果再扩大投放市场，这样既可以节约大量引进所需的费用，又可以保护自己的知识产权。为了扩大技术出口开拓世界不同地区的市场，他们投入巨资建造了高度人工控制的模拟不同地区环境的试验温室，研究、驯化不同植物品种，并摸索适宜的栽培条件。技术的高投入是为了弥补资源的不足，技术密集的结果是水土资源利用效率大大提高。同时，技术密集是劳动密集的转型，在以色列这样农业劳动力缺乏的条件下更加重要。1996 年以色列政府用于农业 R&D（research and development，研究与开发）的经费占 GDP（农业）的 2.6%，在 OECD（organization for economic cooperation and development，经济合作与发展组织）国家居第四位[31-40]。

3. 农业产值结构调整

农业产值结构以非粮食为主，出口结构中技术与设备比例增大，农业内部结构以效益为核心，花卉、蔬菜、水果、棉花、牛（奶、肉）、禽、水产等非粮食产值占 8.7%。效益是以色列农业追求的最高目标。农业生产的重点始终放在生产高附加值的农产品上。虽然从产值上看以色列是农产品的净出口国和农业技术设备的主要输出国家，但它在粮食方面都是纯进口国家，如 100%的水稻，70%的小麦、大麦和油料要靠进口。其中新鲜农产品出口占了很大比重，如花卉生产的 90%用于出口，大量的蔬菜和水果也都销往欧洲。开源节流，技术用水，依靠优秀的生态管理体系，以色列约有 95%的粮食是自产自用的，而且每年还有大量的蔬菜、瓜果、花卉出口欧洲，增加了不少出口贸易金额，目前以色列已经跻身于世界经济最发达的 12 国之列。在这样一个自然环境不算优秀，甚至有些恶劣的小国家，能够取得如此辉煌的成就，是以色列国内因地制宜，在尊重自然规律的基础上充分发挥主观能动性，实现了农业的可持续性发展，为实现经济的快速增长提供了动力。

4. 科研的实用性强

专家型的推广人员和高素质的劳动者是以色列农业成功的基础，以色列农业的高速发展，其重要原因就是科研的实用性强、成果转化率高，而后者要归功于专家型的推广人员和高素质的农民。以色列农业部设有农业推广服务局（中心），并按照农业生产的需要设有15个专门委员会，在不同区域设9个区域推广服务中心，国家中心指导区域中心的工作，区域中心指导农民的生产。以色列的推广体系不仅健全，而且高效运作，推广人员都是专家型的，每个人都是某个领域的专家，既有较高的学历又有丰富的生产经验，他们向农民传达国家政策、解决生产和生活中的问题并指导消费，他们不仅承上（科研人员）启下（农民），把科研成果及时向农民宣传，而且启上承下，把农民生产上的问题及时反馈给科研人员，提高科研项目的实用性。推广人员每年有20%的时间用于科研，其余绝大多数时间深入农民中间，为沟通科研人员与农民之间的联系和提高科研成果转化率做出了实实在在的贡献，真正起到了桥梁和纽带的作用。以色列目前在每1 000名农业人口中就有1名农业大学生，从事农业生产的人都是中专以上学历。劳动者素质的提高也要归功于高素质的推广队伍，推广人员利用所有的宣传工具和手段对农民进行免费个别指导、各种培训、示范、参观和交流，除每周一日的开放接待日外，农民还可以随时与推广人员联系，每个推广人员都配有移动电话，随时回答农民的问题。行之有效的培训方式使以色列的农民很快从传统型成为知识型，他们渴望新的技术，主动寻求知识，技术的消化吸收能力强，为科研成果的转化添加了催化剂，高素质的劳动者是以色列高效规模化农业的不可缺少的力量。

三、河南省旱作农区发展突出问题

1. 降水少，变率大，且集中度高

北部偏旱地区为全省降水量低值区，季节连旱的旱期长、强度大、范围广，平均三四年一遇，尤其以春旱与初夏旱的连旱次数较多，其次为秋、冬、春三季连旱。

降水变率大，且集中度高，年降水量大多集中在夏季6—8月，而这其中又有大部分集中在7月前后，说明河南省旱作农区的雨量分布不均，很集中，汛盛期

明显，水分流失多，入渗少。

2．水分亏缺问题突出

由于受大气环流等气候影响，地表水资源的年内分配高度集中，汛期雨量丰沛，地表径流量占全年总径流量的 60%～80%，且往往集中在几次大的暴雨洪水过程中。特别是秋伏大汛，暴雨洪水暴涨暴落，易引起洪涝灾害。非汛期径流量随降水的减少而大幅度减少。春季地表径流约占全年的 15%，冬季是全省地表径流的最枯季节，仅占全年的 6%～10%，此时正值冬小麦需水季节，由于大多数河流干枯断流，长达数月，往往造成农业干旱灾害。

3．灌溉水资源来路广，分布不均，利用难

虽然可供农业灌溉的水资源来路较广，水质较好，但分布不均，实际可以利用的水源不足。地表径流来自天然降水，其分布与降水大体一致，北少南多。北部和西部山地主要分布黄土，径流量小；黄河谷底与扇形冲积平原，为区内径流贫乏区；豫东北平原的黄河两岸，年径流深最小。目前大部分山区径流还没有得到有效的控制和利用，而且平原径流利用率更低。可供开采的浅层地下水分布面广，但干旱季节水位低，利用困难，深层地下水的开发与回补难度更大。北部地区的过境水，主要来源为黄河干流，因受地域范围，引水工程配套与次生盐渍化矛盾等限制，实际可利用的水量其实并不多，如遇干旱年份缺水问题尤为突出。

4．水资源污染

随着河南省工农业发展，城镇规模的扩大和人口的增长，工业废水和生活用水日益增加，且绝大部分废污水未经过处理，直接排放。固体废物任意堆置，农药、化肥大量使用，有害物质降雨淋溶排入河道，严重污染了河流水体，制约了水资源功能的发挥[41-43]。

四、启示

以色列把工业和城市生活污水进行集中净化处理后再用来农田灌溉，这样不仅节约了水资源，也减少了环境被污染与侵蚀，从而保护了土地和生态环境；以色列干旱少雨，于是便不断建设集水设施，将降雨季节的天然降水全部收集和存储用于农耕时生产种植；大量普及压力灌溉技术，如滴灌与喷灌。

河南省旱作农区的缺水情况严峻，并与以色列的情况大同小异，因此结合河南省旱作农区的生态情况，借鉴以色列农业的一些有益经验具有切实可行的依据。

1．合理利用节水灌溉技术

普及先进的节水灌溉技术。可采用以色列的压力灌溉技术，研究不同作物的生理生长期特点适当地减少水分灌溉量，利用生物自身的生理特点和需水规律，以提高水分利用效率为中心，进行人为主动限量供水处理，刺激作物在生理、生长和产量上形成补偿效应，在农业中做到节约用水的同时实现高产。另外，在水价方面可实行梯度收费，提高农民对水资源的重视程度，加大污水处理设施建设，对使用污水灌溉的在水费收取上可以给予一定优惠。

2．重视科技，政府调控

目前，河南省的农业体系以基地和合作社为主，政府支持力度小、财政投入不足。我国是社会主义国家，在开发和推广农业技术中，政府一直处于主导地位，因此河南省财政应对农业技术开发和技术推广予以一定经费上的支持。大力提高农业研发水平，农业研发项目要考虑成果推广的可能性并接近农民以农村最新发展动态和农民接受能力从而制定出切实可行的农业研发项目，从而避免浪费人才和资金。加强农民培训教育力度。进行成人教育或职业教育培育懂专业技术的农业技术骨干和农村科技企业家，通过“传、帮、带、教”增强农民的科技水平。

3．规划调整生产结构，全面推进农业的可持续发展

规划调整生产结构，推进农业市场化进程。认清河南省内的独特优势，大力生产特色产品，提高农产品的品质和附加值，提高与邻近省份的商品交换，从而更好适应市场经济和国内农产品贸易的需要。整合农业组织形式，不仅可以在产品规模大且集中的农区自发形成农民联合组织而且还可以鼓励有专业知识的大学生前往河南省内发展农业，让大学生运用所学知识形成产、运、销一体化的专

业组织，发展新型农业生产组织，拓展多元化的销售渠道，引进国内外先进的农业管理体系，购入先进的农业机械设备，种植适宜河南省内环境的作物，培育新品种。

总而言之，虽然河南省内有着生态环境上的劣势，但这些劣势在一定程度上并不算是完全不能扭转的，充分发挥人的主观能动性，我们完全有信心在未来的几年实现农业的可持续发展。

参考文献

[1] 寇敏芳. 推动以色列和四川农业优势互补[N]. 四川日报，2017-11-19（2）.

[2] 乡音. 以色列农业用 9 种方式影响世界[J]. 当代农机，2017（7）：52-53.

[3] 以色列农业用 11 种方式影响世界[J]. 营销界（农资与市场），2017（13）：55-58.

[4] 纪江明. 现代化农业发展的以色列经验[N]. 社会科学报，2017-04-20（002）.

[5] 唐丽，刘毅. 以色列现代农业考察纪实及思考[J]. 农业工程技术，2017，37（7）：64-68.

[6] 薛军，廖晓莉. 美国、以色列和巴西农业旱灾风险管理的经验借鉴[J]. 世界农业，2017（2）：59-64.

[7] 夏先清，崔鹏. 以色列农业示范园落户河南内乡 打造高端设施农业项目[J]. 当代农机，2017（1）：22.

[8] 杨盛琴. 美国、以色列等国发展精准农业的模式分析及启示[J]. 农业工程技术，2017，37（3）：62-64.

[9] 列农. 以色列农业何以闻名？三大农机技术是关键[N]. 中国农机化导报，2017-01-16（009）.

[10] 王映红，夏金梧，李铭利. 以色列节水农业对新疆农业现代化的启示[J]. 水利发展研究，2016，16（12）：26-29，36.

[11] 亢淼. 科技产业化：起底农业强国以色列[J]. 农经，2016（12）：93-96.

[12] 霍金鹏. 以色列缔造的农业奇迹[J]. 中国经济报告，2016（12）：114-117.

[13] 以色列农业示范园落户河南[J]. 农业工程技术，2016，36（31）：78.

[14] 宗会来. 以色列发展现代农业的经验[J]. 世界农业，2016（11）：136-143.

[15] 夏先清. 以色列农业示范园落户河南内乡[N]. 经济日报，2016-10-31（008）.

[16] 王映红，夏金梧，李铭利. 以色列节水农业对新疆农业现代化的启示[J]. 新疆水利，2016（5）：5-10.

[17] 陈春良. 荷兰、日本、以色列设施农业发展经验与政策启示[J]. 政策瞭望，2016（9）：47-50.

[18] 李文姣. 以色列农业现代化成功经验及其对我国农业发展的启示[J]. 农业与技术，2016，36（14）：153.

[19] 宗会来. 以色列农业发展启示[J]. 中国畜牧业，2016（14）：48-50.

[20] 宗会来. 以色列农业生产特点和农业政策介绍[J]. 中国畜牧业，2016（13）：55-58.

[21] 看荷兰、日本、以色列设施农业亮点[J]. 国土资源，2016（6）：56-57.

[22] 以色列：沙漠绿洲上的农业强国[J]. 营销界（农资与市场），2016（1）：66-68.

[23] 任璐. “让沙漠开满鲜花”——以色列节水农业探访记[J]. 农村·农业·农民（A 版），2015（12）：47-48.

[24] 章华. 以色列科技“浇灌”沙漠农业[J]. 农药市场信息，2015（19）：44.

[25] 马彦平. 以色列高效农业架构解密[N]. 农资导报，2015-06-05（C04）.

[26] 慕慧娟，崔光莲. 资源环境约束下的以色列农业发展对中国西北地区的启示[J]. 世界农业，2015（5）：56-59，85.

[27] 刘树明. 以色列设施农业，我们可借鉴什么？[J]. 中国农村科技，2015（5）：43-45.

[28] 朱艳菊. 以色列农业技术推广体系的分析和借鉴[J]. 世界农业，2015（2）：33-38，203.

[29] 郭丽杰. 从以色列农业发展特点浅析对中国玉米育种和推广的启示[J]. 农业开发与装备，2014（12）：31-32.

[30] 倪长生，王糯兴. 以色列现代农业特点及其启示[J]. 安徽农业科学，2015，43（1）：303-304.

[31] 以色列节水农业概况及启示[J]. 北京农业，2014（23）：22-25.

[32] 盛立强. 以色列现代农业发展中的政府支持[J]. 合作经济与科技，2014（12）：6-7.

[33] 张永升，谷彬，马九杰. 以色列现代农业之路[J]. 世界农业，2014（6）：64-67.

[34] 张远. 中国、以色列农业技术推广体系比较研究[D]. 湖南农业大学，2014.

[35] 宋喜斌. 以色列节水农业对中国发展生态农业的启示[J]. 世界农业，2014（5）：56-58.

[36] 孙志茹，王桂森，康鑫，等. 美国、日本和以色列工程农业发展比较分析[J]. 世界农业，2014（4）：158-160，204.

[37] 王维汉，毛前. 以色列农业水资源的可持续利用[J]. 浙江水利水电学院学报，2014，26（1）：43-45.

[38] 姚远. 从美国、以色列、瑞典农业合作组织中得到的启示[J]. 农业科学研究，2014，35（1）：85-87.

[39] 王淑珍. 农业升级的路径选择：以色列的启示[J]. 吉林工商学院学报，2014，30（1）：40-42.

[40] 韩清瑞，高祥照. 以色列、土耳其节水农业发展状况与启示[J]. 中国农业信息，2014（4）：11-13.

[41] Raanan Katzir. Advance agriculture in the desert：the Israeli case story[J]. Sciences in Cold and Arid Regions，2015，7（1）：1-6

[42] Raanan Katzir. Precision Agriculture technologies in greenhouse The Israeli Experience[A].

[43] Orit Ianco，Hagit Tulchinsky，Michal Lusthaus，et al. Diet of patients after pouch surgery may affect pouch inflammation[J]. World Journal of Gastroenterology，2013，19（38）：6458-6464.

第三部分

国家生态文明试验区建设

国家生态文明试验区建设的意义、优势、问题及对策[①]

黄国勤

（江西农业大学生态科学研究中心，南昌　330045）

摘　要：2016 年 8 月，福建、江西和贵州三省成为首批国家生态文明试验区。开展国家生态文明试验区建设，在理论上，有利于丰富习近平新时代中国特色社会主义思想；在实践上，有利于促进生态文明、建设美丽中国的向前发展；在国际上，有利于维护全球生态安全、构建人类命运共同体。之所以选择在福建、江西、贵州三省作为首批国家生态文明试验区建设，关键是这三省具有领导重视、基础良好和特色明显三大优势。当前，在福建、江西、贵州三省建设国家生态文明试验区，面临着耕地短缺、生态破坏、环境污染、生物入侵、自然灾害、生物多样性衰退和农产品安全仍然受到威胁等诸多突出问题。针对存在的问题，必须采取相应的对策和措施：①治理生态环境；②保护生态环境；③建设生态环境；④发展绿色农业；⑤完善法律法规；⑥加强宣传教育；⑦加强生态管理；⑧弘扬生态文化；⑨开展国际合作。

关键词：国家生态文明试验区　生态文明建设　绿色发展　福建省　江西省　贵州省

① 国家重点研发计划课题（2016YFD0300208）、国家自然科学基金项目（41661070）、中国工程院咨询研究项目（2017-XZ-28）、江西省重点研发计划项目（20161BBF60058）、江西省软科学研究计划项目（20133BBA10005）共同资助。

2016年8月26日，首批国家生态文明试验区公布，福建、江西和贵州三省成为第一批国家生态文明试验区[1]。那么，到底国家生态文明试验区建设的意义是什么？为何选择上述三省，其优势何在？建设国家生态文明试验区面临哪些问题？应采取的对策和措施是什么？本文拟对此作一探讨。

一、意义

党的十八大把生态文明建设纳入中国特色社会主义事业“五位一体”总体布局，党中央、国务院就加快推进生态文明建设做出一系列决策部署，先后印发了《关于加快推进生态文明建设的意见》和《生态文明体制改革总体方案》。党的十八届五中全会提出，设立统一规范的国家生态文明试验区，重在开展生态文明体制改革综合试验，规范各类试点示范，为完善生态文明制度体系探索路径、积累经验。党的十九大报告，进一步强调“加快生态文明体制改革，建设美丽中国”[2]。显然，开展国家生态文明试验区建设，对于凝聚改革合力、增添绿色发展动能、探索生态文明建设有效模式，具有十分重要的意义。具体来说，开展国家生态文明试验区建设的理论与实践意义在于以下几个方面。

1. 在理论上，有利于丰富习近平新时代中国特色社会主义思想

党的十九大首次提出了“习近平新时代中国特色社会主义思想”。习近平新时代中国特色社会主义思想是马克思主义中国化的最新成果，是党和人民实践经验和集体智慧的结晶，闪耀着马克思主义真理光辉，对过去五年党和国家事业开创新局面发挥了重要指引作用，也必将引领中华民族走向更加辉煌的未来。

“五位一体”总体布局是习近平新时代中国特色社会主义思想的重要内容之一，坚持人与自然和谐共生是习近平新时代中国特色社会主义思想的基本方略之一。国家生态文明试验区建设是“五位一体”总体布局的重要内容，是实现人与自然和谐共生的重要途径。显然，将国家生态文明试验区建设好、发展好，并将其积累的经验提炼好、总结好，对于丰富习近平新时代中国特色社会主义思想，

尤其是丰富习近平生态文明思想和“两山”理论（即绿水青山就是金山银山）具有重要的理论与现实意义。

2．在实践上，有利于促进生态文明、建设美丽中国的向前发展

当前，全国各地都在全力推进生态文明建设，向着美丽中国的方向迈进。建设国家生态文明试验区，就是坚持以人为本，着力改善生态环境质量，重点解决社会关注度高、涉及人民群众切身利益的资源环境问题，建设天蓝、地绿、水净的美好家园，增强人民群众对生态文明建设成效的获得感；建设国家生态文明试验区，就是坚持问题导向，勇于攻坚克难、先行先试、大胆试验，主要试验难度较大、确需先行探索、还不能马上推开的重点改革任务，把试验区建设成生态文明体制改革的“试验田”；建设国家生态文明试验区，就是坚持改革创新，鼓励试验区因地制宜，结合本地区实际大胆探索，全方位开展生态文明体制改革创新试验，允许试错、包容失败、及时纠错，注重总结经验。通过国家生态文明试验区建设，必将促进和带动全国生态文明建设的向前发展，必将加快推进各地向着美丽中国的目标迈进。

3．在国际上，有利于维护全球生态安全、构建人类命运共同体

正如党的十九大报告所指出的，五年来我国生态文明建设成效显著，引导应对气候变化国际合作，成为全球生态文明建设的重要参与者、贡献者、引领者；中国坚持走生产发展、生活富裕、生态良好的文明发展道路，建设美丽中国，为人民创造良好生产生活环境，为全球生态安全做出贡献；中国人民正同世界各国人民一道，推动构建人类命运共同体。当前，福建、江西、贵州三省积极开展国家生态文明试验区建设，将不仅为三省的生态环境改善、生态文明建设做出直接的重要贡献，而且必将为全国、全世界的生态环境改善和生态文明建设提供有益经验和可复制、可推广的“样板”与“模式”。一句话，加快推进福建、江西、贵州三省国家生态文明试验区建设，必将有利于维护全球生态安全、构建人类命运共同体，从而创造全人类美好未来。

二、优势

之所以选择福建、江西、贵州三省作为首批国家生态文明试验区建设，关键是因为这三省具有领导重视、基础良好和特色明显三大优势。

1．领导重视

（1）福建省。早在 2000 年，时任福建省人民政府省长的习近平同志就前瞻性地提出“生态省”建设战略构想。2002 年 8 月，经国家环保总局批准，福建成为全国首批生态省建设试点省之一，2014 年 4 月，国务院正式确定福建省为首个生态文明先行示范区。2004 年年底，福建出台《福建生态省建设总体规划纲要》。2010 年，福建探索环保监管由督企向督政转变，率先推行环保“一岗双责”，将环保在地方官员绩效考核中的比重提升至 10%。2014 年起，福建取消了对全省 34 个县 GDP 考核，而是由考核生态、农民增收来代替。经历届省委、省政府的共同努力，福建生态省建设取得积极成效，已将“生态美”打造成福建的一大优势。这充分说明，福建省委、省政府领导对生态文明建设的高度重视，这正是建设国家生态文明试验区所必需的，也是福建成为首批国家生态文明试验区建设省份之重要原因所在[3]。

（2）江西省。历届江西省委、省政府领导都高度重视生态环境保护和生态文明建设[4]。20 世纪 80 年代中期，江西省实施“山江湖工程”，省委书记亲自担任“江西省人民政府山江湖开发治理委员会”主任。1991 年 12 月 18 日，江西省人大常务委员会第 25 次会议通过了《江西省山江湖开发治理总体规划纲要》，指出：“山江湖开发治理是振兴江西宏伟工程，也是江西长期的基本建设任务。”2006 年 12 月，江西省第十二次党代会确立“生态立省、绿色发展战略”。2008 年 3 月，江西省委、省政府做出“建设鄱阳湖生态经济区”重大战略，2009 年 12 月 12 日《鄱阳湖生态经济区规划》获得国务院批复，标志着建设鄱阳湖生态经济区上升为国家战略。2011 年 10 月，在江西省第十三次党代会上，确立建设“富裕和谐秀美江西”战略。2013 年 4 月 23 日，江西省十二届人大二次会议提出把江西建设成为“全国生态文明示范省”。2014 年 11 月 21 日，《江西省生态文明先行示范区建设实施方案》获得国家发改委等 6 部委批复，标志着江西省生态文明先行示范区建设成为国家战略。2016 年 2 月 1—3 日春节前夕，习近平总书记视察江西时指出：“绿色生态是江西最大财富、最大优势、最大品牌，一定要保护好，做好治山理水、显山露水的文章，走出一条经济发展和生态文明水平提高相辅相成、相得益彰的路子，打造美丽中国‘江西样板’。”2016 年 11 月，江西省召开省第十四次党代会，提出了深入贯彻新发展理念，大力弘扬井冈山精神，为决胜全面建成小康社会、建设富裕美丽幸福江西而奋斗的主题。2017 年 2 月底，省委举办全省市厅级领导干部专题研讨班，省委书记鹿心社作辅导报告，明确指出党代会精神的核心要义是“创新引领、绿色崛起、担当实干、兴赣富民”。当前，全省各地正在深入实施“创新引领、绿色崛起、担当实干、兴赣富民”工作方针，推进各项工作又好又快发展。以上这些，不仅表明江西省委、省政府历来对生态环境保护和生态文明建设的重视，更充分反映了党中央、国务院对江西生态环境保护和生态文明建设的十分关心和极端重视，这是江西全省上下加快保护生态环境、建设生态文明建设的莫大鼓舞和不竭动力。

（3）贵州省。贵州省各级政府和领导历来对生态环境保护和生态文明建设高度重视。尤其是近年来，贵州省牢牢守住“发展”和“生态”两条底线，牢固树立尊重自然、顺应自然、保护自然的生态文明理念，以改革为动力，以推动绿色、循环、低碳发展为基本途径，将保护生态环境与经济社会发展紧密相连，“绿水青山就是金山银山”的理念已深植于心[5]。2007 年，贵州提出把改善环境特别是生态环境作为立省之本；2010 年，贵州提出坚持以建设生态文明为核心，推动低碳增长、绿色发展；2012 年，贵州提出必须坚持以生态文明理念引领经济社会发展，实现既提速发展，又保住青山常在、碧水长流、蓝天常现，并把生态环境质量作为同步小康创建的核心指标之一。2013 年 12 月，贵州加快创建全国生态文明先行区的战略部署；2014 年全国“两会”期间，习近平总书记肯定了贵州省正确处理发展与保护生态环境关系的成功实践。同年6月5日，国家发改委等六部委批复同意《贵州省生态文明先行示范区建设实施方案》，贵州成为首批以省为单位建设全国生态文明先行示范区的地区之一。该方案明确贵州建设生态文明先行示范区有利于探索资源能源富集欠发达地区绿色发展新道路，要求大力调整优化产业结构，推动绿色循环低碳发展，促进资源节约集约循环利用。2015 年年初，《绿色贵州建设三年行动计划（2015—2017 年）》开始实施，计划用 3 年时间全面绿化宜林荒山荒地，到 2017 年，完成造林绿化任务 916 万亩，全省森林覆盖率达到 50%以上。同年，贵州省出台了《贵州省林业生态红线保护党政领导干部问责暂行办法》和《贵州省生态环境损害党政领导干部问责暂行办法》，明确了问责对象、情形、方式等内容，构建了问责制度的基本框架，贵州“生态问责”将领导干部作为责任追究的重点对象。

值得一提的是，贵州省从 2009 年开始，连续不断地坚持每年举办“生态文明贵阳国际论坛”（表 1）。生态文明贵阳国际论坛是经中央批准，中国唯一以生态文明为主题的国家级、国际性高端峰会。举办生态文明贵阳国际论坛，作为我国唯一以生态文明为主题的国家级国际性论坛，生态文明贵阳国际论坛发出了中国积极参与生态文明国际交流合作的声音，展现我国各地推进生态文明建设的实际行动，展示了生态文明建设的成果。该论坛的成功举办，不仅促进了贵州省生态文明建设，还推动了全国、全球生态环境治理和生态文明建设的向前发展。

表 1　历届生态文明贵阳国际论坛概况

年会	主题	简况及主要成果
2009 年年会	发展绿色经济 我们共同的责任	首次生态文明论坛贵阳会议，在中国首次提出了“绿色经济”的概念，并以生态文明为焦点，立足中国、面向世界。大会提出，保护生态环境是前提，要尊重自然、善待自然，正确认识保护环境和发展经济的关系，综合运用经济、法律和必要的行政手段来保护环境。转变经济发展方式是关键，实现从“褐色经济”到“绿色经济”的转变

年会	主题	简况及主要成果
2010 年年会	绿色发展——我们在行动	会议致力于为各方搭建一个技术交流、信息互通、成果共享的开放平台。与会者围绕低碳经济、绿色发展和生态文明，突出讨论转变经济发展方式，深入探讨绿色就业、绿色产业、绿色消费、绿色运输、绿色贸易等前瞻性问题，提供建设性的对策建议
2011 年年会	通向生态文明的绿色变革机遇和挑战	充分肯定了中国在建设生态文明、应对气候变化方面做出的巨大努力和取得的显著成就。“十二五”规划进一步明确以科学发展为主题，以加快转变经济发展方式为主线，将积极应对气候变化和推进绿色低碳发展作为重要的政策导向，对于纵深推进生态文明建设具有重要意义
2012 年年会	全球变局下的绿色转型和包容性增长	会议致力于汇聚官产学媒民及其他各界决策者开展交流与合作，传播生态文明理念，分享知识与经验，促进政策的落实与完善，抓住绿色经济转型的机遇，应对生态安全的挑战，形成国际、地区和行业议程，从而有助于构建资源节约、环境友好型社会，推动人类生态文明建设的进程
2013 年年会	建设生态文明 绿色变革与转型——绿色产业、绿色城镇和绿色消费引领可持续发展	中共中央总书记、国家主席习近平向论坛发来贺信。习近平强调，保护生态环境，应对气候变化，维护能源资源安全，是全球面临的共同挑战。中国将继续承担应尽的国际义务，同世界各国深入开展生态文明领域的交流合作，推动成果分享，携手共建生态良好的地球美好家园。中共中央政治局常委、国务院副总理张高丽出席开幕式、宣读习近平的贺信并发表讲话。瑞士联邦主席兼国防部长毛雷尔、多米尼克总理斯凯里特、汤加首相图伊瓦卡诺、泰国副总理兼商业部长尼瓦塔隆、意大利前总理普罗迪等分别在开幕式上致辞。中外嘉宾 4 000 多人应邀参加论坛年会
2014 年年会	改革驱动，全球携手，走向生态文明新时代——政府、企业、公众：绿色发展的制度框架于路径选择	时任中共中央政治局委员、国家副主席李源潮出席开幕式并致辞。李源潮说，人类必须自觉地与自然友好相处，人类的发展必须与生态的发展平衡共进。应坚持经济发展与生态建设的平衡，树立保护生态环境就是保护生产力、改善生态环境就是发展生产力的理念，努力走出一条生产发展、生活富裕、生态良好的文明发展道路；坚持环境保护与生态修复的平衡，将生态环境修复作为重大基础工程来抓，同时积极营造热爱自然、保护环境的良好社会风尚；坚持开发资源与节约资源的平衡，形成严格的制度规范、有效的治理体系、严厉的法治约束，大力发展绿色、循环、低碳产业；坚持明确各自责任与加强国际合作的平衡，秉持“共同但有区别的责任”原则，实现各国共同绿色发展。中国是生态文明建设的

年会	主题	简况及主要成果
2014 年年会	改革驱动，全球携手，走向生态文明新时代——政府、企业、公众：绿色发展的制度框架于路径选择	倡导者和实践者，愿与各国加强平等、友好、互利、共赢合作，共建宜居美丽地球家园，迈向生态文明新时代。会议期间，联合国相关机构及国际组织、国家有关部委负责人以及企业家、知名专家和大学校长等 2 000 余名海内外嘉宾与会，在 40 场主题论坛上，有关专家、学者等从经济、社会、人文、教育等不同视角展开深入交流和探讨，取得了许多开创性、前瞻性、引领性成果
2015 年年会	走向生态文明新时代	中共中央书记处书记、全国政协副主席杜青林出席开幕式并作主旨演讲。爱尔兰前总理伯蒂·埃亨、巴基斯坦前总理肖卡特·阿齐兹、瑞士联邦国务秘书、环境署署长布鲁诺·奥伯勒等出席论坛并作主旨发言。为期 3 天（2015 年 6 月 27—29 日）的论坛中，与会专家、学者参与了“全球生态安全与绿色创变”“中瑞对话 2015：山地经济·绿色发展”“生态足迹国际研讨会”等 30 余场分论坛和主题活动，来自全球 50 多个国家和地区的 1 000 余位嘉宾探讨新常态下的全球生态文明新议程、新行动
2016 年年会	走向生态文明新时代：绿色发展·知行合一	中共中央政治局常委、全国政协主席俞正声出席会议，并在开幕式上演讲，演讲题目是：践行绿色发展新理念，走向生态文明新时代。俞正声指出：中国是生态文明建设的倡导者和实践者。中共十八大将生态文明建设纳入中国特色社会主义事业总体布局，提出大力推进生态文明建设、建设美丽中国、实现中华民族永续发展的总体要求。中共十八届五中全会进一步提出了创新、协调、绿色、开放、共享的新发展理念，将绿色发展作为“十三五”乃至更长时期经济社会发展的基本理念。中国将更加牢固地树立和践行绿色发展理念，推动形成绿色发展方式和生活方式，加快走向生态文明新时代
2017 年年会	走向生态文明新时代 共享绿色红利	2017 年 6 月 17—19 日，“2017 生态文明试验区贵阳国际研讨会”在贵州省贵阳成功举行。会议秉持生态文明贵阳国际论坛的理念、风格和模式，坚持“既要论起来，又要干起来”。国家有关部委领导、国际组织官员、大学校长、专家学者、知名企业家等 400 余名国内外嘉宾参加会议。会议形成了 19 项务实的具体成果，如①国家林业局、国家农发行与贵州省人民政府签署“全面支持贵州林业改革发展战略合作协议”，支持贵州生态保护、生态旅游、绿色产业发展，签约资金 600 亿元。②工商银行、兴业银行、西南证券等金融机构及各类绿色产业基金与贵州有关市（州）政府、贵安新区、企业围

年会	主题	简况及主要成果
2017年年会	走向生态文明新时代 共享绿色红利	绕大扶贫、大数据、大生态等绿色经济“四型产业”签署一批绿色信贷、绿色债券、绿色保险、绿色基金、绿色企业股权融资、碳金融等项目，签约项目22个，签约金额600多亿元。其中，兴业银行与贵州省签订绿色金融合作协议，到2020年新增500亿元的绿色金融支持，重点支持贵安新区绿色项目建设，支持贵州污水处理、水环境治理、旅游开发等绿色项目。③成立贵州绿色产业发展联盟。首批贵州绿色产业发展联盟成员代表现场签约，推动贵州绿色产业众智众创、携同发展等
2018年年会	走向生态文明新时代：生态优先、绿色发展	“生态文明贵阳国际论坛2018年年会”于2018年7月7日在贵阳开幕。习近平主席向生态文明贵阳国际论坛2018年年会发来贺信。中共中央政治局委员、国务院副总理孙春兰出席开幕式，宣读习近平主席贺信并致辞。孙春兰指出，习近平主席的贺信，充分体现了党中央、国务院对生态文明建设的高度重视，发出了全面落实2030年可持续发展议程、共同建设清洁美丽世界的倡议，为凝聚共识、深化合作、走向生态文明新时代增添了信心和动力。孙春兰指出，过去5年来，在习近平生态文明思想指引下，中国出台40多项具体改革方案，深入实施大气、水、土壤污染防治行动计划，推动生态环境保护发生历史性、转折性、全局性变化。面向新时代，中国将坚持绿水青山就是金山银山的理念，贯彻节约优先、保护优先、自然恢复为主的方针，推动形成人与自然和谐发展现代化建设新格局，提升生态文明，建设美丽中国。孙春兰强调，人类是命运共同体，保护生态环境是各国面临的共同挑战和共同责任。中国将进一步加强生态文明领域的国际合作，积极推动落实2030年可持续发展议程和绿色“一带一路”建设，共同维护《巴黎协定》成果，为全球生态文明建设提供中国智慧和中国方案

2. 生态良好

福建、江西、贵州三省具有良好的生态环境，这是开展国家生态文明试验区建设的重要基础和条件。

（1）福建省。近年来，福建牢固树立创新、协调、绿色、开放、共享五大发展理念，加快生态文明建设，努力建设“机制活、产业优、百姓富、生态美”的新福建，以生态文明为引领的生态省建设成效卓著，绿色发展能力持续跃升，2014年国务院出台了《关于支持福建省深入实施生态省战略加快生态文明先行示范区建设的若干意见》，福建生态文明建设上升为国家战略，福建省委、省政府先后出台了《福建省贯彻落实中央加快推进生态文明建设意见的实施方案》《福建省生态文明体制改革实施方案》《福建省“十三五”生态省建设专项规划》等政策措施，生态文明建设基础日益巩固夯实。主要表现在：“清新福建”建设全面推进，环境质量稳中有升，节能减排任务圆满完成；环境保护能力不断提高；流域治理取得明显成效；资源节约水平持续改善，生态文明水平排名保持全国第一。其中，多项环境指标在全国中遥遥领先；福建2015年12条主要河流整体水质为优，Ⅰ～Ⅲ类水质比例为94%，比全国平均水平高出近30个百分点；2015年森林覆盖率达到了65.9%，已连续38年位居全国第一。福建作为全国首批国家生态文明试验区，生态优势得天独厚。

（2）江西省。江西生态良好、环境优美，建设国家生态文明试验区具有先天条件和优势[6]。第一，从地理位置来看，江西三面（东、西、南）环山，北面开口（入鄱阳湖，进入长江），具有相对封闭的生态系统结构，形成了特殊的“天然屏障”——不易受到外界环境污染，对保护全省生态环境极为有利。第二，江西“山绿”“地绿”——植被繁茂，全省森林覆盖率63.1%，位居全国第二位，被誉为中国最绿的省份之一。第三，江西“水清”，全省地表水监测断面水质达标率81%，高于全国平均水平18个百分点，主要河流监测断面水质达标率88.6%，主要城市饮用水水源地水质达标率100%。第四，江西“气新”——空气好，全省大气环境质量进一步提升，设区市城区空气质量优良率86.2%。第五，生态空间保护得到加强。第六，生物多。江西生物多样性十分丰富，目前分布有高等植物5 000余种，约占全国种数的16.35%。江西鄱阳湖国家级自然保护区管理局于2017年初对江西省鸟类种类进行统计，得出：江西省鸟类有20目76科550种，占我国鸟类1 371种的40.12%，其中国家Ⅰ级重点保护鸟类12种，国家Ⅱ级重点保护鸟类81种，江西省重点保护鸟类97种。

此外，2015年江西启动生态红线划定工作，围绕构建“一湖五河三屏”为主体的生态安全格局，2016年7月完成生态红线划定工作，印发了《江西省生态空间保护红线区划》，并向社会发布。全省生态空间保护红线总面积为55 239.1 km^2，占全省土地面积的33.09%。成为全国第3个正式发布生态保护红线的省份。

（3）贵州省。贵州生态基础较好、环境承载能力较强。贵州自然、矿产资源丰富，据统计，贵州水能资源蕴藏量居全国第6位，境内河流众多，处在长江和珠江两大水系上游交错地带，全省面积的65.7%属长江流域、34.3%属珠江流域，是两江上游重要的生态屏障区。2015年，贵州完成营造林431万亩，全省森林面积达1.32亿亩，森林覆盖率超过50%。全省共建有78个森林公园、104个森林和野生动物及湿地类型自然保护区和40个湿地公园。贵州省生物种类繁多，生物多样性丰富。

3. 代表性强

选择福建、江西、贵州三省作为首批国家生态文明试验区建设，不仅是因为三省领导重视和三省具有较好的生态基础，还因为这三省代表性强，具有鲜明的特色。

（1）福建省。福建地处东南沿海，背山面海，面对台湾，毗邻港澳，海域辽阔，气候温和，有巧夺天工的山海景观、丰富多彩的人文景观和温泉资源。在三省中，福建经济相对发达，且交通便利、地理位置相对优越，未来发展潜力大。

（2）江西省。江西地处东南偏中部，长江中下游南岸，古称“吴头楚尾，粤户闽庭”，乃“形胜之区”，东邻浙江、福建，南连广东，西靠湖南，北毗湖北、安徽而共接长江。江西为长江三角洲、珠江三角洲和闽南三角地区的腹地，与上海、广州、厦门、南京、武汉、长沙、合肥等各重镇、港口的直线距离，大多在700 km之内。境内高速公路达3 088 km，出省主要通道全部高速化。京九线、浙赣线纵横贯穿全境。航空和水运便捷。江西是我国中部地区的典型省份，未来发展潜力不可限量。

（3）贵州省。贵州地处西南腹地，与重庆、四川、湖南、云南、广西接壤，是西南交通枢纽。贵州是世界知名山地旅游目的地和山地旅游大省，全国首个国家级大数据综合试验区、内陆开放型经济试验区。贵州境内地势西高东低，自中部向北、东、南三面倾斜，全省地貌可概括分为：高原、山地、丘陵和盆地四种基本类型，高原山地居多，素有“八山一水一分田”之说，是全国唯一没有平原支撑的省份。属亚热带湿润季风气候，四季分明、春暖风和、雨量充沛、雨热同期。贵州作为我国西部地区的典型山区省份，未来发展潜力不可低估。

三、问题

在福建、江西、贵州三省建设国家生态文明试验区，既有优势，但也存在不足。当前，面临的突出问题主要有以下几个方面。

1．耕地短缺

福建、江西、贵州三省均面临着耕地资源短缺的问题，这对国家生态文明试验区建设极为不利。福建省地势特殊，素有“八山一水一分田”之称，耕地少而分散，小农地与大市场的矛盾日益凸显，严重制约农业可持续发展。江西省地形地貌大致是“六山一水二分田，一分道路和庄园”。全省现有耕地面积 308.913 3 万 hm^2（国务院第二次全国土地调查），人均耕地 696.7 m^2；其中，高产田占 33%，中产田占 47%，低产田占 20%，中低产田面积占比较大，严重制约了江西省农业的可持续发展。贵州省 2014 年土地利用变更调查统计资料显示，全省现有耕地 454 万 hm^2。其中，水田 124.67 万 hm^2，占耕地面积的 27.5%；水浇地 1.33 万 hm^2，占耕地面积的 0.3%；旱地 328 万 hm^2，占耕地面积的 72.2%。小于 2°耕地面积 22 万 hm^2，占耕地面积的 4.8%；2°～6°耕地面积 52.67 万 hm^2，占耕地面积的 11.6%；6°～15°耕地面积 163.33 万 hm^2，占耕地面积的 36.0%；15°～25°耕地面积 134.67 万 hm^2，占耕地面积的 29.6%；大于 25°以上耕地面积 81.33 万 hm^2，占耕地面积的 18.0%。由于经济建设（如修路、架桥、园区建设等）、农业产业结构调整（扩大果品、茶叶、经济林木和花卉等的种植)、退耕还林还草,以及自然灾害等,均造成三省不同程度地存在耕地数量减少、质量降低甚至退化的问题,必须引起高度重视。

2. 生态破坏

福建省矿藏资源丰富,由此引发的生态破坏问题也非常严重,“福建南平生态破坏案”(谢某等 4 人违法采矿造成大面积林地生态破坏)就是一例,已引起各方关注,并得以解决。贵州省森林生态系统遭到破坏,新中国成立初期贵州的森林覆盖率大约有 30%,但是到 20 世纪 80 年代中期其森林覆盖率快速下降,平均为 12%,有的地区森林覆盖率只有 5%,近几年当地开始进行封山育林和人工造林,但是效果也不明显。由于生态系统遭到破坏,造成贵州水土流失严重,并由此引发的石漠化现象越来越严重;同时,由于水土流失,导致土层比较贫瘠,泥石流频繁发生,河道和水库出现淤积,一些地区甚至出现无土、无植被、无水状态。江西省赣州市素有“稀土王国”之美誉,是中国三大稀土生产基地之一,也是我国离子型稀土资源的主要分布区,因其蕴含有丰富的应用价值高的中重离子型稀土而被世界广泛关注。2011 年,赣州规模以上稀土企业实现主营收入 373.89 亿元,占全市规模以上工业总产值的 20.3%,税收收入为 28.6 亿元,对全市财政收入增收贡献率达到 35%。目前,稀土产业已成为赣州的主导产业,为赣州市经济的发展做出了巨大的贡献。然而,在稀土开发利用过程中,由于稀土开发的相关管理条例不完善,导致稀土资源被过度、无序开采,这不仅造成了稀土资源的严重浪费,也导致了水土流失和环境污染等一系列生态与环境问题,其中尤以水土流失问题最为严重。在过去的 20 年里,赣州地区一直采用池浸、堆浸的“搬山式”稀土提炼方法,该方法操作简单、粗放,但是对地表植被破坏很大。例如池浸工艺,每开采 1 t 稀土就要破坏 200 m^2 的地表植被,剥离 300 m^2 的表土,产生 2 000 m^3 的尾砂,每年造成 1.2×10^7 m^3 的水土流失。由此可见,赣州市稀土矿开采一方面带来了巨大的经济效益,另一方面也造成了水土流失等一系列生态破坏问题。

3．环境污染

福建农业土壤重金属污染主要为Hg和Cd，其次为Pb。从地区分布来看，以工矿区周边的农田土壤污染比较严重，其次为工业活动区周边土壤，而传统农业区土壤未受污染或仅受轻微污染。沿海地区稻田的重金属污染问题应引起重视，基于土壤母质的Cd高背景值问题值得关注。闽西某矿区周边25个村庄稻田土壤重金属Cd、Pb、Cr均存在一定程度的超标，超标率分别达20%、14%和3%，且稻田产出的稻米重金属含量与稻田土壤重金属含量存在极显著的正相关。江西省是我国畜禽养殖大省，属于国家畜禽污染防治重点区域。然而，江西省畜禽养殖污染已成为最主要的农业污染源。畜禽养殖污染不仅是江西省农业源污染的最主要来源（2012年COD和氨氮分别占全省农业源排放总量的94.56%和80.47%），而且是江西省污染排放的大户（2012年COD和氨氮分别占全省排放总量的45.30%和39.50%）。贵州矿区和城市环境污染严重。经济建设一直是贵州省的重点任务，随着经济水平的不断提升，带来的环境污染问题也越来越严重，例如贵州各个地区的煤矿以及重金属矿区的环境污染十分严重，对工农业生产带来严重影响。贵州省铜仁市对于汞矿源开采已达600余年历史。在汞矿开采初期，由于开采技术落后，致使冶炼过程中所产生的汞废渣、含汞废水等大多数未经处理直接排放至周围环境。相关数据表明，1950—1988年，单是万山汞矿开采区向大气环境排放了未经处理的汞废渣量、汞废气量、废石量、废水量依次为338万m^3、203亿m^3、105万m^3、5 193万m^3。根据调查数据显示，贵州省铜仁市遭受汞污染土地非常严重，涉及36个村庄。根据调查，汞尾渣库周边大气、河流（水库）底泥、土壤汞含量超标严重。土法炼汞区和汞尾矿库周边大气汞浓度分别超标312倍和24倍，土壤总汞浓度最高超标153倍。

4．生物入侵

福建省地处东南沿海，气候温和，雨量充沛，适合有害生物生长。近年来，水葫芦、互花米草（也称大米草）、水花生、橘小实蝇等外来入侵生物给该省经济造成重大损失。据2005年普查，福建省外来林业有害生物共39种。又据统计，福建省的外来入侵植物种类繁多，达 72 种，占全国外来入侵植物总数的 80%。入侵的外来物种如福建宁德地区引进的互花米草，由于缺少天敌，气候条件适宜，因此迅速生长，占据生态位，破坏了原有的生态系统，使泥滩变为草地，危害了滩涂的生态环境，导致鱼、虾、水生植物的大量死亡。更有甚者入侵红树林，导致红树林大批死亡。而红树林具有防风消浪、护岸护堤、调节气候等功能，一旦被破坏将导致严重的后果。生物入侵不仅会改变物种组成，影响生态系统的结构，最终导致生物多样性的丧失，而且还会影响生态系统的生产力，影响土壤的营养水平和水分平衡。1990 年互花米草给福建宁德市东吾洋一带水产业的损失超过 1 000 万元。据《江西日报》2016 年 4 月 14 日（第 B03 版）报道，江西作为位居全国森林覆盖率第二位的生态大省和 13 个粮食主产区之一，目前全省通过非法途径入侵的外来杂草、昆虫等有害生物达 90 余种，并且呈现较快增长态势，给江西生态安全和经济发展带来巨大威胁。“十二五”期间，江西出入境检验检疫局共从进境货物和旅客携带物中截获外来有害生物 2 820 批、5 523 种次，年均增长 56.5%，其中，截获被称为“松树的癌症”的松材线虫、双钩异翅长蠹、假高粱等国家明令禁止入境的检疫性有害生物 82 种次，成效卓著。据《世界热带农业信息》2014 年第 3 期第 23 页报道，2013 年贵州省检验检疫局全面加强口岸检疫把关和后续监管，严防外来有害生物入侵，全年截获禁止进境货物 730 批，其中检疫性杂草三裂叶豚草为贵州首次截获。可见，三省生物入侵的问题是非常严重的。

5. 自然灾害

福州市依山面海，位于闽江下游，海岸线绵长。属典型的亚热带海洋性季风气候，雨量充沛，台风影响频繁，每年平均有 5 个台风影响（含登陆），主要发生于 6—10 月，以 7—9 月居多。受极端天气影响，近年来，福州市因台风、暴雨造成的洪涝灾害日渐突出严重，尤以台风洪涝灾害为重。2013 年台风“潭美”、2014 年台风“麦德姆”、2015 年台风“苏迪罗”和 2016 年台风“尼伯特”等台风带来的强降雨引发溪洪暴发、城区内涝、镇街受淹，造成房屋倒塌，道路、桥涵、农田和水利设施冲毁，给福州市造成巨大的损失。江西省是自然灾害较为严重的省份之一，灾害种类多，洪涝灾害突出，发生频率高，造成损失大，近年来先后发生2010年历史罕见暴雨洪涝、2013年严重干旱灾害、2016年是21世纪以来最大洪水等重特大自然灾害，给群众生命财产、生产生活造成严重影响。贵州旱涝灾害和地质灾害频发。由于贵州省大部分地区都属于喀斯特地貌，因此地表渗漏严重，土层的保水能力较差，这种地质条件也增加了气象灾害的发生，同时还给当地的农业生产以及生态环境恢复带来严重影响。由于矿区开采无序，导致贵州省土地资源被损坏，山体大面积裸露，地质灾害频繁出现。

6. 生物多样性衰退

由于化肥、农药等化学制品的大量使用，造成严重农业面源污染，并由此直接污染大气、水体、土壤，污染整个生态环境，对福建、江西、贵州三省的生物多样性造成严重影响。这里以江西崇义客家梯田系统（该系统被上海大世界基尼斯认证为“最大的客家体梯田”，并于2018年4月，与福建尤溪联合梯田、湖南新化紫鹊梯田和广西龙胜龙脊梯田一并以“中国南方稻作梯田系统”成为全球重要农业文化遗产）为例，说明生物多样性衰退的严峻现实。据调查，在江西崇义客家梯田生物多样性方面，到2014年年底，传统水稻种植面积明显减少，传统稻谷品种流失严重，生物多样性日益受到挑战；目前很多梯田改为旱地，由种植传统农作物变为种植经济作物，甚至很多地方已出现田地荒芜的迹象。在其他相关生物多样性方面，许多珍稀野生动植物由于人为原因已经几乎灭绝，濒危动植物种类还在增加中，亟须加强管理和保护。不仅农业（农田）生物多样性衰减，野生动植物生物多样性也面临“困境”，甚至“濒危”。造成这一严峻局面的原因在于：一方面，由于短期经济利益的驱使，人类的大量捕杀野生动物和挖掘珍稀植物，使得野生珍稀动植物种类减少；另一方面，人类的开发活动侵犯了它们的栖居地、破坏了它们的正常生活环境条件（包括造成污染和对植被的破坏），导致珍稀动植物不适应现在的环境而繁殖低下，数量变少。

7. 农产品安全仍然受到威胁

据福建省食品安全网络调查资料，目前福建省食品安全问题高发于粮油行业，其次为果蔬行业和休闲食品行业。2013 年各级政府食品安全风险监测点中，共排查发现质量安全风险 1 900 余个；查处食品违法经营案件 1 968 件，查处不符合食品安全标准的食品 5.93 万 kg。另外，当前福建农产品“三品一标”（无公害农产品、绿色食品、有机农产品和农产品地理标志）的认证率偏低，农业标准化生产水平不高，对农产品质量控制能力有限，农产品质量的监管难度较大。据《江西日报》2017 年 2 月 8 日（第 A01 版）报道，2016 年全省主要农产品合格率达到 98.8%，即是说还有 1.2%“不合格”。江西省农产品质量安全监管局强化农产品质量安全执法监管，继续开展专项整治行动，加大农产品安全执法力度，2016 年以来，共依法立案查处各类案件 844 起，说明农产品质量安全形势依然严峻，不可松懈。据《中国产经新闻》2018 年 5 月 25 日（第 005 版）报道，2017 年该省食品抽检合格率 97.86%，即尚有 2.14%的食品“不合格”。一句话，三省农产品质量安全仍然存在问题，亟待进一步加强监管。

四、对策

针对以上存在的问题，为加快推进国家生态文明试验区建设，必须采取以下对策和措施。

1. 治理生态环境

治理生态环境总的原则是：要突出科学性、系统性和全面性，切实提高治理综合效益。一是要对现有生态环境问题进行科学分析，并找出症结所在，“对症下药”，方能取得预期效果；二是治理生态环境时，要突出“系统”二字，即不能“头疼医头，脚疼医脚”，要从系统观点出发，做到系统治理、综合治理，才能见到实效；三是对现有生态环境问题要全面治理，不留“空白”和“死角”。

2. 保护生态环境

在治理生态环境问题的基础上，要高度重视对现有生态环境的保护，要爱护一山一水，保护一草一木。首先，保护生态环境不能有“旁观者”的心态。对于广大干部和群众来说，不当生态环境保护和生态文明建设的“旁观者”，而要当好自觉践行绿色发展理念的“践行者”“探索者”，要做到“撸起袖子加油干”。其次，保护生态环境要当“监督员”。即不仅我们自己要做好，还要带动周边的同志保护生态环境，对于“不保护”生态环境、“不建设”生态文明，甚至是“破坏”生态环境、“破坏”生态文明者，要进行监督、教育，甚至是“举报”“处理”。最后，要有“功成不必在我”“久久为功”的胸襟和魄力。只有这样，保护生态环境才能落到实处，才能真正实现“保护生态环境”的目标。

3. 建设生态环境

生态环境是人类生存和发展的基本条件，是经济、社会发展的基础。建设好生态环境，实现可持续发展，是我国现代化建设中必须始终坚持的一项基本方针。要发挥社会主义制度的优越性，发扬艰苦创业精神，大力开展植树种草活动，提高地面“绿色覆盖率”，这是建设生态环境最基础性的工作、最基础性的工程。要经过一代一代人长期地、持续地奋斗，建设绿色、秀美的祖国山川。

4. 发展绿色农业

绿色发展是现代化发展的内在要求，是国家生态文明试验区建设的重要组成部分。要实现绿色发展，就要发展绿色产业、绿色农业。近年来，由于化肥、农药过量使用，加之畜禽粪便、农作物秸秆、农膜资源化利用率不高，渔业捕捞强度过大，我国农业发展面临的资源压力日益加大，生态环境亮起“红灯”，农业到了必须加快转型升级、实现绿色发展的新阶段。可以说，大力发展绿色农业，是未来农业发展的重要方向。

5. 完善法律法规

近年来，全国生态环境的法律法规建设取得积极进展，尤其是“河长制”“湖长制”等的制定和实施，极大地推动了生态环境保护和生态文明建设。但从建设国家生态文明试验区的要求出发，福建、江西、贵州三省还应进一步建立、健全和完善相关法律法规。

6. 加强宣传教育

要重视加强农村生态环境保护法律法规的宣传教育，要引导和鼓励农民学习、宣传生态环境保护法律法规，为农村生态环境保护营造良好的舆论氛围。不断深化生态环境保护社会化宣传，是提高生态环境保护法律法规宣传社会效应、提高全社会生态文明意识和法制观念的有效手段，对于推动国家生态文明试验区建设具有重要作用。

7. 加强生态管理

加强生态管理，做好区域规划，明确“预防为主、保护优先、全面规划、综合治理、因地制宜、突出重点、科学管理、注重效益”的生态管理方法，坚持科学规划，强化监督管理，全力加强生态环境建设。

8. 弘扬生态文化

生态文化是国家生态文明试验区建设的重要支撑。千百年来，人民与大自然相互依存、和谐共处、共生繁荣，孕育了门类齐全、体系完整、独具特色的生态文化，凝缩为世代传承的生态智慧和文化瑰宝。弘扬生态文化是保护生态环境的迫切需求，是发展生态经济的迫切需求，是普惠民生的迫切需求。正如习近平总书记所指出的，生态环境没有替代品，用之不觉，失之难存。他多次强调：“在生态环境保护上，一定要树立大局观、长远观、整体观，不能因小失大、顾此失彼、寅吃卯粮、急功近利。”这不仅说明了生态环境之重要，更从另一方面说明了保护生态环境、弘扬生态文化之迫切。

9. 开展国际合作

现在的世界，是开放的世界，建设生态文明先行试验区，必须始终高度重视国际交流与合作，要实施“走出去，请进来”发展战略，最大限度地吸收国外的先进理念、先进技术、先进方法和先进经验等，只有这样，国家生态文明试验区建设才能加速推进，实现“高质量”发展。

参考文献

[1] 中办 国办印发《关于设立统一规范的国家生态文明试验区的意见》及《国家生态文明试验区实施方案》. 人民日报，2016-08-23（1 版）.

[2] 习近平. 决胜全面建成小康社会夺取新时代中国特色社会主义伟大胜利——在中国共产党第十九次全国代表大会上的报告（2017-10-18）. 北京：人民出版社，2017.

[3] 魏然. 国家生态文明试验区缘何落地福建？[N]. 中国环境报，2016-09-05（4 版）.

[4] 鄢玫，王金海，姚文滨. 江西该如何建设国家生态文明试验区[N]. 江西日报，2017-12-08（B03 版）

[5] 管弦，兴云. 贵州建设国家生态文明试验区正在进行时[N]. 中华工商时报，2017-07-05（8 版）.

[6] 黄国勤. 生态学与打造美丽中国“江西样板”——江西省高校生态学学科联盟成立大会暨首届学术年会论文集[M]. 北京：中国环境出版社，2017.

生态农业是我国农业发展的必由之路

张 鹏 黄国勤[①]

（江西农业大学生态科学研究中心，南昌 330045）

摘 要：发展生态农业，实现我国农业的可持续发展，其本质是不以破坏农业的可再生资源与降低环境质量为代价促使农业的发展，需要把保护环境和提高农业资源的利用与满足人类需要相结合，使农业的经济增长与农村生态环境的改善、生态文化的建设结合起来，达到“三效”协调，实现生产发展与生活富裕、生态文明的同步。在生产中，生态农业体现了整体、协调、循环、再生的原则，顺应了农业生产的自然规律和经济规律。随着我国建设小康社会对农产品优质、安全和农业可持续发展的要求越来越高，生态农业在现代农业和社会主义新农村建设中的地位和作用将日益增强。

关键词：生态农业 “三效”协调 可持续发展

纵观农业的发展史，可以看到世界农业的起源是多中心的，分为西亚、东亚、中美洲，大体上经历了三个发展阶段：一是原始农业，持续约 7 000 年；二是传统农业，持续约 3 000 年；三是现代农业，发展至今约 200 年。原始农业基本完成了农作物的驯化和现代家畜的驯化，在此阶段，农业在全球范围广泛传播，为

① 通信作者：黄国勤，教授、博士生导师，办公室电话：0791-83828143；手机：13627081298；电子邮箱：hgqjxes@sina.com。

以后的农业生产积累了大量的生产经验。随着牛耕、铁器的使用，结束了原始农业刀耕火种的状态，继而出现了传统农业，此时形成了比较完备的耕作体系，如选种、施肥、灌溉……此外形成农牧结合的生产方式推动了社会的发展。在形成农业生产技术及管理思想理论体系的传统农业之后，迎来了现代农业的发展，在这个阶段由经验型技术向科学型技术转变，农业的劳动生产效率显著提高。面对当今农业的发展，资源与环境问题日益突出，粮食的品质和安全的供需矛盾尖锐，因此必须找到一条农业可持续发展的道路，走兼顾经济效益、社会效益和生态效益的生态农业发展之路。

一、背景

首先，气候变化严重威胁着人类可持续发展[1]，据 IPCC 第五次评估报告预测，到 21 世纪末全球地表平均增温 0.3～4.8℃；全球大气 CO_2、CH_4 和 N_2O 等温室气体的浓度已上升到过去 80 万年来最高水平[2]。全球变暖引起降水格局的变化和极端干旱天气将是全球气候变化的重要特征之一，未来多数地区将因降水量的减少和土壤蒸发量的增加而面临严重的和大面积的干旱[3]。由此可见，随着全球环境变化和人类活动对生态系统影响的日益加深，生态系统结构和功能发生强烈变化，生态系统提供各类资源和服务的能力在显著下降，其中近年来最突出的就是全球气候变暖问题，如果农业生产方式继续原来的方式，农业的发展将面对严重的挑战，农业的发展必须寻找新的发展方向来应对，全面认识农业生态系统的结构功能与全球环境变化的关系，寻找新的发展方向，无疑此刻新型生态农业是当代可持续农业发展的一种重要方向。其次，在耕地方面，由于城市建设和水土流失以及其他原因，造成耕地面积减少，目前水土流失面积已经逐渐上升到了 56.2 万 hm^2，这一数值在整个流域面积当中所占的比重高达 31.2%，土壤流失量也达到了 22.4 亿 t[4]。在现代农业的背景下，由于长期施用化学肥料，导致土壤酸化严重，以及工农业生产过程中，产生“三废”、重金属等，对土壤造成污染，其中重金属污染的土壤达到 0.23 亿 km^2 [5]……长期以来，由于发展中国家片面追求农业经济的快速发展，农业生产过程中，化肥、农药的使用变得越来越广泛普遍，使得粮食、蔬菜、水果和其他农副产品中的有毒成分越来越多，严重地影响了食品安全，也使得人们对绿色生态环保食品变得越来越渴望，生态农业的发展将会从根本上改变这一局面；再者随着农村生活垃圾产量的增加、种类的增多，单纯依靠环境自身的消纳能力来解决垃圾问题已不现实，况且农村环境的消纳能力也在不断减弱，面对关于农业生态方面的种种问题，亟须找寻一条可持续发展的道路。因此尽快加强农业生态环境保护，大力推进生态农业发展势必要成为现代农业可持续发展的必然要求，也可以说，推进生态农业将改善农村居民生存环境，影响和改变其生活方式，更好地提高人们的生活质量。

二、生态农业概况

"生态农业"最初是由美国土壤学家 William Alboreeht 于 1970 年首次提出。此后，英国农学家 Worthington 发展并充实了生态农业的内涵，将生态农业定义为"生态上能自我维持，低输入，经济上有生命力，在环境、伦理和审美方面可接受的小型农业"[6]。生态农业依据的原理包括生物与生态环境的关系以及生物种群之间的相互关联，简单来说就是在农业生产中，妥善安排生物种群时空分布与互补互利关系，充分利用光、热、时、空等条件，建立多层次配置，多种生物共处，采取立体种植、立体养殖或立体种养殖相结合，发展高效持续农业[7]。农作物生长受其环境的制约，农作物也会影响环境，在生态农业中，需要了解农作物与生态环境的相互关系；此外生物种群间也是相互关联的，如相互制约、相互促进、协同进化，以及生物种群之间的生态位关系，这些都是生态农业中的基本原理。通过间作套种的措施，可以充分利用光能。这些生物之间的相互关系问题是生态农业发展的基础，要熟知并运用这些原理有利于生态农业的健康发展。

三、当前我国农业发展面对的困境

1. 农民知识水平偏低

我国农业现阶段取得的迅速发展，无论是在耕作制度、农产品品种、农产品质量、农业生产力水平等，但随着经济的发展和人口的增加，产生了不少限制农业发展的因素，这样势必会影响农业的可持续发展，近年来，对于环境保护和资源可持续利用的重视使得生态农业的发展日益凸显，并且经实践证明是可行的，是实现农业现代化和农业可持续发展的必要途径[8]。近年来随着我国教育事业的发展，人民接受教育的普及率越来越高，但是具备高水平知识的从事农业基础工作的人却没有增加，所以我国总体的农业劳动者受教育水平参差不齐，面对此种境地，必须提高基础农业劳动者的知识水平才能更好地发展生态农业，知识水平偏低会造成法律意识和竞争意识的淡薄，以及缺乏创造力。当今自给自足的小农经济和自然农业满足不了农业的可持续发展。

2. 生态环境形势严峻

在大气污染方面，最严重的就是排入大气中的二氧化硫气体所形成的酸雨对农业生态系统极具破坏性，能够使整片森林、草田以及农田都演变成为荒芜之地[9]。大气污染的问题在当今越来越严重，这会对农业产生极其严重的危害，在农作物生长季，辐射减弱效应随着多云天数的增加而增强，其对玉米、小麦和水稻产量的影响分别为−10%、±5%和±10%[10]。其次，水在农业生产中是最重要的资源之一，我国的淡水资源十分紧缺，要满足日益增长的农业水资源需求有些勉强，在生活中和农业生产中要减少、避免浪费和污染。

3. 土壤污染严重

化肥、农药及其他农用化学品在使用过程中的不合理，使农业生产的生态环境表现出不断恶化的趋势，化学品投入量逐年增加，但其效益却递减，使得水、土、农产品及生物内残留量增多。过量以及滥用化肥、农药对生产者以及消费者的健康造成了严重的危害，更加严重的是破坏了农业生态系统的生物多样化。

4．农业废物污染严重

农业废物是农作物收割、畜禽养殖以及农产品加工等过程中所排放出来的废物，包括了农作物秸秆以及畜禽粪便等。从资源经济学的角度上来看，这些农业废物的本身就是某种物质和能量的载体，是一种特殊形态的农业资源。传统上，以家庭为单位的散养方式，畜禽粪便可以作为农作物的有机肥料及时用于农业生产，保持了良好的生态平衡，一般不会产生严重的环境污染[11]。但在规模化养殖方式下，畜禽粪便量大且比较集中，由于缺乏足够的耕地承载，不可能完全实现直接还田利用，因而从环境污染风险的角度来看，规模化畜禽养殖是畜禽养殖环境污染的主要方面[12]。

四、我国发展生态农业的必要性

1．生态农业是发展可持续发展的最佳选择

实行生态农业，可以避免石油农业背景下所造成的不良影响，同时有利于农业的绿色发展，以及使得农业生产效率显著提升。所以，目前我们需要做的就是要尽可能地对自然资源进行充分的利用，来促使农业生产力的有效提升；来促进农业、林业、牧业、渔业等都得到发展，最终促进社会、经济以及生态的可持续发展[13]。

2．生态农业的发展符合我国农村经济状况

生态农业在某种程度上不需要大量投入资金，其重要的内容是在整个系统过程中实现物质的充分循环利用，比如太阳能和其他一系列自然资源，这样可以得到长期并且稳定的经济效益，生态农业有助于提高农民收入，通过促使资源提高利用率和农产品的附加值来提高农村经济发展水平，生态农业促使当今农业走向规模化的经营方式。

3．生态农业的发展是贯彻科学发展并促进社会和谐的重要途径

贯彻落实科学发展的观念，要求人与自然和谐相处，正确处理经济与环境的关系，不能以破坏生态环境来促使经济增长，明确人、社会、自然三者的和谐关系才是可持续发展的本质，而生态农业可实现农业的可持续发展，不光满足人们粮食“量”的问题，还逐步解决粮食“质”的问题，在经济增长的基础上，发展生态农业无疑是最佳选择。随着我国的经济发展和社会发展，生态农业应运而生并迅速得到广大民众的认可，因此，在各方面的需求中，发展生态农业成为实现农业现代化的必要途径[14]。

五、生态农业的模式

生态农业模式共同的特点是综合利用农业资源和农业废物，并且因地制宜[15]；发展生态农业，在明确生态原理的基础上，最重要的是找寻适合当地发展的生态模式，这样才能使生态效益、经济效益、社会效益三者达到最大。以下简单介绍三种成功的生态农业模式。

1．沼气为纽带的生态种养模式

对于沼气为纽带的这种生态种养模式来讲，毫无疑问就是把沼气作为主要纽带的，是把水田作为基础的，通过沼气和水田的有机结合来进行种养[16]。过程就是：沼气池—沼肥—水田—秸秆—猪牛栏—沼气池—沼肥，其中厕所以及猪牛栏都是和沼气池相连接的，粪便通过沼气池的发酵之后，所得的沼渣以及沼液等用作作物的养分，另外在水田当中进行鸭的放养，安装频振式杀虫灯，利用这些来总体提高农业生产水平并且保护了环境[17]。这种生态模式下，首先由于沼肥易被农作物吸收，从而使作物产量提高；另外，频振式杀虫灯加上稻鸭共育的形式有效地杀灭和控制害虫，是有效的环保杀虫方式，这样也减轻了作物的病害。此外，以沼气为纽带把种植业、养殖业和加工业紧密结合起来，通过沼气发酵来处理大量的废物（畜禽粪尿、农作物秸秆、农产品加工废物），不仅有效防治了环境污染，

还达到了对粪便和污水的标准排放和综合利用；同时，沼气发酵的残余物沼液和沼渣，可以种稻、种菜、种果、养鱼等，起到改良土壤、提高生物产量和质量、生产无公害产品的作用，从而实现农业废物的循环利用。

2. 牧草—鹅—鲜食玉米的双链型生态农业模式

牧草—鹅—鲜食玉米的双链型生态农业模式是在扬州市的生态农业示范基地总结研究出来的，这种生态农业模式打破了传统的稻—麦轮作种植方式，实行牧草—鹅—鲜食玉米种植与养殖相结合模式，可优化农业生产结构，实现农业资源循环利用，保护农业生态环境，提高农业生产整体效益；并且牧草—鹅—鲜食玉米双链型生态农业模式会根据市场的需求，进行规模化无公害鲜食玉米和鹅的生产，并将玉米秸秆和鹅粪进行肥料化利用。自 2002 年扬州市生态农业示范基地使用此模式，经济效益为传统稻—麦轮作种植的 5.4 倍，此模式净效益为 4.215 万元/hm^2，牧草—鹅—鲜食玉米双链型生态农业模式净效益为 4.215 万元/hm^2，其中种植鲜食玉米 2.7 万元/hm^2，种草养鹅 1.515 万元/hm^2[18]。这种生态模式一是可以充分地利用空间资源种植作物；二是利用有机肥（鹅粪等）代替化肥保护环境；三是种植制度的改善能有效防治病虫草害，而且社会效益和生态效益显著，不仅提高农产品品质，还能有效地促进循环经济的发展。

3. “四位一体”的生态农业模式

对于“四位一体”的生态农业模式来讲，它的应用基本上是在我国的北方地区，这一模式是把沼气作为基础和平台，配之以种植和养殖，加上我们运用一些生物转换技术，就可以把沼气池、畜舍、厕所和日光温室等进行联合，从而构建起一个综合利用系统[19]。比较典型的就是辽宁的“四位一体”模式，根据 2006 年辽宁省农业统计年鉴，2005 年辽宁省朝阳市人均年收入为 2 872.1 元，一个三口之家的家庭年收入在 8 616 元左右，采用该模式获得的效益要比普通农户的效益增加了近 1 倍[20]。可以看出，这种模式将种植业、养殖业以及生产和生活进行了良好地结合，既增加了农民收入和解决农村剩余劳动力问题，又实现了生态系统物流和能流的良性循环，这种生态模式可以在适合的农村地区推广应用。

六、小结

当代经济飞速发展，在农业中需要寻找新的方向使得原有农业可持续发展。目前，生态农业展现了其强大的生命力，为我国农业赋予了新的时代特征，生态农业是我国目前农业发展的一个必然选择，是实现我国农业可持续发展的一个根本途径。此外，关于生态农业的可持续发展，还必须认清这是一个政府和建设者共同努力，由基础农业从事者实施的过程，每一个参与者要树立正确的观念；政府部门在科研从事者找到适合本区域的生态模式时，结合当地能力，要做出合理的农业产业结构调整，并在此基础上，加大科技创新的投入力度，构建最终的农业服务体系，使各方面的效益达到最大化。此外，解决目前农业生产中的环境污染问题，减少、避免出现新的污染问题，逐步解决生态破坏问题和发展生态农业，最终提升我国生态农业的水平，达到生态、农业、经济、社会和环境的协调发展。

参考文献

[1] 郑大玮，潘志华. 适应气候变化的意义[J]. 中国西部科技，2015，14（4）：40-41.

[2] 杨玉盛. 全球环境变化对典型生态系统的影响研究：现状、挑战与发展趋势[J]. 生态学报，2017，37（1）：1-11.

[3] Dai A. Increasing drought under global warming in observations and models[J]. Nature Climate Change，2012，3（1）：52-58.

[4] 郭玉笔. 生态文明视角下高效生态农业模式的研究[D]. 福建农林大学，2013.

[5] 施朋来. 我国耕地资源现状及肥料施用探讨[J]. 现代农业科技，2015（24）：214.

[6] Kerr M，et al. Integrating the supply chain trough Webenabled CAX systems [J]. TheInstitution of Electric Engineers. 1999，1-4.

[7] 薛丽敏. 生态农业发展模式研究——昌乐县生态农业发展研究[D]. 泰安：山东农业大学，

2014.

[8] 王慕镇. 生态文明视野下我国生态农业发展研究[D]. 南昌：南昌大学，2008.

[9] 齐振宏，齐振彪. 农业生态危机的现状、成因与对策初探[J]. 农业经济，2002（4）：11-12.

[10] Greenwald R，Bergin M H，Xu J，et al. The influence of aerosols on cropproduction：A study using the CERES crop model[J]. Agricultural Systems，2006，89（2-3）：390-413.

[11] 国家环境保护总局自然生态保护司. 全国规模化畜禽养殖业污染情况调查及防治对策[M]. 北京：中国环境科学出版社，2002：24-26.

[12] 王凯军，金冬霞，赵淑霞，等. 畜禽养殖污染防治技术与政策[M]. 北京：化学工业出版社，2004：7-69.

[13] 李春燕. 论发展生态农业是农业经济可持续发展的主要途径[J]. 众科技，2006（9）：25.

[14] 颜景辰. 世界生态农业的发展趋势和启示[J]. 世界农业，2005（7）：5.

[15] 吕坤. 新时期我国生态农业发展探讨[J]. 安徽农业科学，2010（3）：72-77.

[16] 倪慎军. 沼气生态农业与技术应用[M]. 北京：北京化学出版社，2007：22.

[17] 王颖. 我国生态农业产业化研究[D]. 合肥：安徽大学，2010：51.

[18] 张家宏，王守红，白和盛，等. 牧草—鹅—鲜食玉米双链型生态农业模式高效配套技术研究[J]. 中国生态农业学报，2005，13（2）：167-169.

[19] 吴文良. 我国不同类型区生态农业县建设的基本途径与典型模式[J]. 生态农业研究，2008（8）

[20] 李金才，邱建军，任天志，等. 北方“四位一体”生态农业模式功能与效益分析研究[J]. 中国农业资源与区划，2009，30（3）：46-50.

保护耕地资源 促进农业可持续发展

李 萍 黄国勤[①]

（江西农业大学生态科学研究中心，南昌 330045）

摘 要：农业的可持续发展很大程度上取决于耕地资源的保护，但当前高速发展的城镇化和不合理的农业产业结构，给我国农业的可持续发展带来了巨大的压力。本文简述了保护耕地促进农业可持续发展的重要性，论述了当前耕地存在的问题，最后提出解决耕地资源问题的对策，为促进农业可持续发展提供借鉴。

关键词：耕地资源 农业可持续发展

随着人口、粮食、资源与环境的矛盾日益加剧，实行可持续发展战略是中国发展的必然选择。我国农业生产历史悠久，是一个传统农业大国。农业可持续发展是中国实施可持续发展战略的重要内容[1]。早在春秋战国时期，我国就出现了“不涸泽而渔，不焚林而猎”等一系列朴素的农业可持续发展思想，提倡资源的永续利用。近年来，我国农业生产实现了较快发展，粮食产量呈连年增长趋势，粮食供给中的数量不足问题已经得到明显改善，但农业的可持续发展问题一直制约我国农业供给质量的进一步提升，全面实施农业可持续发展战略迫在眉睫。因此，

① 通信作者：黄国勤，教授、博士生导师，办公室电话：0791-83828143；手机：13627081298；电子邮箱：hgqjxes@sina.com。

总结现阶段我国耕地资源存在的问题，并在此基础上探讨具有实践意义的解决对策，对于土壤培育和科学施肥，促进农业可持续发展具有重要意义[2]。

一、保护耕地资源促进农业可持续发展的重要性

1．保护耕地资源的重要性

“我国人多地少，任何时候都要守住耕地红线，守住基本农田红线。”新形势下加强耕地保护工作的重要性和紧迫性毋庸置疑。粮食需求量大，人均耕地占有量少，是我国的基本国情。第二次全国土地调查结果显示，我国实有耕地 20.27 亿亩，但扣除难以稳定利用、重中度污染及沉降塌陷等耕地，实际能够长期稳定利用的也就 18 亿亩多。随着工业化、城镇化的快速推进，资源环境承载力日趋增大，保护耕地、保障国家粮食安全的任务越来越重。因此，严格划定、特殊保护永久基本农田，严格规范设施农用地管理，成为当前保护耕地的一项重要而紧迫的工作[3]。

2．实施农业可持续发展战略的必要性

农业是中国国民经济的基础，农业可持续发展是中国实施可持续发展战略的根本保证和优先领域，是中国社会经济可持续发展的重要组成部分，是中国 21 世纪农业发展必然选择。中国人多地少，人均资源相对紧缺，地区发展不平衡，经济技术基础相对薄弱。近年来，农业整体生产力虽然明显提高，但开发与治理不够协调，致使农业生态环境恶化加重；人口仍然每年以 1 000 多万的速度增加，农业的压力还在不断增大，这就要求中国农业发展必须走资源节约，生产集约高效，保护农业环境的可持续发展道路。

二、当前耕地存在的问题

1．作物单一种植，土壤养分消耗严重

土壤中适合作物生长需求的养分是有限的，长期单一种植一种作物，必然导致土壤养分单一消耗。土壤中固有的养分被挖掘一空，农民供给的养分单一，无法补充土壤结构中大量成分，作物根系分泌物及秸秆、根茬腐解物等逐年累计增多，造成土壤结构的破坏，也使作物根际微生物发生变化，使土壤环境恶化，改变土壤固有的养分结构，破坏了土壤固有的环境，抑制土壤中各种有益微生物大量生长繁殖，一些有益微生物数量不断减少，相反，大量根际有毒害物质不断增加，从而导致作物根部病虫害不断加剧，如大豆褐秆病、孢囊线虫病等，使耕地资源遭到破坏。为此，调整种植结构，进行合理轮作是农业可持续生产的关键[4]。

2．土壤养分缺乏，质量下降

由于农业生产水平与复种指数的提高、人们忽视有机肥、化肥不合理施用等，耕地质量出现下降趋势，综合表现为土壤基础肥力与 20 世纪 80 年代相比仍在继续下降（土壤有机质、有效氮和速效钾等土壤养分含量降低），土壤物理性状变差（如耕层变浅容重增加），土壤缓冲能力下降，各种污染加剧等，已明显地制约着农业的可持续发展。在中国，占所有耕地 60%以上的中低产田中，普遍存在着养分贫瘠问题。绝大多数耕地都缺氮，1/2 的耕地缺磷，1/2～2/3 的耕地缺钾，还有相当大比例的耕地同时存在中、微量元素缺乏问题[5]。据 2015 年弥渡县测土配方施肥数据显示，该县耕地中 50%以上的土地表现出缺磷的状态，而 75%的土地表现出缺钾的状态，另有 35% 土地表现出缺锌、锰等养分，这充分表明在农业发展过程中呈现出土壤缺乏肥料的问题[6]。

3．耕地污染、退化严重，耕地流失仍然存在

中国有 1/3 的耕地受到水土流失的危害，有占全国耕地面积 16%的耕地受工业“三废”、乡镇企业、农药污染，全国重金属污染的土壤超过 0.23 亿 km^2。近

几年来，城镇扩张、乡镇企业发展、住房建设、耕地沙化、废弃土地等，致使平均每年减少耕地 82.2 万 km^2[7, 8]。

根据国土资源部提供的土地变更调查结果，截至 2006 年 10 月 31 日，中国的耕地面积为 18.27 亿亩，接近中国耕地 18 亿亩的警戒线。西方学者认为耕地面积如果达不到人均 6 亩，是很难长期合理解决粮食问题的，中国土地承载力（有限土地上的最大人口承载量）早已超越极限。耕地是国土的精华，一方面耕地承载力已超过极限；另一方面耕地还在急速减少，能否保护有限的耕地资源，直接影响中国农业的可持续发展。

4．化学肥料资源紧缺，有机肥料资源浪费

在积极增加化肥投入并取得明显成效的同时，中国化肥资源面临短缺的局面。用以生产合成氨原料的煤、焦炭和天然气等不可再生能源越来越少；中国磷矿资源虽然较为丰富，但磷矿分布不平衡，且品位较低，约占 85%的磷矿集中于西南和中南地区的云、贵、川、湘、鄂五省，形成了“南富北贫”“南磷北运”的状况，不利于农业生产；中国钾肥资源相当贫乏，主要分布在青海、云南、四川等省，中国钾盐矿极少，品位太低，浮选困难，未能规模生产，钾肥主要从加拿大和俄罗斯等国外进口。另外，经济的发展带动养殖业兴起，规模化养殖场产生大量的畜禽粪便等有机肥料资源，随意堆放，未能充分利用，造成环境污染、养分资源浪费严重。

5．施肥比例、化肥结构不合理，化学肥料利用率低

当前农业生产中氮、磷比例趋于合理，钾肥比例过低，中、微量养分肥料施用不足，致使农田钾素亏缺，中、微量元素养分开始出现缺乏。在国内化肥市场上，单质化肥和低浓度复合肥比例大而高浓度复合肥比例小，普广性肥料多而专用性肥料少，肥料品种结构不合理。农业生产中地区肥料投入不平衡，西部经济欠发达地区年施肥量低，而沿海和城郊发达地区化肥（尤其是氮肥）超量施用，蔬菜等作物施肥量过大，分配不当，导致肥效下降。资料表明，1984—1994 年，化肥施用量增长 90%，而粮食产量增加 9%，中国占有 9%的世界耕地，用了约 30%

的世界化肥。中国化肥当季利用率低，氮肥为 15%～35%、磷肥为 10%～20%，钾肥为 35～50%[9]。

6. 不合理施肥给生态环境带来巨大压力

部分地区在农业生产过程中大量施用化肥，尤其是氮肥和磷肥，造成地表水中氮、磷富集，引起水体富营养化；由于氮肥的大量施用，导致施入土壤中氮素以 NH_3 大量挥发，农田氧化亚氮排放量增强，造成大气污染；长期大量施用含有毒物质如砷、铜、铬、氟等元素的磷肥，造成土壤化学污染；一些地区向农田中施用含有碎玻璃、旧金属片及塑料薄膜袋等未经处理的有机肥料会破坏土壤结构；未经腐熟的人畜粪便含有大肠杆菌和蛔虫等病原体，施入土壤造成生物污染。这些给生态环境带来巨大压力[10]。

7. 土壤没有及时施肥

虽然土地本身含有一定的矿物质和微量元素，能够为农作物的生长提供最基本的物质和能量来源。然而土地中矿物质及微量元素的含量是一定的，农作物会不断地吸收土壤中的养分，将土地中的养分转化为自身的生长。这个过程会最终导致土壤中的养分含量减少，土壤肥力下降。很多农民由于文化程度低，且未能接受科学的农业生产指导，没有对土壤进行及时的施肥，进而导致土壤肥力下降，生产能力下降。与此同时，若对土壤不按时进行施肥，土壤中流失的养分未能得到及时的补充，容易加剧土壤盐碱化进程，严重破坏土壤自身的修复能力，这也是影响农业持续发展的主要原因之一。

8. 土壤施肥的造假问题严重

改革开放以来，随着农业合作社的瓦解以及社会主义市场体制的建立和逐步完善，农业生产资料商品化程度进一步提升，土壤肥料的销售主要依靠市场机制来完成。市场机制存在很多固有的弊端，导致土壤肥料制假、掺假问题普遍。究其原因，主要有以下两点：第一，肥料的制造过程简单，短时间内难以分辨真假。土壤肥料在购买时没办法判断其效果，只有施用后，在农作物的生长过程中才能看到其效果。一般来讲，农作物的生长周期长，即便是农民将买回家的肥料及时施用，也无法立即农作判断其真伪。第二，肥料的需求量大，农民缺乏专业的检验真假的知识。判断肥料的真假性，依靠于专业的检验技术和判断手段，农民不具备相关专业知识，也无法及时寻求农业推广人员的帮助，购买了假肥料也只能忍气吞声，从而进一步纵容了土壤施肥肥料的造假现象[11]。

9. 土壤肥料科技发展缓慢

科技是推动农业生产能力提升的坚实后盾。现阶段，我国农业科技发展取得了一定的成就，诸多先进的科技成果源源不断地向农业渗透，转化为农业生产能力。然而，大部分农业科技集中于农作物新物种的培育以及产量的提升方面，对土壤肥料的重视程度有待加强。与此同时，我国疆域广阔，不同地区的土壤类型不同，农作物生长所需要的矿物质和微量元素也存在较大差距，现阶段的土壤肥料同质化现象严重，缺乏专门性、有针对性的土壤肥料。

三、对策

1. 建立和健全耕地资源保护法，保护有限的耕地资源

耕地保护法律关系是指在耕地资源开发、利用和保护管理中产生的，由土地法律规范予以确认的具有权利和义务内容的社会关系。中国重视耕地资源保护的立法工作，但制度尚不完善，相应的政策法规缺位，导致耕地保护工作的实际效果不佳。应明确耕地资源保护立法的价值，调整耕地保护法律关系，构建完整的法律制度体系，逐步建立并完善农地发展权制度。各级政府和农业部门要高度重视耕地保护，建立健全有关保护耕地的法律法规，严格控制非农占地和破坏耕地，强化耕地利用管理，加强耕地资源的调查研究等[12, 13]。

2. 增施有机肥料，加强耕地保育工作

耕地保育的目标是提高耕地土壤的肥力质量、环境质量和健康质量；要求耕层深厚、物理性状好、水肥气热协调、保肥供肥能力强、蓄水保墒、缓冲性能强、无污染。耕地保育的关键环节是提高土壤均衡供应各种养分的能力，增加土壤—

作物体系物质和能量循环的容量和强度。我国有机肥料资源丰富，数千年来，我国农民一直靠农家肥和种植豆科作物维持土壤肥力，今后中国的肥料供应仍然必须以有机肥为基础，有机肥与化肥相结合。在低肥力土壤上要充分利用有机肥料资源，建立科学的有机—无机结合的科学施肥体系，因土因作物施肥，向土壤—作物体系中输入物质和能量，加大物质和能量循环的容量和强度，提高土壤均衡供应各种养分的能力。高肥力土壤则要注意养分投入和产出的平衡，加快农田系统中物质的循环和能量的流通，保持土壤均衡供应各种养分的能力。

3．加强土壤肥料基础性研究工作，为土壤培肥科学施肥提供理论依据

土壤肥力长期监测研究是农业科学一项重要的基础性野外试验工作，其研究结果为现代农业方式的建立和发展奠定了实践基础，如英国洛桑的经典长期肥料试验被誉为是全世界的瑰宝。中国“国家土壤肥力与肥料效益长期监测基地网”是目前保护得最为完整、覆盖面最大、具有网络试验特征的大型长期肥料试验群。目前面临问题是缺少经费和队伍不稳定，不少试验正在被迫关闭或丢弃。应加强土壤肥力监测基地建设，实时掌握全国和各地区土壤养分和生产力状况；建立国家肥料效益试验网，实时掌握全国和各主要农区主要作物对氮磷钾和中微量元素肥料的反应和施肥的增产效益；借助信息、数据库、网络技术等，建成全国性的土壤肥料信息交流和管理系统。

4．研制新型化肥，改进施肥技术，提高化肥利用率

常规化肥利用率低带来高环境风险一直是影响农业发展的重要因素，世界各国都在积极探索提高肥料利用率的途径。当前以缓/控释肥料为代表的新型肥料成为研究与开发的热点。缓/控释肥料主要优点是养分释放与作物吸收同步，一次性施肥满足作物整个生长期的需要，减少肥料损失、提高肥料利用率，且对环境友好。众多专家预言，缓/控释肥料[14]将是 21 世纪肥料产业的重要发展方向。利用“3S”（GIS，GPS，RS）技术对农田养分精准管理和精准施肥技术在发达国家发展很快，按照田间每一操作单元上的具体条件，可以相应地调整投入物资的施入量，达到减少浪费、增加收入、保护农业资源和改善环境质量的目的。国际植物营养研究所（IPNI）中国项目部以平衡施肥为主要内容，20 多年来致力于中国各地区农作物的科学施肥，取得了显著的成绩[15]。科技部 2004 年开始实施的“测土配方施肥”工程，因作物合理施肥，既可培肥改良土壤，又能提高肥料利用率，推动了农业的发展[16, 17]。

5. 实行养分资源综合管理战略，促进养分循环利用

张福锁等[18, 19]专家把用于作物生产的各种来源的养分，包括土壤中存储的、来自大气沉降等环境中的和化肥、有机肥，以及生物固氮等所提供的养分都作为养分资源，提出“养分资源”的概念，为目前中国只重视化肥投入而忽视其他养分作用的观念提出了新的观点。经过 10 余年的国内与国际合作研究，又提出了“养分资源综合管理”的概念，建立了养分资源综合管理理论与技术体系，从农田生态系统出发，在综合利用所有来自土壤、大气沉降、灌溉、生物固氮等养分资源的基础上，通过化肥和有机肥的合理投入，结合土壤培肥与土壤保护、合理灌溉、植物品种改良及其他农业技术措施的综合运用，协调农业生态系统中养分的投入产出平衡，调节养分循环与利用强度，实现养分资源高效利用，使生产、生态、环境和经济效益协调发展[20]。

6. 合理应用微生物肥料

在农业可持续发展过程中，传统土壤肥料应用结构已经无法满足农业发展需求，因而在此基础上，为了落实“可持续发展理念”，应注重由基层干部村支部书记组织村支部活动，并聘请专业的技术人员，对现代微生物技术应用进行宣传，引导农民在农作物等种植过程中加强微生物肥料的应用。如在微生物肥料应用过程中，可结合土壤肥料特点，施用氮肥，对土壤中氮素结构进行调节，以达到根瘤菌、固氮蓝藻、固氮菌等改善目的[21]。

7. 加大对假冒伪劣肥料的打击力度

假冒伪劣肥料一直对农业发展造成巨大的影响，而且也对正常的肥料市场经济造成扰乱作用，因而要避免出现这一问题。相关农业管理部门应当重点对这些假冒伪劣肥料的生产厂商、销售商以及经销商等整个生产销售产业链进行打击，

并且制定真伪肥料鉴定标准，任何市场销售的肥料都需要通过权威的检测，而且执法部门应当加大假冒伪劣肥料生产销售产业链的各个关系方的处罚程度，从而加大造假、制假、贩假的成本，以从根本上杜绝假冒伪劣产品流入市场[22]。

8. 引导农户科学、定量对土壤施肥

现阶段，我国农业生产的集中化程度仍然不足，各地区的农业生产分散化现象普遍，因而分散的农户是土壤肥料施用的主体。各个地区要充分发挥农业推广人员的积极作用，引导农户对土壤按时施肥，保持土壤的有机物和各种营养成分能够及时得到补充，保证土壤的养肥含量，确保土壤肥力不下降。与此同时，要引导农户按照不同的农作物类型、不同的生长期，来有针对性地施用最合适农作物生长的肥料。

9. 秉持因地制宜原则

在当前土壤肥料使用过程中，有机肥使用量与无机肥使用量呈现出比例失衡现象。因而在当前农业可持续发展过程中，应注重贯彻“因地制宜”发展理念，即首先在土壤肥料失衡现象处理过程中，应注重鼓励养殖造肥行为的开展，如积攒圈肥、堆制肥料等，就此将绿肥更好地应用于农产品种植中，满足农作物生长需求。其次，在农业土壤肥料应用问题处理过程中，亦应注重建构土壤肥料应用规定与制度，即结合当地土壤肥料使用状况，明确土壤有机质目标，且界定乱用化肥制止行为，最终以制度手段规避因农药等的使用破坏土壤状况[23]。最后，在“因地制宜”农业发展战略实施过程中，亦应注重做好工业用水管理工作，继而防止因水体污染恶化土壤，最终影响农作物正常成长，威胁农产品安全。

参考文献

[1] 王宜伦，张许，谭金芳，等. 农业可持续发展中的土壤肥料问题与对策[J]. 中国农学通报，2008（11）：278-281.

[2] 王丹丹. 农业可持续发展中的土壤肥料问题与对策[J]. 农家参谋，2017（16）：5.

[3] 方向. 从土地伦理的角度看我国耕地资源的利用和保护[D]. 成都理工大学，2009.

[4] 任玲，李红. 关于保护耕地资源促进农业可持续发展的建议[J]. 黑河学刊，2009（4）：17-48.

[5] 张亚丽，沈其荣，姜洋. 有机肥料对镉污染土壤的改良效应[J]. 土壤学报，2001（2）：212-218.

[6] 向俐. 农业可持续发展中的土壤肥料问题与对策分析[J]. 四川农业科技，2016（10）：35-36.

[7] 郝亚琦，王益权. 土壤污染现状及修复对策[J]. 水土保持研究，2007（3）：249-250.

[8] 杨瑞珍，陈印军，郭淑敏. 中国耕地资源流失的深层原因及对策[J]. 中国农业资源与区划，2005（6）：37-41.

[9] 金继运，何萍，涂仕华. 我国农田土壤微量元素供应能力现状分析[J]. 中国农资，2006（3）：70-71.

[10] 赵秉强，杨相东，李燕婷，等. 我国新型肥料发展若干问题的探讨[J]. 磷肥与复肥，2012（3）：1-4.

[11] 郑珊，张凌飞. 不同类型农户参与农村生态环境治理意愿影响因素探析——基于环保型化肥、农药使用视角[J]. 南方农业，2017（12）：100-101.

[12] 肖顺武. 论耕地保护法律制度之完善——基于粮食安全视角的解析[J]. 西南政法大学学报，2006（4）：59-64.

[13] 梁振杰，葛燕平. 对完善我国当前耕地资源保护法律制度的探讨[J]. 中国国土资源经济，2004（5）：31-33.

[14] 赵秉强，张福锁，廖宗文，等. 我国新型肥料发展战略研究[J]. 植物营养与肥料学报，2004（5）：536-545.

[15] 翁伯琦，赵雅静，郑祥洲，等. 现代农业发展中作物养分管理与调控[J]. 亚热带资源与环境学报，2014（2）：10-17.

[16] 白由路. 我国肥料产业面临的挑战与发展机遇[J]. 植物营养与肥料学报，2017（1）：1-8.

[17] 闫湘，金继运，何萍，等. 提高肥料利用率技术研究进展[J]. 中国农业科学，2008（2）：450-459.

[18] 张福锁，崔振岭，王激清，等. 中国土壤和植物养分管理现状与改进策略[J]. 植物学通报，

2007（6）：687-694.

[19] 张福锁，王激清，张卫峰，等. 中国主要粮食作物肥料利用率现状与提高途径[J]. 土壤学报，2008（5）：915-924.

[20] 许秀成，张福锁. 养分资源综合管理与肥料创新——探索化肥行业发展之道[J]. 磷肥与复肥，2007（3）：1-6.

[21] 龙秀娟. 农业可持续发展视野下土壤肥料存在的问题及对策[J]. 农技服务，2014（3）：15-16.

[22] 热孜万古丽·克力木. 农业可持续发展中的土壤肥料问题与对策[J]. 中国农业信息，2016（11）：7.

[23] 陈良松. 土壤肥料在六安市农业绿色发展工作中的重要作用、存在问题与对策[J]. 安徽农学通报，2014（15）：81-83.

加强植物保护　促进农业可持续发展

邱　琦[1]　黄国勤[1,2]①

（1. 江西农业大学农学院，南昌　330045;

2. 江西农业大学生态科学研究中心，南昌　330045）

摘　要：实现农业的可持续性发展的前提条件就是对植物的保护，而要实现对植物的保护也必须通过对农业的可持续性发展，这二者的关系是互相促进，缺一不可的。本文探讨我国在植物保护过程中出现的问题及解决问题的相应对策，对加强植物保护，促进农业可持续发展有所启发。

关键词：植物保护　农业可持续发展

优化资源配置，促进农业的可持续发展，已成为当今农业发展的必然趋势。我国是一个农业大国，工业发展是以农业作为经济基础的，农业的可持续发展可促进我国综合国力的增强，也是经济可持续发展的根本保证。随着我国农业的不断发展，农业的生产技术不断提高，以及全球气候环境的变化，导致农业生产环境改变，对于植物的生长来说一定会带来一些影响。因此，协调农业的可持续发展和植物保护两者间的关系在当下就有着比较重要的意义。合理、有效、综合地

---

① 通信作者：黄国勤，教授、博士生导师，办公室电话：0791-83828143；手机：13627081298；电子邮箱：hgqjxes@sina.com。

进行植物保护，预防病虫害，减少农药使用量，生产无污染的绿色食品，是实现植物保护与农业可持续发展和谐共进的关键[1]。

一、植物保护与农业可持续发展概述

所谓的植物保护就是为使植物生长期免受危害，应用综合性的学科知识对目标植物所采取的各种保护性措施，如除草和防治病虫害等，提高生产投入的回报，维护人类的物质利益和环境利益的实用科学。作为农业技术措施，主要是根据人类社会的实际需要所进行，按照有害生物（病、虫、草、鼠）发生发展的自然规律以及技术及管理的可能性，所进行的农事管理活动[2]。

农业可持续发展是我国社会经济可持续发展的重要组成部分，是我国21世纪农业发展必然选择。农业可持续发展主要包含两个方面内容[3]：一方面，能够在保证后代利益的前提下，满足当代人对农产品的供应需求；另一方面，维持生态系统内的供求平衡，能使环境保持一个良性循环。农业可持续发展，将产量、质量、效益、环境等诸多因素考虑在内，将人、自然、未来三者和谐地统一起来。

植物保护和农业可持续发展的关系当中，植物充当着人类所需能源供给的角色，是决定农业生产发展方向的首要因素，农业可持续发展不会破坏生态系统供给平衡，还能满足后代的能量需求的要求，也只有从植物保护入手，才有迹可循。实现农业的可持续性发展的前提条件就是对植物的保护，而要实现对植物的保护也必须通过对农业的可持续性发展[4]，这二者的关系是互相促进，缺一不可的。只有在这两者相辅相成的基础上才能够对于我国的农业发展起到促进作用。

二、当前我国植物保护存在的问题

植物是人类获取能量的主要来源，当今人们对于植物的需求不断地增加，为了能够提高植物的产量必然要采取一定的措施，如大量使用农药、过度开垦荒地等，势必会打破原有的生态平衡，给农业的可持续发展带来障碍和阻力[5]。

1．投入不合理

由于植物保护技术的科技含量高，在实行植物保护时，需要投入更多的资金和人力，但在实际操作中，往往对药物、机械的应用投入较多，对新药、机械的研制投入少；对病虫害问题暴发后的治理方面投入较多，对暴发机理、发生规律和监管的投入较少；对特发、暴发和新发生的病虫投入多，对罕见、难治理的病虫害研究投入较少；对短、平、快项目投入多，对基础研究和后效益项目投入少等[6]。这些问题都很难保证植物保护技术的持续进步，同时也会因为一些投入不合理的问题，引起检测和管理方面的失误，导致测报网络松散，为自谋生存而忽视公益性工作的现象严重。

2．滥用农药

病虫害的防治是植物高产的前提。应用化学农药防治农作物病虫害是当前农业生产上防治病虫害的主要手段。化学农药在目前的农业生产和植物保护中的作用已经无法被取代，但农药的大量使用引起的负面效应越来越严重，国内外的科学家因此也一再呼吁要减少农药的用量。现代农业要维持持续稳产、高产都离不开化学农药。根据相关的资料显示我国是农业病虫害发生危害严重的国家，每年用于病虫害防治的农药用量达 30 多万 t，其中大部分靠一家一户的农民去喷施。农药的使用，一方面清除病虫害，大幅提升产量；另一方面，也破坏了其原有的生长环境。如杀灭害虫的同时，益虫同样被毒死，破坏了原有的生物链条，违背了农业可持续发展的根本宗旨[7]。此外，施用农药的同时，改变了土壤、水分等的酸碱度，导致重金属、农药残留等含量严重超标，严重影响人类、动植物等的和谐发展，成为阻碍农业可持续发展的阻力所在[8]。

3．农药喷药设施落后

农业生产实践中，使用的喷药设施多数为手动型，产品制作较粗糙，经喷出的液体，直径在 40 mm，雾化效果不是很理想[9]。这样的喷雾，无形中增加了用药量，实际可利用率较低，不能发挥其应有的效应。由于喷药设施落后，一方面增加用药成本，造成不必要的浪费；另一方面加速了对环境的污染。

4. 用药不规范、不安全

我国农民的用药水平相对较低、无法做到科学合理地使用农药，且在安全用药的意识上也较差。我国有64%的农民在配药、喷药时不采取安全防护措施，1%的农民用药后随意扔掉空药瓶，33%的农户在床下、屋内随便摆放农药[10]。很多农民在喷洒农药时，不注意安全操作，高温酷暑下喷洒高毒杀虫剂，喷洒农药后没有及时清洗或在施药过程中吸烟、吃东西等，造成直接中毒。有些害虫抗药性较强，一般农药效果较差，菜农往往使用一些在蔬菜上禁止使用的高毒农药，如甲胺磷、久效磷、呋喃丹等；同时有些菜农为了蔬菜提早上市，大量使用激素类药品，而蔬菜又是时令食品，不可能等到农药残留期过去以后才上市，往往是今天打药明天上市，人们食用前又不注意清洗，这类中毒虽然也有急性中毒现象存在，但大多数是慢性积累中毒。当有毒农药在人体内积累到一定数量时就会出现各种病变，而这种中毒往往是在不知不觉中造成的，所以在人类生活中危害最大[11]。而且很多农民不了解作物病虫害相关知识，仅凭感觉和经验用药，并且片面追求速效性，不注意遵守安全间隔期，这不仅在植物的保护上没能够做到可持续发展，对环境造成污染，而且农民的身体健康也没有保障。

5. 病虫抗性增加，防治难度增大

由于长期以来过分依赖和不合理使用化学农药，导致病虫抗药性明显增强，防治成本增加，防治难度在逐年加大[12]。

农药的使用虽然短期内对植物保护起到了积极作用，但这绝对不是长久之计，这只会在植物保护与农业可持续性发展之间形成一个恶性循环，植物保护与农业可持续性发展是相辅相成的关系，如何从根本上保护好植物，并且保证生态平衡的稳定才是首要问题。

三、解决问题的对策

1．不断提高农民的植物保护意识

实践证明，农民的文化素质和科学种田水平成正比。据调查，主要劳动力文化程度在中学以上的农户比文盲农户平均单产高 18.9%，人均收入高 67.31%。农民文化素质提高了，科技意识就会增强，对科技推广项目接受能力提高，农药的正确使用才会成为现实[13]。因此，各级部门应努力营造提高农民文化素质的各种环境，不断提高和增强农民的植物保护意识。

2．科学使用化学农药，加快新型农药研制及推广应用

为了确保农业的可持续发展，首先，在使用各种化学农药时，既要对其使用的主要问题，如农药本身的质量问题及药品的使用不当问题等有所了解，又要对其使用条件，如化学特性、防治对象的生物学特性、危害规律及其使用的有关环境条件等有所认识[14]。同时，可通过选择合适的药物类型对症用药、选择合适用药时机、用药量及选择合理混合交替使用化学农药，还要注意使用的安全性和更新喷药设备等措施，达到用药量省、施药质量高、防治效果好、不发生药害、对有害生物不产生抗药性、对人畜、天敌及水生动物安全无害等要求[15]。其次，从目前来看，化学农药防治仍然是控制农业有害生物最快捷、最有效的方法，农药仍是支持农业可持续发展的重要手段，所以植保部门要高度重视高效、低用量、易分解、低残留农药等安全、经济的“绿色农药”的推广，加速“绿色植保”技术的普及。在实际工作中，还要加快新农药、新剂型、新防治技术的引进、试验示范和推广步伐，做好适用性、安全性评估，积极推广使用适合无公害农产品生产的农药品种，特别是生物农药等绿色农药[16]；采取技术措施，逐步降低高毒、高残留农药的使用量，提高农药利用率，降低防治成本；同时，加大农药市场的监管力度，打击经营假冒伪劣农药的行为[17]。

3．加大生物防治力度

可以把人类对害虫防治的方法归结为两大类，即化学防治和生物防治[18]。化学防治来得快速彻底，因为强调物种全部消灭，造成自然生态平衡的极大破坏；而以生物防治为主的综合防治措施，则能将有害生物控制在经济允许受害水平之下，维持自然与人类可持续发展的需求平衡[19]。采用生物防治配合其他防治措施，改变了过去定期施药的状况，减少了农药的施用次数，降低了农业成本，增加了农民收入，为我国国民经济和未来农业的可持续发展提供了广阔的前景[20]。

4．加强品种筛选鉴定工作，结合各地区病害种类选育抗病品种

植物病害的防治，最经济有效的方法是利用植物品种的抗病性。及时掌握各种病害的种类、分布及消长情况是抗病育种的基础工作。然而，我国在病害动态常年监测方面做得很不够。这项基础性工作，因其工作量大，年限长，经费紧张，人才流失严重，工作基本停止[21]，需引起有关方面的重视。要想保证抗病品种针对性强，抗病能力持久，必须随时掌握全国各地区主要病害种类、分布及消长动态，明确生理小种变化频率，此项工作将以常年监测、适时普查为保障。在此基础上，常年坚持品种抗病性鉴定工作[22]，筛选出对本地区生产具有针对性的抗病品种，并及时为育种部门提供病害信息。当今，由于生物技术迅速发展，转基因工程已在育种上得到应用，抗病育种已由单抗性向多抗性方向发展[23]，因此今后培育出的抗性品种抗病效果会更好。

5．加强生态调控，降低病菌来源

农业防治措施虽是一个老话题，但在生产应用上仍不失为一种有效的生态调控措施。合理轮作，清除病株残体，可以有效降低越冬菌源数量，明显减少初侵染来源[24]。增施优质农家肥，可以调节土壤养分，培肥地力，促进根系生长发育，使地上部植株生长良好，从而增强植株抗病力。秋翻地、深松土、中耕培土，不仅能破坏病虫越冬场所，而且能改善土壤的通透性，增加土壤有益微生物繁殖，创建不利于病原微生物繁殖的条件，对减轻病害作用很大[25]。适时晚播有避病作用，植株过密使田间郁闭潮湿，通风透光不良，易造成病害的流行和蔓延，应合

理密植[26]。因此，农业防治措施对减轻病害、增强作物抗病性具有一定的作用。

6. 把好种子关，减少初侵染来源

植物病害中多数与种子带菌传播病害有关。如病毒病，种子带菌在田间形成病苗是该病害的初侵染来源。霜霉病种子上附着的卵孢子是最主要的初侵染源。灰斑病以菌丝体存活在种子和残体里，带菌种子萌发后，幼苗子叶上有病斑，子叶上的病斑形成大量的孢子，为侵染幼叶提供了菌源[27]。细菌性斑点病的病原菌在残株和种子里越冬[28]，是主要的侵染源。因此，做好种子处理工作是防治此类病害的关键。例如，种子精选、药剂拌种、种子包衣等技术措施，可有效降低菌源数量。

7. 控制优势病害种类为主，因地制宜兼顾其他

因地制宜，以控制各地优势病害种类为主。如吉林省东部山区、半山区气候冷凉，多雨潮湿。大豆上多以灰斑病、霜霉病、细菌性斑点病为代表的一类叶部病害发生为主。应选用百菌清、多菌灵、甲霜灵、绿得保等一类叶面喷洒的杀菌剂及时防治，以控制病害蔓延，并能兼治其他叶部病害；中部平原地区以控制病毒病发生为主，在选用抗性品种基础上，重点要治蚜虫。另外还可用抗毒剂 1 号、病毒王、植病灵一类抗毒药剂辅助治疗[29]；西部地区干旱少雨，土质沙化、盐碱化，以防治大豆孢囊线虫病为主，兼防菌核病等。在选用抗病品种和采用农业防治措施基础上，沟施甲基异柳磷颗粒剂或穴施克线磷，重病田可撒施呋喃丹颗粒剂，还能兼治其他苗期害虫。菌核病发病初期，喷洒多硫悬浮剂、治萎灵复方菌核净等药剂进行防治。对有加重趋势的次要病害，如褐斑病，从现在起就应着手开展基础性研究，进而研究相应的防治技术措施。

参考文献

[1] 农业部种植业管理司. 树立植物保护新理念，促进农业可持续发展[J]. 中国农业信息，2006（5）：71-72.

[2] 葛素芬. 植物保护与无公害农产品生产的发展[J]. 现代农业科技，2007（24）：32-34.

[3] 常平生. 农牧结合是发展有中国特色可持续农业的战略需要[M]. 北京：中国农业科技出版社：1997：246-248.

[4] 陈成斌. 试论我国农业可持续发展战略[A]. 中国农业可持续发展研究. 北京：中国农业科技出版社，1997：53-55.

[5] 王春燕，柳强，吕培娟. 龙口市植物保护与农业可持续发展对策[J]. 绿色科技，2011，（6）：126-127.

[6] 徐汉虹. 植物化学保护[M]. 北京：中国农业出版社，2000.

[7] 陈文龙. 作物害虫综合防治[M]. 上海：上海教育出版社，2001.

[8] Lin，Justin Yifu. Prohibition of factor market exchanges and technological choice in Chinese agriculture[J]. The Journal of Development Studies，1991（4）：321-348.

[9] 李俊华，郝尊钢. 化学农药在植物保护中的注意事项[J]. 农业科技与信息，2007（6）：76-79.

[10] 谭道朝，卢维海，韦军，等. 浅谈现代科技革命对我国植物保护模式发展的推动作用[J]. 广西植保，2011（1）：12-13.

[11] 高建新. 论当前项城市农药安全应用与农业可持续发展[J]. 农家参谋（种业大观），2012（5）：32-33.

[12] 刘亚萍. 农药管理对农产品质量安全的影响及对策研究[J]. 农产品质量与安全，2011（4）：23-24.

[13] 陈荣斌. 植物保护与农业可持续发展关系探究[J]. 生物技术世界，2014（3）：28.

[14] Griliches，Z. Hybrid corn：an exploration in thee conomics of technological change[J]. Economitrica，1957（10）：94-96.

[15] Lin，Justin Yifu. Public research resource allocation in Chinese agriculture：a test of induced technological innovation hypotheses[J]. Economic Development and Cultural Change，1991（1）：31-46.

[16] 吴士雄. 国内外农药发展动态与趋势[J]. 植物保护，1994，20（4）：34-36.

[17] 黄季焜，等. 迈向21世纪的中国粮食经济[M]. 北京：中国农业出版社，1998：267-268.

[18] 蒋建平，等. 中国的“绿色革命”与持续农业[J]. 科技导报，1993（10）：54-55，24.

[19] 陈万义. 浅谈生物农药取代化学农药[J]. 农药科学与管理，2003，24（2）：3-6.

[20] 贲克平. 对可持续发展农业的探讨[J]. 农村发展论丛，1997（1）：14-16.

[21] 黄青禾. 资源约束下的食物系统[J]. 科技导报，1991（5）：28-31，62.

[22] 龙文军. 农业资源利用方式及其与农业可持续发展的关系分析[J]. 科技进步与对策，2000（11）：121-122.

[23] 张福山，徐学荣，林奇英. 植物保护对粮食安全的影响分析[J]. 中国农学通报，2006（12）：17-18.

[24] 谢联辉. 关于 21 世纪植物保护的若干思考[J]. 中国农业科技导报，2003（5）：5-7.

[25] 陈锡康. 农业发展——21 世纪中国粮食与农业发展战略研究[M]. 沈阳：辽宁人民出版社，1997：56-61.

[26] 康晓光. 中国农业持续发展战略研究报告[J]. 战略与管理，1998（3）：62-68.

[27] 成升魁. 生态系统与持续农业[J]. 自然资源，1995（6）：1-7.

[28] Brown，L. R. Who will feed China——wake up call for a small planet. W. W. Norton & company，New York：1995：96-97.

[29] 吕佩珂，高振江，张宝棣，等. 中国粮食作物、经济作物、药用植物病虫原色图鉴（下册）[M]. 呼和浩特：远方出版社，1999：515-516.

我国水土流失的生态修复

邱 琦[1] 黄国勤[1,2]①

（1. 江西农业大学农学院，南昌 330045；

2. 江西农业大学生态科学研究中心，南昌 330045）

摘 要：生态修复是治理水土流失的必要途径，本文探讨了我国水土流失生态修复的适宜地区、主要特点、具体措施和实践等，对水土流失的生态修复工作具有积极的指导意义。

关键词：水土流失 生态修复

水土流失是当前我国面临的重大生态环境问题之一。如何对其进行生态修复，则关系到我国生态环境改善和生态文明建设能否取得预期成效。因此，研究我国水土流失的生态修复具有重要的理论与实践意义。

一、水土流失

1. 水土流失的含义

水土流失是“在水力、风力、冻融、重力等营力作用下，土壤、土壤母质及

① 通信作者：黄国勤，教授、博士生导师，办公室电话：0791-83828143；手机：13627081298；电子邮箱：hgqjxes@sina.com。

其他地面组成物质被破坏、剥蚀、搬运和沉积的全部过程。”[1]

2．水土流失的类型

中国水土流失类型主要有水力侵蚀、风力侵蚀和冻融侵蚀，部分地区存在重力侵蚀[2]。一般而言，强烈的水蚀、风蚀作用主要发生在河谷尤其宽谷地带；侵蚀形式主要为面蚀和沟蚀，一般发生在河谷地岩性松软的中、低山[3]。重力侵蚀主要形成于河、沟、谷两侧的经常发生泻溜、崩塌、滑坡和泥石流等。冻融侵蚀则集中分布在高寒山区[4]。

3．水土流失的成因

造成水土流失、生态退化的原因既受系统自身内在脆弱性的影响，也受人为因素不合理强度干扰的支配，是自然因素与人为因素综合作用的结昊[5]。自然因素是水土流失发生、发展的潜在条件，而人类对资源的掠夺式经营和不合理的开发利用（过樵、滥伐）、农业扩张（垦荒、放牧）、基础设施建设活动是水土流失发生、发展的主导因素[6]。各因子中，资源利用因子最为活跃，陡坡开荒、毁林开荒、过牧等农业扩张手段对水土流失的影响很大[7]，而且人口压力、经济贫困、技术、政策和制度及文化因素则是驱动这些因子并促使水土流失、土地退化的动力[8]。

4．我国水土流失的现状及危害

中国是世界上水土流失最为严重的国家之一，由于特殊的自然地理和社会经济条件，使水土流失成为主要的环境问题[9]。中国的水土流失分布范围广、面积大，根据公布的全国第二次遥感调查结果，中国的水土流失面积达 356 万 km^2，占国土总面积的 37%，其中水力侵蚀面积达 165 万 km^2，风力侵蚀面积 191 万 km^2。在水蚀和风蚀面积中，水蚀、风蚀交错面积为 26 万 km^2，侵蚀形式多样，类型复杂，水力侵蚀、风力侵蚀、冻融侵蚀及滑坡泥石流等重力侵蚀特点各异，相互交错，成因复杂[10]。土壤流失严重，根据统计，中国每年流失的土壤总量达 50 亿 t[11]。长江流域年土壤流失总量为 24 亿 t，其中上游地区年土壤流失总量达 15.6 亿 t，黄河流域、黄土高原区每年进入黄河的泥沙多达 16 亿 t[12]。

河水泥沙量的增高，加速了湖泊、水库、河道的淤积过程，造成了水运行洪、蓄水发电等功能降低，加剧洪涝灾害的威胁[13]。土壤和肥分的流失使土层变薄，土地贫瘠，宜耕地减少[14]。水土流失所导致的农业面源污染是下游水体富营养化的主要原因之一。

我国的水土流失现象虽经多年连续防治，取得了一定成绩，但需要治理的面积尚有 200 多万 km^2，治理进度慢，满足不了经济和社会发展的需要[15]。且局部地区还有继续加剧的趋势。有的地方陡坡开荒以及乱伐乱牧、乱采乱挖等不合理的人类活动还没有得到有效的控制和禁止，如不尽快采取行之有效的措施，水土流失将会日益严重。严峻的现实向传统水土保持提出了新的挑战，生态修复就是在这种背景下应运而生的[16]。

二、生态修复

1. 生态修复的含义

生态修复研究和实践的历史可以追溯到 19 世纪 30 年代，但将生态修复作为生态学的一个分支进行系统研究，则是从 1980 年 Cairns 主编的《受损生态系统的恢复过程》一书出版以后才开始的[17]。

生态修复（Ecological Remediation）的叫法主要应用在我国和日本。日本学者多认为，生态修复是指通过外界力量使受损生态系统得到恢复、重建或改进（不一定完全与原来的相同）[18]；焦居仁认为，为了加速被破坏生态系统的恢复，还可以辅助人工措施为生态系统健康运转服务，而加快恢复则被称为生态修复[19]。该概念强调生态修复应该以生态系统本身的自组织和自调控能力为主，而以人工调控能力为辅。

综合来看，生态修复的含义应包括以下三个方面：一要遵循自然生态经济规律；二要充分利用自然资源；三要快速恢复植被[20]。即按照可持续发展的战略思想，切实遵循自然生态经济规律，充分利用当地的水、土、光、热、生物等自然资源，依靠大自然的循环再生能力快速恢复植被，控制水土流失，实现人与自然和谐相处。

2. 生态修复的原则

（1）因地制宜原则。不同区域具有不同的自然环境，如气候、水文、地貌、土壤条件等，区域差异性和特殊性要求在生态修复时要因地制宜，具体问题具体分析。依据研究区的具体情况，在长期试验的基础上，总结经验，找到合适的生态修复技术[21]。

（2）生态学与系统学原则。生态学原则要求生态修复应按生态系统自身的演替规律，分步骤、分阶段进行，做到循序渐进。生态修复应在生态系统层次上展开，要有系统思想。

（3）可行性原则。可行性原则要求生态修复的经济可行、技术措施可行，并且社会可接受。经济可行要求在实施生态修复时，应有一定的物力、人力和财力保证；技术措施可行要求在生态修复过程中实施的技术措施，在实践操作中具有可行性；社会可承受性原则要求生态修复工程的启动，必须保障人民群众的生产和生活，并符合修复区广大人民群众的愿望。

（4）风险最小、效益最大原则。由于生态系统的复杂性和某些环境要素的突变性，加之人们对生态过程及其内在运行机制认识的局限性，人们不可能对生态修复的后果、生态演替的方向进行准确的估计和把握。从某种意义上来讲，生态修复具有一定的风险性，生态修复需要大量人力、物力、财力的投入。

（5）自然修复和人为措施相结合原则。生态修复应遵循人与自然和谐相处的原则，控制人类活动对自然的过度索取，停止对大自然的肆意侵害，依靠大自然的力量实现自我修复。

此外，还要考虑生态修复的自然原则、美学原则等[22]。但是，任何原则都是建立在以人为本、人与自然和谐相处这一最基本原则之上的。实施生态修复的基础是退化生态系统的现有状态，因此应因地制宜地实施区域的生态修复措施。

3. 生态修复的意义

生态修复是通过封山禁牧、围栏舍饲、休牧轮牧、留苗养树、疏林补植等措施，减轻对土壤的扰动，大面积封禁保护，小面积治理，给林草植被以休养生息的机会，使其依靠大自然的自我修复能力，逐步提高林草郁闭度，大面积恢复生态功能[23]。

生态修复的提出是现代水土流失治理的产物。生态修复是在总结了小流域封禁治理成功经验的基础上，分别在县级和地级范围内探索实践后提出的[24]。贯彻了“预防为主”的水土保持工作方针，并使预防和治理有机地结合在一起；具有覆盖面大、事半功倍的显著特点[25]；极大地丰富了水土流失治理的内涵，是水土保持生态环境建设思路的重大战略调整。

4. 生态修复的实践

（1）中国科学院、水利部水土保持研究所设立在黄土高原典型流失区的安塞生态试验站，经过近 20 年的封禁，使纸坊沟流域植被达到了亚顶级水平，植被覆盖度大幅度提高，生物多样性恢复，黄土高原濒危植物也已出现，物种数量增加（包括植物、鸟类、昆虫），形成了良好的生态演替趋势，水土流失基本控制。

（2）塔里木河下游地区，只经过了人工放水，地下水位回升后，植被大量生长，绿洲面积明显扩大。

（3）江西贡水流域经过多年封禁治理，植被迅速恢复，覆盖度明显增加，水土流失基本控制。

这些实例证明[26]，在我国南方湿润区、西北荒漠区、黄土高原地区通过不同时段的人工引导，生态系统自身可以修复被破坏的现状，从而控制环境进一步恶化，达到费省效宏的效果，甚至优于同类型条件下的人工高度治理的流域。

三、我国水土流失的生态修复

1．适宜地区

生态修复主要是依靠大自然自身的力量来实现。因此，实施这一工程必须具备一定的基础条件，并非所有的地方都适宜，必须要考虑当地的环境条件，如果盲目推行，可能适得其反。

水土流失生态修复的适宜地区选择是有条件的。鉴于生态修复成功速率及其功能发挥的渐进性，加之我国人口众多，工业化程度还不高的国情[27]，以下 8 类对土地没有高效高产要求，但还不是寸草难生的山丘、河网或湿地等地区内均可实施生态修复[28]。

①人口稀少，土地承载力小的地区；

②流域上游边远深山区，山高坡陡、不适于作农作和经果林基地的地区[29]；

③土层瘠薄，水肥条件差，但耐旱耐贫的草、灌木尚可生长的地区；

④风蚀、水蚀程度虽严重，但还不是寸草不生，其侵蚀物很少，且不对下游产生迁移性二次危害的地区[30]；

⑤平均降水量在 300 mm 以上，雨季中地表土层含水量应在 8%以上的地区，若一旦出现土壤含水率低于 5%时，其连续时间不应超过 10 天；

⑥在表土丧失殆尽，但裸岩裂隙发育且以泥岩或碎屑岩类为主的地区；

⑦盐碱地修复应选择含盐量小于 3 g/kg，否则就得采取工程措施，用水洗盐或在 0～50 cm 内换土[31]；

⑧没有严重滑坡、崩岗及泥石流高危区，或者是虽有此类灾害危险，但对人类和下游环境不产生严重威胁与危害的地区。

2．主要措施

（1）以建促修。通过加强基本农田、小流域治理、水源工程、坡面沟渠工程、饲草料基地等建设，变广种薄收为集约经营[32]，以建促修。

（2）封禁治理。封禁治理是对具有一定数量的伐根、根蘖更新能力强和母树天然下种条件形成的疏林地、灌丛、采伐迹地及荒山、荒坡，通过封禁的方法，加上人工的补植、治理和科学管理，促进植被恢复和生长的水土保持措施[33]。这项治理措施的作用是：①能迅速提高植被覆盖率，改善生态环境；②费省效宏；③可有效减轻水土流失。

（3）以改促修。通过改变饲养方式和畜群种类，扩大饲草料种植面积，为大范围生态修复提供保证。从控制载畜量入手，采取多种手段降低草场载畜量，实现草畜平衡。

（4）以移促修。把生活在生态条件异常恶劣地区的农牧民和他们的牲畜，迁往小城镇和条件好的地方异地安置，减少生态压力和人为破坏，为生态休养生息创造条件。

（5）能源替代。在烧柴问题相对比较突出的地区，因地制宜发展小水电，建设沼气池、节柴灶、太阳能，实行以电代柴、以煤代柴，切实解决能源问题，促进生态修复。

（6）建立“种子岛”。土壤种子库及其邻近是否具有种源是确定修复时间和能否达到修复目标的关键。因此，对那些土地转换完全、天然生态系统保留较少的地区，建立斑块人工植被（植物种为天然生态系统优势种）为生态系统恢复提供种源是十分必要的。

3．特点

（1）生态修复成功耗时长。水土流失的生态修复主要是以发挥绿色植物与环境间相互补偿、再生与协同发展能力为主的运作过程[34]。绿色植物自身生命周期就是长历时的，从播种—发芽—生长—繁衍—结实—收获，直至再播种，往往需1年以上，且等级越高的植物时间越长，如被子类植物乔木等往往是3～5年，甚至7年以上才开花结实。

因而，在基岩裸露的荒漠地带，总是先着生最低等植物如地衣等，而且必须具备一定的哪怕是少量的水分和土壤条件才得以实现。在温暖湿润地区，自裸岩上着生地衣需 3 年以上；在一般干旱区，理应 8～10 年；在极度干旱区，得 15 年以上，甚至无法生长。另外从地衣再进化至草、灌木又需 5 年以上，直至最后形成森林，没有 50 年以上是不行的。在干旱和极度干旱区，100 年甚至 200 年以上也不会轻易成林[35]。所以水土流失的生态修复成功的速度缓慢，完善功能的发挥则时间更长。

（2）各地所需时间不同。水土流失的生态修复历时长短会因修复地区水、土条件及其生态系统被干扰、破坏和污染程度不同而差异很大。如在年降水量大于 800 mm、裸岩面积率小于 30%的条件下，两年即可达到不再发生土壤侵蚀，绿色植被率达 50%以上，但其功能却仍是低下的。若年降水量小于 300 mm 的非流沙地区，没有 3 年以上是不成的[36]。

（3）“土壤干层”现象。研究表明，在生态保护项目实施后土壤理化现状得到明显改善，水土流失明显减少；明显控制土壤退化；野生动物生境得到改善[37]。但在项目结束以后，随着土地再度开垦，在一定程度上又带来了负面影响。如有机碳和氮将明显减少，生物营养储存量将明显降低，这预示着土壤质量的退化[38]。

黄土丘陵区土地利用结构变化对土壤水分的影响研究表明，林地土壤水分含量相对较低。黄土丘陵区营造人工林，将会使之向干燥化发展。一些多年生人工林草使深层土壤含水量接近于凋萎湿度，形成土壤干层甚至出现人工草地的衰败或死亡[39]。土壤干燥化被认为是一种普遍存在的现象，是当前黄土高原土地利用结构调整和植被建设中普遍关心的热点问题之一。

4．实施生态修复急需研究和解决的问题

要在我国大范围地通过生态修复来增加地表植被覆盖，达到保持水土的目的，必须在以下几个方面展开科学研究。

（1）改变治理观念。水土流失流域进行生态修复时应该改变观念，如取消围封、加强禁牧管理[40]。封禁是一种保护行为，侧重于水土流失的“防”，被称为封禁治理，也称封禁保护，是生态修复的主要内容。围封的实质是消除放牧和刈割等人为活动对生态系统的影响，这在过去的草地管理和实践中广泛应用，也是以往实施生态工程常用的方法。相对围封草地的比例来讲，草地是广阔的，完全围封不现实，围封也不是消除人为干扰最好的方法[41]。

（2）生态系统轻度干扰周期和强度的研究。轻度干扰的生态系统是自然界比较稳定的生态系统。无论哪种生态系统修复到一定程度，必须加以管理利用。适度的放牧和刈割，有利于草地生态系统的稳定和恢复[42]。但是多长时间才能施加轻度干扰，干扰周期和强度如何，应该是亟待研究总结的问题。

（3）我国水土流失的生态修复现状与效果研究。应该对我国各区域水土保持试验站长期定位监测资料进行搜集、整理和系统化、科学化的归纳总结，对生态修复较好的区域进行重点监测，对生态修复的水土保持效果和作用加深认识和理解[43]，发挥这一费省效宏措施在我国生态恢复和水土流失治理中的作用。

（4）不同水土流失区生态修复潜力研究。在现有水土保持项目支撑下，通过生态置换[44]，发展高效种养业，实现农牧民收入提高和劳动力转移后，荒弃大量坡耕地的生态自身修复过程研究，根据降水量、土壤类型、人口密度、社会经济状况进行分区研究，确定不同区域的生态修复潜力。在轻、中、强度水土流失区开展小范围试点，获取第一手资料，以正确评价生态修复的潜力和水土保持作用[45]。

（5）水土流失区生态修复的环境效应。对实行生态修复区域不同年限的环境效应进行监测、评价，从生物多样性、盖度、土壤侵蚀模数、水资源及流失量、气候特征及社会效应和经济效应等方面，综合评价生态修复的作用[46]。

四、小结

生态修复对环境的影响是深远的、多方面的。坚持生态修复与人工治理相结合，充分发挥大自然的力量，依靠生态的自我修复能力治理水土流失，加快水土流失防治步伐，大力推广沼气池、节柴灶、太阳能等替代措施，开源节能解决农村能源问题，制定和完善有关制度及乡规民约，全面实施封山禁牧或轮牧，解决封育区群众的生产、生活问题，促进人与自然和谐共处，人口、资源、环境与社会经济协调发展[47]。如何利用当地的自然资源，应当权衡利弊，不能顾此失彼，更不能杀鸡取卵、竭泽而渔。

参考文献

[1] 鄂竟平. 中国水土流失与生态安全综合科学考察总结报告[J]. 中国水土保持，2008（12）：3-7.

[2] 李智广，曹炜，刘秉正，等. 中国水土流失现状与动态变化[J]. 中国水土保持，2008（12）：7-10，72.

[3] 田卫堂，胡维银，李军，等. 我国水土流失现状和防治对策分析[J]. 水土保持研究，2008（4）：204-209.

[4] 杨子生. 论水土流失与土壤侵蚀及其有关概念的界定[J]. 山地学报，2001（5）：436-445.

[5] Ildegardis Bertol，Jefferson Schick，Douglas H. Bandeira，et al. Multifractal and joint multifractal analysis of water and soil losses from erosion plots：A case study under subtropical conditions in Santa Catarina highlands，Brazil[J]. Geoderma，2017，287.

[6] Ali Masumian，Ramin Naghdi，Eric K. Zenner. Effectiveness of waterdiversion and erosion control structures on skid trails following timber harvesting[J]. Ecological Engineering，2017，105.

[7] Nigussie Haregeweyn，Atsushi Tsunekawa，Jean Poesen，et al. Comprehensive assessment of soil erosion risk for better land use planning in river basins：Case study of the Upper Blue Nile River[J]. Science of the Total Environment，2017，574.

[8] 李月臣，刘春霞，赵纯勇，等. 三峡库区重庆段水土流失的时空格局特征[J]. 地理学报，2008（5）：475-486.

[9] 曾立雄，肖文发，黄志霖，等. 三峡库区不同退耕还林模式水土流失特征及其影响因子[J]. 长江流域资源与环境，2014，23（1）：146-152.

[10] 谢余初，巩杰，赵彩霞. 甘肃白龙江流域水土流失的景观生态风险评价[J]. 生态学杂志，

2014，33（3）：702-708.

[11] 朱阿兴，陈腊娇，秦承志，等. 水土流失治理新范式：基于流域过程模拟和情景分析的方法[J]. 应用生态学报，2012，23（7）：1883-1890.

[12] 徐宪立，马克明，傅伯杰，等. 植被与水土流失关系研究进展[J]. 生态学报，2006（9）：3137-3143.

[13] Yong Xu，Bo Yang，Guobin Liu，et al. Topographic differentiation simulation of crop yield and soil and water loss on the Loess Plateau[J]. Journal of Geographical Sciences，2009，19（3）.

[14] Yuechen Li，Chunxia Liu，Xingzhong Yuan. Spatiotemporal features of soil and water loss in Three Gorges Reservoir Area of Chongqing[J]. Journal of Geographical Sciences，2009，19（1）.

[15] 何圣嘉，谢锦升，杨智杰，等. 南方红壤丘陵区马尾松林下水土流失现状、成因及防治[J]. 中国水土保持科学，2011，9（6）：65-70.

[16] 秦天枝. 我国水土流失的原因、危害及对策[J]. 生态经济，2009（10）：163-169.

[17] Joanna Burger. Environmental management：Integrating ecological evaluation，remediation，restoration，natural resourcedamage assessment and long-term stewardship on contaminated lands[J]. Science of the Total Environment，2008，400（1）.

[18] Xugao Wang，Xiuzhen Li，Hong S He，et al. Ecological restoration：Our hope for the future？[J]. Chinese Geographical Science，2003，14（4）.

[19] 周春火，刘士余. 生态修复对防治水土流失的作用探讨[J]. 安徽农业科学，2006（18）：4716-4717，4762.

[20] 朱希望. 生态修复与水土保持生态建设研究[J/OL]. 河南农业（29）：（2017-05-15）. http：//kns.cnki.net/kcms/detail/41.1171.S.20170515.1604.032.html. DOI：10.15904/j.cnki.hnny.20170515.016.

[21] Renaud Jaunatre，Elise Buisson，Thierry Dutoit. Can ecological engineering restore Mediterranean rangeland after intensive cultivation？ A large-scale experiment in southern France[J]. Ecological Engineering，2014，64.

[22] Pedro Mora Peris，Jorge Castilla Gómez，Juan Herrera Herbert，et al. Ecological restoration of

a former gravel pit contaminated by a massive petroleum sulfonate spill. A case study: Argandadel Rey. Madrid（Spain）[J]. Ecological Engineering，2017，100.

[23] Meng-Ling Guan，Ting Zheng，Xue-Yi You. Ecological rehabilitation prediction of enhanced key-food-web offshore restoration technique by wall roughening[J]. Ocean and Coastal Management，2016，128.

[24] Antonio Camacho，Raquel Peinado，Anna C. Santamans，et al. Functional ecological patterns and the effect of anthropogenic disturbances on a recently restored Mediterranean coastal lagoon. Needs for a sustainable restoration[J]. Estuarine，Coastal and Shelf Science，2012，114.

[25] Joanna Burger. Integrating Environmental Restoration and Ecological Restoration：Long-Term Stewardship at the Department of Energy[J]. Environmental Management，2000，26（5）.

[26] 杨学震. 水土保持生态修复是以生态恢复为目标的中长期时间尺度的水土流失综合治理[J]. 亚热带水土保持，2006（1）：52-53，68.

[27] 李红月. 矿区水土流失特征及生态修复[J]. 水土保持应用技术，2006（5）：20-22.

[28] 徐浩. 论国水土流失流域生态修复[J]. 今日科苑，2011（12）：179.

[29] Mikael Lytzau Forup，Kate S. E. Henson，Paul G. Craze，et al. The restoration of ecological interactions：plant－pollinator networks on ancient and restored heathlands[J]. Journal of Applied Ecology，2008，45（3）.

[30] C. Y. Jim. Ecological and Landscape Rehabilitation of a Quarry Site in Hong Kong[J]. Restoration Ecology，2001，9（1）.

[31] Peter J. Carrick，Todd E. Erickson，Carina H. Becker，et al. Comparing ecological restoration in South Africa and Western Australia：the benefits of a ‘travelling workshop’[J]. Ecological Management & Restoration，2015，16（2）.

[32] 李艳云. 水土流失的生态修复与综合治理探究[J]. 环境保护与循环经济，2013，33（5）：48-50.

[33] 马骞，于兴修. 水土流失生态修复生态效益评价指标体系研究进展[J]. 生态学杂志，2009，28（11）：2381-2386.

[34] 雷亚中. 有关水土流失的生态修复与综合治理探究[J]. 科技创新与应用，2016（7）：162.

[35] P H Nienhuis，A D Buijse，R S E W Leuven，et al. Ecological rehabilitation of the lowland basin of the river Rhine（NW Europe）[J]. Hydrobiologia，2002，478（1-3）.

[36] 邱耀军. 水土流失的生态修复与综合治理研究[J]. 江西建材，2016（9）：118，120.

[37] 李凤鸣. 辽西铁矿废弃地水土流失特征与生态修复模式研究[D]. 中国农业科学院，2012.

[38] 刘前进，王瑶，于兴修，等. 平邑县水土保持生态修复区水土流失监测[J]. 水土保持研究，2007（5）：157-158，165.

[39] 刘延柱. 生态修复与水土流失治理之我见[J]. 农业科技与信息，2015（19）：36-37.

[40] 马进荣. 我国水土流失现状及生态修复浅见[A]. 中国水土保持学会水土保持生态修复专业委员会、水土保持与荒漠化防治教育部重点实验室、林业生态工程教育部工程研究中心.全国水土保持生态修复学术研讨会论文集[C].中国水土保持学会水土保持生态修复专业委员会、水土保持与荒漠化防治教育部重点实验室、林业生态工程教育部工程研究中心，2009：5.

[41] 杨彦龙. 提高治理水土流失效益的几点建议[J/OL]. 乡村科技，:（2017-04-18）.http：//kns.cnki.net/kcms/detail/41.1412.S.20170418.1624.006.html. DOI:10.19345/j.cnki.1674-7909.20170418.003.

[42] Ulrike Bart，Clemens Gumpinger，Christian Scheder. Basic Aspects for the Ecological Restoration of Urban Water Courses[J]. Transylvanian Review of Systematical and Ecological Research，2015，17（1）.

[43] 刘震. 利用生态的自我修复能力防治水土流失[J]. 水土保持研究，2001（4）：13-16.

[44] 徐少华. 生态修复是加快水土流失治理的有效途径[J]. 山西林业，2010（5）：14，30.

[45] 张丽梅，刘新海，张丽岩. 概评生态修复在治理水土流失中的应用[J]. 黑龙江水利科技，2010，38（6）：188-189.

[46] 江振蓝. 水土流失时空过程及其生态安全效应研究[D]. 浙江大学，2013.

[47] 杨彦龙. 提高治理水土流失效益的几点建议[J/OL]. 乡村科技，（2017-04-18）.http：//kns.cnki.net/kcms/detail/41.1412.S.20170418.1624.006.html. DOI: 10.19345/j.cnki.1674-7909.20170418.003.

江西省建设国家生态文明试验区的对策

李　萍　黄国勤[①]

（江西农业大学生态科学研究中心，南昌　330045）

摘　要： 党的十八届五中全会提出，设立统一规范的国家生态文明试验区，重在开展生态文明体制改革综合试验，规范各类试点示范，为完善生态文明制度体系探索路径、积累经验。开展国家生态文明试验区建设，对于凝聚改革合力、增添绿色发展动能、探索生态文明建设有效模式，具有十分重要的意义。本文简述了国家生态文明试验区的提出，讨论了江西省国家生态文明试验区建设的路径，分析了江西省国家生态文明试验区建设的对策与措施，为全力建设江西省国家生态文明试验区提供有力支撑。

关键词： 国家生态文明试验区　江西省　对策

生态文明建设是一项庞大的系统工程，必须构建系统完备、科学规范、运行高效的制度体系。习近平总书记指出："保护生态环境必须依靠制度、依靠法治。只有实行严格的制度、最严密的法治，才能为生态文明建设提供可靠保障[1]。"把中央关于生态文明建设的顶层设计与江西具体实践相结合，是江西推进生态文明建设和生态文明体制改革的重要行动指南。紧扣制度创新，针对山水林田湖草的

① 通信作者：黄国勤，教授、博士生导师，办公室电话：0791-83828143；手机：13627081298；电子邮箱：hgqjxes@sina.com。

系统保护、环境监管与保护、绿色产业发展、市场体系建设、生态文明共建共享和责任追究等重点领域，提出了系统性的制度试验安排，具有很强的科学性、指导性和可操作性[2]。以习近平总书记系列重要讲话精神和治国理政新理念新思想新战略为指导，融会贯通了创新、协调、绿色、开放、共享五大发展理念，牢牢把握守住发展和生态两条底线的辩证关系，以打造美丽中国“江西样板”为核心，围绕增强生态文明制度的系统性、整体性、协同性开展创新试验，努力做到承担国家任务与彰显江西特色相结合、筑牢优势与补齐短板相结合、继承与创新相结合、宏观指导与强化操作相结合[3]。

一、国家生态文明试验区的提出

2016 年 8 月，中共中央办公厅、国务院办公厅印发了《关于设立统一规范的国家生态文明试验区的意见》，国务院总理李克强在政府工作报告中谈及加强生态文明建设工作时，提到“建设国家生态文明试验区”，福建、江西和贵州 3 省作为生态基础较好、资源环境承载能力较强的地区，被纳入首批统一规范的国家生态文明试验区，以形成可在全国复制推广的成功经验[4]。

福建、江西、贵州分别地处我国东部、西部、中部，均为生态环境基础较好的地区，且经济社会发展水平不同，具有一定的代表性，有利于探索不同发展阶段的生态文明建设的制度模式。被纳入国家首批生态文明试验区，是激励，更是号角；是信任，更是责任。秉承“绿水青山就是金山银山”的发展理念，3 省因地制宜谋方略、因势利导抓实干[5, 6]。

二、推进江西省国家生态文明试验区建设的路径

推进江西省国家生态文明试验区建设，主要有以下路径[7]。

1．构建绿色发展成果共建共享体系

一是要牢固树立生态民生观。推进生态文明共建共享，要求我们牢固树立生态民生观。生态环境一头连着人民群众的生活质量，一头连着社会的和谐稳定；保护生态环境就是保障民生，改善生态环境就是改善民生。如果失去生态环境的保障，发展成绩就会大打折扣，人民群众的获得感和幸福感就难以真正提高。

二是把绿色发展理念落实于行动。要着力完善生态扶贫模式，把生态资源保护利用与脱贫攻坚相结合，增强贫困地区和贫困群众自我发展能力，让贫困群众从生态建设中得到更多实惠，积极探索贫困地区生态脱贫新路子。要大力推进生态资源共享，健全优质生态环境资源共享机制，让人民群众更大范围共享生态红利，有效增加绿色公共产品供给。

三是要大力推进绿色城镇化。持续提升城乡人居环境，大力推进绿色城镇化，切实抓好城市文明创建，打造一批各具特色、富有活力的特色小镇，深入推进“整洁美丽、和谐宜居”新农村建设，全面改善农村生产生活条件。要积极弘扬生态文化，坚持把生态文明宣传教育纳入社会主义核心价值观建设，大力保护、挖掘、发展具有江西特色的生态文化，深入开展生态文明创建活动，使生态文明建设成为全社会的自觉行动。

2．构建绿色生态治理保护的市场体系

一是要加快培育绿色生态治理保护市场主体。建立社会资本投入生态环境保护的引导机制，要出台完善《江西省环境治理和生态保护市场化改革指导意见》。推广政府和社会资本合作模式，推行环境污染第三方治理、合同能源管理和合同节水管理，开展环境污染第三方治理试点。设立生态环保领域国有资本投资运营公司，推动国有资本加大对环境治理和生态保护方面投入。推动全省污水垃圾处理设施运营管理单位向独立核算、自主经营的企业转变，完成企业化改造。

二是逐步完善环境治理和生态保护市场化机制。探索建立自然资源资产有偿使用制度。构建完善自然资源资产价格形成机制，健全土地、水、森林等自然资源资产价格评估标准和评估方法。探索将自然资源的生态环境效益、污染治理成本、生态修复成本列入企业成本核算范围，在价格中合理反映生态环境损害成本和修复效益等。

三是要健全绿色金融服务体系。完善企业环境信用评价制度，推动企业环境信息纳入金融信用信息基础数据库，向金融机构开放共享。支持和引导金融机构建立符合绿色企业和项目特点的信贷管理制度等。

3. 构建绿色发展的环保监管体系

一是要健全生态环境监测网络和预警。建立环保、农业、水利、国土、林业、气象等部门协调机制，构建统一规范、布局合理、覆盖全面的生态环境监测网络。环保监测机构垂直管理改革，强化省级环境质量监测事权，下移重点污染源监督性监测和监管重心。建设全省“生态云”大数据平台，整合生态与环境数据资源，开展生态环境大数据分析应用，推动建立生态环境质量趋势分析和预警机制。

二是完善以质量为核心的环境保护管理制度。加快推进环保部门机构和职能调整，强化气、水、土环境质量监管，建立健全以改善环境质量为核心的环境保护管理机制。按照“谁开发、谁保护，谁污染、谁治理”的原则，建立生态环境损害赔偿和责任追究制度。完善突发环境事件应急机制，建立覆盖全省的环境应急指挥平台，强化针对危险废物的收集、运输、处理、监管和问责机制。建立覆盖城乡的集中式饮用水水源地保护机制。

三、江西省建设国家生态文明试验区的对策与措施

从“既要金山银山更要绿水青山”到“绿水青山就是金山银山”观念的转变，是定位更加清晰，发展之路越走越宽；从生态文明先行示范区到生态文明试验区，名称的改变，是探索先行先试，走出一条经济发展与生态环境相协调的发展新路。

江西生态秀美、名胜甚多。习近平总书记视察江西时指出，绿色生态是最大财富、最大优势、最大品牌，一定要保护好，做好治山理水、显山露水的文章，走出一条经济发展和生态文明水平提高相辅相成、相得益彰的路子。江西省认真

贯彻落实习近平总书记重要讲话精神，在“十三五”开局之年，把绿色发展理念贯穿经济社会发展全过程，深入推进国家生态文明试验区建设，厚植生态优势，发展绿色经济，做活山水文章，打响“绿色生态”品牌[8]，促进经济与生态协调发展、人与自然和谐相处，着力打造美丽中国“江西样板”[9-12]。

1. 坚持规划先行，把绿色发展贯穿始终

细数40个“十三五”发展具体目标时，人们发现，生态文明指标就占到18项。江西正以坚持生态规划先行，引领绿色发展。在“三条红线”制度中，划定生态保护红线5.52万km^2，占全省面积的33.1%，成为全国第3个正式发布生态保护红线的省份；强化耕地保护红线，完成全省城市周边永久基本农田划定任务的论证审核，将耕地保护责任目标考核结果，列为市县政府主要领导工作业绩考核的重要内容；落实水资源管理红线，修订并实施《江西省水资源条例》，严格水资源开发利用控制、用水效率控制、水功能区限制纳污红线[13]。同时，建立重点生态功能区产业准入负面清单制度，研究制定针对不同功能区的产业指导目录。推进经济社会发展、城乡建设、土地利用、生态环境保护等规划“多规合一”，形成一致性的建设空间和保护空间，促进经济发展与生态保护相统一。

2. 坚持生态综合整治，进一步提高环境质量

天更蓝了，水更清了，草更绿了。江西坚持生态综合整治，开展绿色行动。“江西蓝”已经成为江西的一张彩色名片，为美丽中国增光添彩。为了抬头常有一抹蓝色，大力推行“净空”行动。全面完成重点行业大气污染限期治理项目建设，火电、钢铁、水泥等行业脱硫脱硝设备全部建成，效率达到国家要求；强化除尘工作，完成89个工业烟粉尘治理项目，燃煤小锅炉淘汰率达61%；深入开展机动车尾气治理，11个设区市全部落实黄标车限行规定，全年淘汰黄标车3.4万辆。从呵护鄱阳湖“一湖清水”，到全省境内河流湖泊全部实施“河长制”，“净水”行动成效明显。建立区域与流域相结合的5级河长组织体系，省委书记、省长分别任省级正副“总河长”；实施“五河一湖”环保整治行动，重点支持48个县城、25个工业园区污水处理设施配套管网建设；推进城乡污水处理工程，全面建成县

级城市污水处理设施。另外，“净土”行动稳步推进。针对农村垃圾污染问题，启动农村生活垃圾五年专项整治行动，全面推广“户分类、村收集、乡转运、县处理”的垃圾处理模式，城镇生活垃圾无害化处理率达到78%，基本建成农村生活垃圾收集、转运、处理体系。实施农村面源污染防治工程，推进畜禽养殖场粪污治理专项行动，推进标准化养殖场创建工作，启动病死畜禽无害化集中处理体系建设。

3．坚持抓好源头，着力构建绿色产业体系

绿色化、循环化、低碳化，是人们生产生活方式的改变。江西多措并举，坚持生态经济思路，发展绿色产业。推动节能降耗做“减法”。深入实施万家企业节能低碳行动，开展能效对标、创建能效“领跑者”制度；严格控制“三高”产业新增产能项目，积极运用节能环保等先进适用技术改造提升传统产业，坚决淘汰落后产能。发展绿色产业做“加法”。推进“百县百园”工程，创建国家现代农业示范区 11 个、全国绿色食品原料标准化生产基地 43 个，全省“三品一标”产品总数达 2 902 个；大力发展电子信息、生物制药、先进制造等科技含量高、环境污染少的绿色工业，全省高新技术产业增加值增长 10.4%；坚持集群集聚集约发展，60 个重点工业产业集群主营收入突破 1 万亿元。发展循环经济做“乘法”。着力打造一批国家级循环经济发展平台，吉安市、丰城市、樟树市纳入国家循环经济示范市（县）试点，井冈山经济开发区纳入国家园区循环化改造示范试点，丰城市资源循环利用产业基地纳入国家“城市矿产”示范基地，国家级循环经济类试点示范达 11 个。“踏遍青山人未老，风景这边独好。”在江西，生态文明建设与经济发展、产业转型升级、治理体系和治理能力现代化协同共进。赣鄱儿女正以绿色实践，扎实推进国家生态文明试验区建设，为促进经济与生态协调发展不懈奋力。

4．突出江西独特的地理自然特征

江西作为我国南方地区重要的生态安全屏障，鄱阳湖流域与江西国土面积基本重合，是一个相对独立的自然生态系统。《江西方案》中将山水林田湖草作为生

命共同体，重点在流域生态系统修复、流域综合管理、流域水环境治理等方面探索试验，为兄弟省份乃至国家流域综合管理探索经验。

5. 突出江西发展阶段的要求

发展不足是江西当前和今后一个时期面临的主要矛盾，处理好发展与保护的关系是建设生态文明的主线。《江西方案》专门提出了构建促进绿色产业发展的制度体系，在培育绿色产业、产业转型升级以及资源高效利用等方面加大推进力度，努力走出一条经济发展和生态文明水平提高相辅相成、相得益彰的路子[14, 15]。

6. 突出权责利的统一

建设生态文明试验区关键在落实，核心就是要形成权力、责任、利益相匹配的推进机制。《江西方案》一系列制度设计，在源头上明确所有权归属及其权力清单，在过程中确定了系统完整的监管者责任，在后果上提出了考核评价的详细要求，以此形成既有正向激励又有反向约束的推进机制，确保各项任务落到实处、取得实效。

四、结语

建设国家生态文明试验区，打造美丽中国“江西样板”[16]。江西要牢牢把握这个历史性机遇，把生态文明理念融入经济建设、政治建设、文化建设、社会建设各方面和全过程，围绕“生态自然之美、和谐文明之美、绿色发展之美、制度创新之美”，探索生态文明建设新模式，当好生态文明建设领跑者，走出一条经济发展和生态文明水平提高相辅相成、相得益彰的新路，使绿水青山产生巨大的生态效益、经济效益、社会效益[17]。

生态文明关系到中华民族的永续发展。习近平总书记曾提到“改革要蹄疾而步稳”，生态文明体制改革也一样，既要大刀阔斧，又要循序渐进。不仅要摸索出适合江西省的发展道路，同时也为其他地方提供不可多得的借鉴经验，更为推进生态文明建设增添一份力[18]。

参考文献

[1] 谷树忠，胡咏君，周洪. 生态文明建设的科学内涵与基本路径[J]. 资源科学，2013（1）：2-13.

[2] 刘耀彬，柯鹏. 江西省生态文明建设水平评价及优化路径分析[J]. 生态经济，2015（4）：174-180.

[3] 安远致力打造美丽中国“江西样板”[J]. 时代主人，2016（11）：49-50.

[4] 郇庆治，徐越. 三维视野下的生态文明示范区建设：评估与展望[J]. 中国地质大学学报（社会科学版），2017（3）：54-63.

[5] 杜雯翠，江河. “绿水青山就是金山银山”理论：重大命题、重大突破和重大创新[J]. 环境保护，2017（19）：34-38.

[6] 秦书生，张海波. 习近平新时代中国特色社会主义生态文明思想的唯物史观阐释[J]. 学术探索，2018（3）：1-6.

[7] 江宜航. 绿色体系：江西推进国家生态文明试验区建设的路径[N]. 中国经济时报，2017-10-13.

[8] 邵明. 可持续发展的绿色生态社区研究[D]. 昆明理工大学，2002.

[9] 张林霞，熊丹玮. 打造美丽中国“江西样板”[J]. 环境经济，2016（Z6）：38-43.

[10] 吴晓军. 加快打造美丽中国“江西样板”[J]. 中国经贸导刊，2016（12）：23-24.

[11] 梁勇. 建设国家生态文明试验区　打造美丽中国“江西样板”[N]. 江西日报，2016-12-12.

[12] 胡汉平. 推进绿色生态农业十大行动　打造美丽中国“江西样板”[J]. 江西农业，2016（10）：10-12.

[13] 雷明霞. 最严格水资源管理促人水和谐——《江西省水资源条例》修订解读[J]. 时代主人，2016（4）：38-39.

[14] 郑荣林. 国家生态文明试验区《江西方案》出台[N]. 江西日报，2017-10-02.

[15] 郑荣林. 省委省政府出台实施意见深入落实《江西方案》[N]. 江西日报，2017-10-04.

[16] 彭迪云. 打造美丽中国“江西样板”[J]. 中国经济报告，2016（10）：102-104.

[17] 谷树忠，胡咏君，周洪. 生态文明建设的科学内涵与基本路径[J]. 资源科学，2013（1）：2-13.

[18] 刘希刚，王永贵. 习近平生态文明建设思想初探[J]. 河海大学学报（哲学社会科学版），2014（4）：27-31.

新时代江西生态产业扶贫理论与路径对策研究①

梁志民　常　青[1]　肖文海[2]　梁　嫣[3]

（1. 江西农业大学经济管理学院，南昌　330045；

2. 江西财经大学生态文明建设研究院，南昌　330013；

3. 山东大学威海分校，威海　264200）

摘　要：生态产业扶贫通过生产要素的有机搭配和资源的循环利用，达到构建人与自然和谐平衡发展，它本质上是社会科学与自然科学的合作博弈和联姻，它的思维形式要求由线性变为立体式的思考，通过生态规划、设计和生态管理使得自然资源和社会资源得到循环利用，社会进步发展。生态产业扶贫中政府、企业和贫困户存在生态利益合作博弈的动机。从提高声誉和公信力角度来看，政府要强化生态产业管理，通过行业规划、园区建设将生态资源转变为生态资本，引导贫困区企业和个人进行生态资本运作，进而形成生态产品品牌，满足人们优质生态产品的需要。生态资源丰富是江西省的特色，经济欠发达，贫困人口多也是江西的一大问题。因而江西生态产业扶贫思路是创造青山绿水，化青山绿水为金山银山，通过生态资源发展各种生态产业，达到人与自然和谐发展，这是江西扶贫的一种高级形态。江西扶贫方式和案例实践分析说明生态产业扶贫方式形式多样，在实践过程中，各地区要结合农户

① 基金项目：国家社科基金项目“改革开放以来劳务输出大省农村劳动力流向变动规律抽样调查研究”（编号：10BGL035）；江西省高校人文社科课题“江西省流动型农村劳动力人力资本和绿色创业互动构建研究”（编号：GL1553）；江西省自然科学基金资助项目“基于生态经济视角下江西省流动型农村劳动力创业愿景及孵化研究”（编号：20171BAA208018）；江西省经济社会发展智库项目“新时代江西生态扶贫路径研究”。

贫困情况和资源情况，因地制宜选择恰当的生态产业扶贫模式。

关键词： 生态产业　生态扶贫　农村劳动力　创业致富

生态产业，简称ECO，被称为当今发展的新型主流产业。生态产业基于生态学理论，对产业的环境承载力和生产要素的有机搭配以及人类和谐获取相统一的一种产业规划，生态产业仿照自然界物质能量循环的方式，通过生产系统的耦合，使物质、能量多级利用，构成的具有高效的生态网络型产业。改革开放以来，中国经济高速发展，但同时由于采用高消耗的方式来达到增长的目的，由此自然环境受到严重的影响，为此要求中国正转变经济发展方式，升级产业，发展生态产业势在必行。正如党的十九大报告指出当前我国社会矛盾主要是人民日益向往美好生活的愿望与发展不充分不平衡的矛盾，因而通过实施生态产业扶贫，不仅有利于环境的保护，也有利于增强经济发展的后劲，并有利于解决国家充分就业问题和地区发展不平衡，缓和社会矛盾，增加国民收入，对老区富裕劳动力的吸纳和转移进而脱贫致富有着积极的现实意义。

一、生态产业的内涵与管理脉络分析

随着社会的发展，人类对环境的影响程度越来越大，导致了生活环境的恶化和生存质量的威胁。迫切要求学术界、科学界人士加强对经济发展与环境协调统一的管理，由此形成了生态产业和生态管理的要求。国际研究计划组织（IHDT）高度重视生态产业问题。先后在欧美、亚洲、美洲等区域召开会议，提出了宏观环境管理政策、生态产业、生态消费等研究。随着国际社会对环保公约、环境管理体系的加强，可以预见发展生态产业将是国家综合实力的体现和企业准入的门槛，将成为国家发展国际贸易和综合竞争力的制高点。我国必须重视和发展研究生态产业，管理生态产业。生态产业的管理需要调动整个国家的力量，包括国家宏观生态政策、生态技术理论、中观视角的生态区域规划和微观企业生态工程管理，这是一个牵一发而动全身的系统工程。

1．生态产业内涵的认识

生态产业是指产业部门在生产过程中应尽量减少污染，包括声音、光、能源、物质消耗，专门的环境治理产业如末端治理污染、清洁生产技术、绿色产品和环境功能服务等。生态产业是基于环境承载能力条件下的两个以上的产业系统的耦合。它是使得物质和能量得以循环利用的一种产业体系。它具有横向、纵向、区域耦合的特点，柔性化、功能化、高效化的优点。它的出现加强了对废物利用，让人们不再为废物烦恼，为废物找到合理的分解者，变废为宝。利用卫星、计算机和通信技术对产品生命周期全程追踪。打破了传统产业局限追求规模经济的思维。近年来传统产业正让位于生态产业。生态产业发展不仅创造了更多的就业机会，而且构建了灵敏的社会网络系统，使得人流、物流、能源流和信息流更加通畅，让中国社会主义国家人尽其才、物尽其用的理想得到体现。对于实现我国民族的复兴意义重大。

关于生态产业分类的认识。生态产业范围很广泛，包括生态农业、生态工业和生态服务业。生态农业是生态产业的主体，尤其对贫困户而言更适合发展。生态工业是包括了污水、垃圾、废物的处理回收，是支撑部门。生态服务业则有资源气象的监测预报、生态旅游业和绿色产品研发设计等。

2．生态产业管理的思考

生态产业管理的理论基础是产业生态学，它是探讨人类经济活动中生产资源如何从开发到退出的全程代谢循环过程，类似于生命体的诞生到消亡的运行轨迹，是当今环境科学研究的重点。自20世纪90年代以来，无论是政府、产业界和学术界都高度重视，纷纷投入精力和巨资加大研究探索力度。

生态产业管理的目的是将生态资源转变为生态资本进行品牌运作，进而形成生态产品。它包括资源生态因素、技术生态因素和人文生态因素的耦合，是人流、物流、信息流在生态演绎过程，形成互为食物链的机制，防止人贪婪过度追求利润，不顾破坏环境的倾向，让生产、消费和环境保护融为一体。

生态产业管理本质上是社会科学与自然科学的联姻，它的思维形式要求由线性变为立体式的思考，通过生态规划、设计和生态管理使得自然资源和社会资源得到循环利用，环境和谐统一，它注重产品全寿命周期的追踪评价与开发。事实上，产品的售后服务与开发再利用某种意义上更为重要。为拆解再生产设计产品称为 DFD，为再循环而设计产品称为 DFR，这样的产品设计理念，应当深入到每个人的心里，让社会形成更多的生态人，吸引更多的生态消费者，建设生态文明的社会才有希望，这是值得广大学术界、研究者为之兴奋而陶醉的事情。在生态产业方向上政府的作为也不可忽视，国家可以借助面向产品周期追踪评价的环境政策，如电子产品虽然在使用过程中污染小，但其废物污染很严重，需要格外重视回收再利用的提前预防设计体系。另外，关于生态标志产品的推进、能源运输、废物利用方面的环境规划都必须引起政府、企业界以及个人的高度关注，重资源开发利用，轻视产品回收循环的行为必须纠正。

二、生态产业扶贫的思考

生态资源丰富是江西省的特色，经济欠发达，贫困人口多也是江西的一大问题。因而如何利用江西丰富的生态资源转化为贫困农户就业创业的创业资本进而品牌运作开发绿色产品，实现生态保护与脱贫致富同步进行具有重要的意义。某种程度上来说贫困地区的存在往往是生态资源的利用欠佳。

1. 生态扶贫的内涵

生态扶贫的概念提出具有一定的创新和绿色发展的理念，它打破了西方学者提出的贫困陷阱假说，是马克思主义关于人与自然和谐发展观的体现，也是建设社会主义小康社会的重大目标。生态扶贫需要在国家总体生态环境和经济发展部署下，通过加强生态基础设施，促进发展生态产业、生态搬迁、生态补偿、生态消费等入手来提升贫困区人民绿色就业创业资本和能力，进而达到改变贫困地区环境面貌和农民脱贫致富的一种扶贫方式。其特点是创造青山绿水，化青山绿水为金山银山，通过生态资源发展各种生态产业，达到人与自然和谐发展这是扶贫的一种高级形态。生态扶贫战略如图 1 所示。

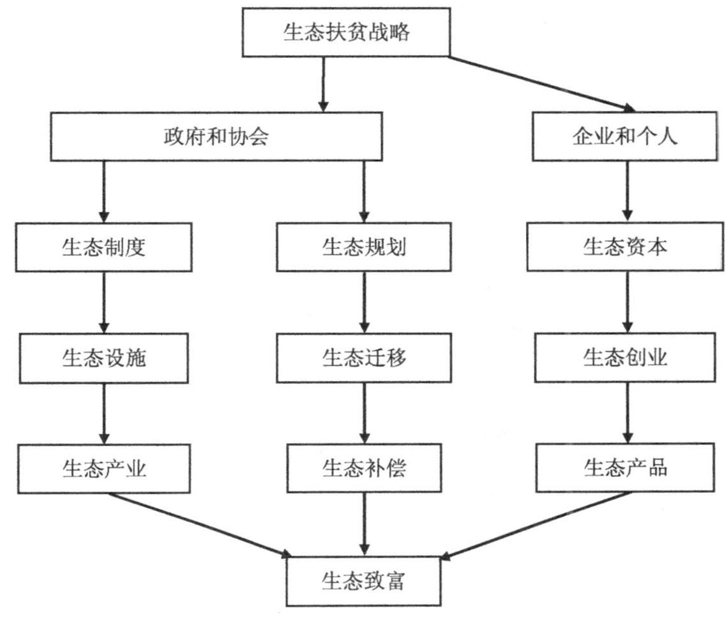

图 1　生态扶贫战略运行

2. 生态产业扶贫的主体动力博弈分析

博弈论是研究决策主体之间的行为关系反应的系统理论，在某种环境下竞争、冲突和合作的对策反应，也就是说它是探讨什么时候该竞争，什么时候该冲突，什么时候该合作。我国人均资源十分匮乏，在现实生活中，却普遍存在着公共资源使用紧张或浪费的现象。通过运用博弈论的理论方法，以及具体特例的分析，可以探讨解决公共资源过度使用和浪费的途径和措施。

大家知道，我国的社会发展长期以来经济建设为中心，不重视环境的保护，改革开放初期处于社会主义初级阶段，当时为了经济的发展，牺牲部分环境事件，可以理解。但是，在雾霾日益严重的今天，人民对环境日益关注的今天，经济与环境如何协调发展就需要考虑了，因为这之间存在的政治、经济和社会力量的博弈。用环境的恶化来换取经济的发展，从博弈论来看就是公共资源悲剧的、囚徒的困境和纳什均衡的结果。公共资源的悲剧产生原因主要有三个方面：产权难以界定，如使用公共基础设施，收费难；产权界定没有必要，如大家使用的空气和水；制度的缺陷，如国有资产的流失。关于博弈论对生态扶贫的研究是一个有趣的话题，我们将在以后的篇幅中涉及（图 2）。

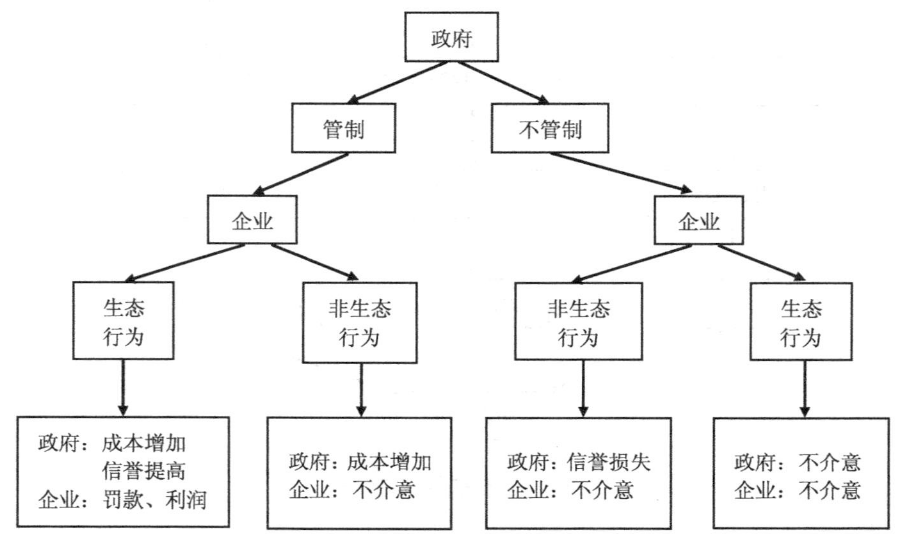

图 2　政府和民间经济实体生态行为利益博弈分析

图 2 中，政府通过管制民间经济实体，民间经济实体有了生态经济行为，那么政府虽然提高了管理成本但能够提高声誉和公信力，政府通过管制民间经济实体，民间经济实体还没有生态经济行为，那么政府即使提高了管理成本也不能提高声誉和公信力；政府放任民间经济实体，民间经济实体也没有生态经济行为，政府声誉和公信力就会下降，但也没有增加政府管理成本；政府放任民间经济实体，民间经济实体也有生态经济行为，在没有增加政府管理成本的情况下，政府声誉和公信力就会自然提高，社会满意度也会提高，对政府来说是理想的，也许

这是无为而治，但现在进行这种情况比较罕见。

3. 生态产业扶贫的分析框架

正如以上分析，生态产业扶贫是中国社会主义特点一贯关心贫苦大众，政府、企业由于舆论及补偿的传递对贫困户都有帮扶的博弈动机。贫困地区多为“老、少、边、穷、山”的地方。这些地区要么当地环境很恶劣，不适合发展，要么拥有很丰富的生态资源没有条件发展。前者就要考虑生态搬迁扶贫的方式，对于后者比较适合生态产业扶贫，尤其是生态农业产业扶贫是重点形式。生态产业扶贫将资源保护与贫困人口致富有机结合起来，将自然生态资源、贫困农户资源和政府资源寓于社会循环经济体系之中，它注重资源综合利用来减少贫困人口，增加贫困人口的收入，改善体现生态文化环境等。

生态产业可以分为生态工业、生态农业、生态服务业。相应的生态产业扶贫可以三种行业入手，也可以是三种产业的融合。根据贫困人口多为农村地区的现状，选择生态农业产业链实施扶贫是一种较好的选择，生态农业的类型涉及农林牧副渔、农家乐、观光休闲为一体的生态农业旅游业是一种高级的扶贫形式。生态农业产业形式丰富多样，包括立体循环农业如稻、鱼共生，区域特色生态农业、林下经济、生态旅游等产业。

江西省生态产业扶贫创业路线如图 3 所示。

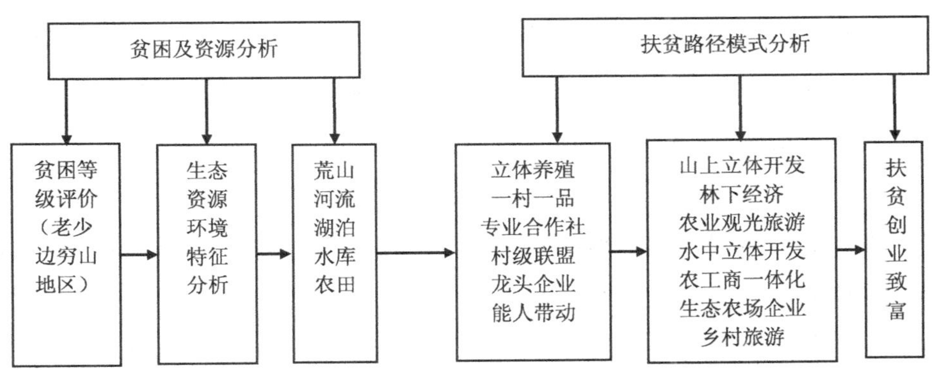

图 3　江西省生态产业扶贫创业路线设计

4. 生态产业扶贫模式形式

（1）生态旅游业扶贫。在生态资源丰富的地区，通过发展交通，整合旅游资源文化，把区域资源作为大景区，推动贫困区变青山绿水变为金山银山不失为一个好的做法。无论对政府税收和当地农村劳动力致富都不失为一盘好棋，但同时也需要全区域政府、企业、民众的通力合作。江西生态资源丰富，发展生态旅游业得天独厚，这方面应该引起政府重视，只有政府做好通盘规划，民间才有跟进的可能。俗话说，行万里路，读万卷书。生态旅游有多种效能，能满足求学、体能开发、文化吸收、健康疗养和商机开发等功能。

（2）生态农业产业化扶贫。大至中国小到江西都可以通过发展生态农业产业化，来促进农民脱贫致富，尤其江西作为一个生态大省，发展生态农业促进农民脱贫致富是一个现实的重要途径。生态农业产业化建设包括了农业社会服务体系、农民专业合作社、扶持农业龙头企业和农业生物资源综合利用（如沼气）工程建设。生态农业扶贫的内容丰富，具体有如下形式：①生态农场。通过种、养、加工等使得使资源循环高效利用。吸引多元化投资，包括民企、合作组织以及个人。②废物循环生态农业。把各种废物农产品（如稻草）转换为有机农家肥代替化肥使用。③观光农业。这在中国台湾地区盛行，如提供各种休闲观光农业，把生产、消费和旅游融为一体。④无土栽培农业。这在城市适合发展，通过屋顶、阳台等小面积无土精心栽培，发展生态农业。⑤共生农业。如“果—鱼—菜”共生农业。例果—鱼—菜共生食物链发展。⑥微生物工程农业。通过微生物工程的发展进行生物防治。减少耕地紧张。⑦山区立体农业。江西省山区面积广，约占70%，要充分利用各地山区的资源禀赋特征。

（3）生态产业园扶贫。生态产业园区是根据循环经济理论设计的产业区，包括自然资源、生态产业和生态社区的综合经济实体，是对生态资源、生态资本、生态品牌、生态营销和生态消费融为一体的系统。20世纪90年代以来，发达国家如欧美纷纷发展生态产业园区。中国在经济快速发展与环境恶化的矛盾下，必须日益重视实现区域生态产业园区的建设，生态产业园区正成为工业园区建设的主要方向。

生态产业园区的类型按行业特色来看可以分为有农业主导型、工业主导型、混合型和资源回收型等类型。从政府角色来看有政府主导型和政府引导服务型。生态产业园区通过生态资源循环规划利用、规模经济和龙头企业带动效应能有效解决贫困区人民项目选择难、融资难和营销难的创业问题。对于优化主导产业、吸纳劳动力就业和拉长生态产业链有着长远意义。它能把更多的贫困地区和贫困人口快速引导到致富的轨道上来，达到高速、稳步推进生态致富的目的。

（4）林业及林下经济扶贫。林下经济是一种充分开发利用林业林地的资源来发展林下养殖或种植的经济形式，其特点是投入少、见效快，我国许多贫困地区的农户都居住于山区，这些地方拥有丰富的林地资源。推行林下经济是绿色协调等五大发展理念的表现，是生态扶贫和精准扶贫的表现。它有利于整合政府资源、行业资源、金融资源、合作社资源和农户资源发力来扶贫创业，能带动信息业、物流业和加工业的发展，也适应了当今绿色食品和生态食品市不断增长的市场要求。据统计。2012 年 7 月，林下经济的产值达 3 601 亿元，占全部林业总产值的 9.73%。新形势下这种比值还需要提高，林下经济扶贫是值得推广的一种形式。林下经济利用的具体模式很多，如林下种植就包括了林果种植、林药种植、林菌种植、林粮种植和林草种植等，林下养殖包括林下饲养养鸡、猪、牛和羊等。此外还有森林产品的加工、森林旅游休闲产业等。

三、江西农村劳动力生态创业致富实践案例分析

1．生态旅游扶贫开发模式分析

案例 1：吉安地区的生态旅游扶贫

近年来，吉安地区积极推动景点旅游向全域旅游的升级，通过发展生态旅游，带动贫困农户发展农家乐等生态产业，分享生态旅游的红利，加快国家旅游扶贫试验区的建设，顺应旅游的大众化、全域化、智能化和商务化的潮流，提前谋划生态旅游产业，精心准备。其中吉安地区的新干县生态旅游发展尤为突出，该县

政府提出要把新干县打造成湿地旅游、青铜文化旅游、山水保健旅游、农业科考旅游等具有一定的新意，从而把旅游业与农业生态资源、水资源、文化资源紧密联合起来，并重点优化玉华山、黄泥埠等精品乡村旅游，计划到2020年旅游业总人数达150万人次，收入2亿元。开发农家乐旅游，打造美丽乡村一日游的项目，有力地促进了农户就业创业，带动了贫困户走向致富道路。

案例2：赣州地区的生态旅游扶贫

赣州地区的生态旅游业也是很有特色，赣州市把生态旅游业分为休闲观光、客家民俗旅游、红色旅游等方面着手。如上犹县发展生态旅游扶贫具有典型示范作用，上犹县位于赣州市西南部，人口约31万人，是中国低碳旅游示范县、绿色能源示范县，属于国家级生态功能区，同时也是国家扶贫开发重点县，罗霄山连片特困县之一。上犹县发展生态旅游扶贫具有典型示范作用，上犹县政府依托生态优势，着力打造水湖风景区，形成一条鱼、一幅画、一块石、一杯茶和一列火车的生态旅游产品组合，并引导两万农户参加生态旅游资源开发，使得如“两茶和一苗”生态农业产业和旅游业得到同步发展，为贫困区人民脱贫致富打下坚实的基础。赣州地区龙南县也是我国500个全域旅游示范区之一，其生态旅游发展态势不错，生态旅游扶贫开发型成效明显。2017年一季度该县接待游客86万人次，收入6.52亿元。该县政府高度重视生态旅游业的发展，着力打造未来10个重点精品旅游点，设立了规模20万元旅投基金。龙南县与福建天沐、江西铁投、赣州林投、新华社等涉旅企业形成战略合作，同时对道路和桥梁建设启动了改造提升计划，充分融入旅游元素，推动旅游与生态工业、农业、城乡一体化建设进程。2017年2月龙南获江西省全域旅游十佳县的称号。该县的生态旅游建设不仅改变了城乡面貌，同时也带动农民脱贫致富的步伐。虔心小镇、渡江现代农业示范区吸纳1 000多贫困劳动力就业创业，使得旅游红利传递到贫困农户中，分享改革开放的成果。

启示：

江西省有丰富的生态资源，通过开发生态旅游资源具有生态科考、体能开发、文化吸收、健康疗养、商机开发等功能，进而通过开发生态旅游资源带动农户或贫困人口就业创业从而实现致富。但是这需要政府和行业协会等支持，因为生态旅游规划是一个系统工程，首先本区域要对交通设施需要全盘规划和设计，另外景点的基础设施需要通盘谋划建设。此外，如何通过发展生态旅游进而带动农户就业创业的致富渠道也要打通。因而实施生态旅游致富是一个系统工程，需要政府、企业和群众齐心协力，通力合作才能成功。江西近几年来在推进生态旅游供给侧改革方面做出了有益的探索，积极推进生态旅游领域的创新和多种旅游产品的开发。在“十三五”期间，江西规划建设 100 个旅游小镇，10 000 个乡村旅游景点，以便打造成为全国乡村旅游示范区。在江西 70%左右的生态旅游资源集中在乡村，乡村旅游市场约占整个旅游市场的 50%，未来几年，江西将大力发展公路交通和铁路交通，开发乡村旅游。发挥乡村旅游的生态扶贫效益，形成输血和造血相结合的扶贫机制。

2. 生态农业产业致富案例分析

案例 1：江西银河杜仲开发公司

江西银河杜仲开发公司通过拓展杜仲生态产业链条，开发了杜仲茶、杜仲酒和以杜仲为饲料的杜仲猪，其中杜仲猪肉成为北京、上海等一线城市高档猪肉的首要选择，被评为“赣鄱十宝”。董事长采用公司+基地+农户的模式，带动农民创业致富，组织农户按照绿色标准养殖杜仲生猪，统一提供饲料以及卫生防疫，统一回收。公司为村民提供 400 余劳动岗位，农户增收 6 000 多万元。

案例 2：凯迪生态有限公司

凯迪生态有限公司积极顺应精准扶贫的号召。开拓了生物发电为主的商业模式，为农村劳动力提供岗位，延伸生态农业产业链。公司董事长通过考察，利用遂川县独特的农业林业生态资源，发展生物质能源，创造 2 000 多就业岗位，农民增收 8 000 万元，同时利用生物质发电的废渣作为农家肥料，使得资源循环利用，将生态、经济、社会三种效益得到有良好的统一，凯迪生态项目得到了江西省政府认可。目前，该公司正积极扩大到江西其他 20 个国家级贫困县中，造福贫困区居民，积极参与扶贫行动。

案例 3：分宜政府+龙头企业+合作社+农户的合作

此外，分宜县政府也十分重视农业生态产业扶贫，该县立足丰富的生态资源优势，点绿成金，重点扶持苎麻、西瓜、苗木、油菜、药材和食用菌等特色生态农业企业，在土地流转、金融方面给予政策倾斜支持，推行龙头企业+合作社+农户的合作经营模式，培育农民专业合作社 567 家，促进农村劳动力 5 万人就业创业，同时利用优美的风景区作为基地，以农业科技园为载体，发挥农民专业合作社的作用，因势利导发展家庭生态农场、农家乐等约 295 家，引导导农民积极利用资源化利用如废弃稻草作为农家肥料，综合治理农田污染，修复耕地，做好清洁生产。

案例 4：返乡农民工生态创业

返乡农民工生态创业创业的例子非常多，例如，江西省汪某在外地打工 10 多年，积攒了 40 多万元并借来 20 万元，承包了 130 亩土地，从事了生态种植业，包括水果、蔬菜，同时投资 100 万元兴建了 300 m^2 的观光园，他聘请扶贫对象入股或工作，带动了村民脱贫致富。此外江西省“80 后”的王某承包当地 100 亩田地，发展生态农业观光园，用线上线下的互联网模式，销售自产的蔬菜、水果、肉类，聘请了村民来园区用工，或者自己管理自己的生态园区。

启示：

创业致富大潮中，社会的关注和个人努力是必不可少的。根据我们课题组的调查，江西在发展生态农业在农村劳动力中日益深入人心，涌现许多生态农业创业致富案例。在发展生态农业产业方面，他们有的是“公司+农户”，有的是“政府+龙头企业+农户”下的创业形式，有的是“生态农业+互联网”，有的是“生态农业+生态旅游”。其中“公司+农户”的例子较多。

他们在生态创业中创新了许多组织管理形式，比较好地发挥了政府、公司和创业者的价值功能，同时能根据本地优势产品来开发生态农业产业，我们认为在发展生态农业产业中，要高度重视个体的激励作用和农业龙头企业的带动作用，用市场机制配置机制来形成战略联盟，政府应该从政策和金融方面给引导帮扶鼓励，凯迪生态有限公司根据自身的优势发展生物质能源和农家有机肥，实现了生态、经济和社会的三重效应，很值得我们学习，江西银河杜仲开发公司的生态产业链模式也是很好的一个产业模式链条。当前我国正处于产业升级转型阶段，很多返乡农民工选择自主创业，应该引起政府的高度关注，政府应该从资金、技术、创业环境上给予支持，提升农民工的人力资本和社会资本，使得他们积累的创业资本能够得到有效利用，让社会实现充分平衡的发展，有效克服中等收入国家的增长乏力的陷阱。

3. 生态产业园扶贫案例分析

案例 1：南昌凤凰沟现代生态农业示范园

南昌凤凰沟现代生态农业示范园是在原来的江西省蚕桑茶叶研究所基础上整合各种生态资源建成。他们的目标是打造休闲观光农业旅游和 5A 景区、农村实用人才培训基地和农业科技推广基地。园区高度重视人才引进，与 11 名院士签订合作，承担省级科研项目 83 项，形成了蚕、茶、苗圃、养殖等产业链。2017 年实现营业收入 1 000 万元。休闲旅游收入达 1 000 万元，成为南昌人的后花园。

案例 2：新干县现代农业示范园

新干县现代农业示范园区集科研、示范、观光和展示为整体。得到县政府高度重视，2017 年 3 月，中央电视台“新闻联播”作为供给侧改革典型给予报道，园区约有 13 293 亩，以果业、绿色蔬菜、中药材和水稻为主业，培育高新技术产业基地，蜜橘和商洲枳壳等标准化生产基地，入住江西井盛农业、绿祥农业和腊月红等农业龙头企业，园区通过作物高效栽培技术、节水灌溉和科学管理，使得核心区人均纯收入明显高于周边 15%，每年培训农民技术骨干 200 多人，吸纳就业 15 000 人次。为做好园区建设，政府成立了相关指挥部，并与省内农业科研院校如江西农业大学、江西农业科学院建立长期合作。乐安县谷岗乡创建了谷农大棚蔬菜基地，建立了农民贫困户+基地+合作社发展模式，基地利用畜禽粪便用于基地蔬菜的种植。

启示：

江西南昌凤凰谷生态农业示范沟和新干县现代农业示范园，利用区位优势政策交通资金等，园区综合配套资源，积极发展生态农业、生态科研试验、旅游观光等生态产业比较好地解决了农村劳动力尤其是贫困户的就业创业问题，推动了区域经济的发展，树立了生态产品的品牌效应。

生态产业园区通过对宏观、微观环境的分析，利用区位、资源、政策等因素的关系，围绕园区运营目标，多方面、多角度支持园区产业项目的开发和发展。生态产业园区建设包括开发建设模式、风险预警模式、组织管理模式、区域竞争力、产业定位、市场细分等，园区采用生态供应链流程，按照供应链关系，组成一个个生产链实体，在时间和空间上，配置生态经济系统，形成良好的经济、环境和社会效益，有利于快速打造生态产业的规模效益和品牌效应，提高公司和个人生态创业的成功率。

4．林下经济扶贫案例分析

案例 1：吉安地区的实践

信丰县利用三个统一模式：政府统一规划，乡镇统一流转，林场统一经营，对 4 016 户贫困户进行深度扶持。在油山林场进行油茶林下经济复合种植模式。吉安市采取“公司+合作社+贫困农户”的模式，建成构树、蛋白桑试种基地 4 个总产值 100 亿元。贫困户增收 6 000 元。玉山县则重视林业科学技术对扶贫的作用。重点推广高产油茶、香榧、湿地松等技术，建立了 4 个县级林下经济扶贫基地，直接在林区培养栽种、防病技术员。发展指导扶贫骨干成员。

案例 2：宜春地区的实践

宜春市视林下经济为激活林业产业的突破口。除争取上级政府的资金外，该市另外补助 150～300 元/（a·亩），进行政策补助。如丰城游方村创新“四统一分”的模式，整合闲置荒地，引导农户参与林下经济产业 3.4 万人，产业方向以“三子一壳”为主。在油茶或其他林种下套种药材同时延长油茶产业，以油茶壳培育海鲜菇，再用脚料创作有机肥料。通过“公司+基地+农户”的形式，对贫困户在耕种、技术生产管理、销售渠道上进行帮扶，每年增收 2 万～3 万元。并初步形成明月山、宝峰寺、百丈寺、禅都等生态文化旅游景区。高安县做法：以林禽、林畜、林蛙、林蜂为主导的林下经济，高安的大白鹅、崇仁的山鸡、明月山的棘胸石蛙、三爪仑的蜜蜂不断赢得市场的认可。崇义县做法：为发展林下经济，崇义县实施方案和路线规划，出台了一系列帮扶政策，从资金融通、技术精准下功夫，重点补贴特色林下经济种植刺葡萄、南酸枣，聘请林业技术专家指导培训林农。林下经济发展迅速，2016 年林下种植 5 万亩，农户增收 11.6 亿元，人均收入达 4 000 元，成为农民增收、脱贫攻坚的重要渠道。

案例 3：会昌县的实践

会昌县的做法：会昌县采取政策指导、典型驱动和服务到位的方法，发展林下经济，变砍林、毁林，向植树、养树转化，优化了林下经济合作社的办理手续，通过将林地使用权、所有权、承包权作为抵押物，解决融资问题。目前该县拥有花卉、油茶等林业合作社 30 多个，促进了林禽、林药、林菜、林果、林苗等林下经济形式的发展。

启示：

“不砍树，能致富”是林下经济的优势，必须在发展生态产业中引起高度重视。江西省具有丰富的林地资源和森林生态环境，鼓励农村农户尤其是贫困户大力发展林下种植、林下养殖、林下产品加工以及森林景观利用，可以成为农村经济发展的一个新增长点。为此江西省林业厅把发展林下经济作为创新发展模式的抓手，是一个值得推广的做法。2017 年 7 月江西省林下种植新增面积 712.97 万亩，涉及油茶、苗木、蔬菜、香精香料等品种达 30 多种，产值达 469.53 亿元。目前，江西省林下经济已形成林油、苗、药、禽、畜、蜂、菜、菌、旅游等多种林下经济形式。2016 年林下经济的林业经营主体 6 672 个，合作社 3 070 个，产值 98.21 亿元。其中赣州、新余、宜春以油茶为主，资溪、万年、弋阳以雷竹为主，遂川、吉水、金溪以香精香料为主，德兴、樟树、临川以药林为主，万安县以野生动物驯养为主。全省通过山地林地承租、入股、劳务自营等形式参加的人数达 318.16

万人，贫困农民 40.45 万人，这些成绩都证明发展林下经济大有可为，对于实施精准扶贫有重要意义，在江西上各地区涌现林下经济模式需要不断总结并推广到其他省份。

四、生态产业扶贫创业致富理论结论及建议

生态产业扶贫是基于生态学理论和博弈反应理论，以分析产业的环境承载力、生产要素的有机搭配和资源的循环利用为宗旨，构建人与自然和谐平衡发展的一种扶贫方式。从提高声誉和公信力角度，政府要强化生态产业管理，通过行业规划、园区建设将生态资源转变为生态资本，引导民间经济实体（贫困区企业和个人）进行生态资本运作，进而形成生态产品品牌，满足人们优质生态产品的需要。生态产业创业致富链包括资源生态因素、技术生态因素和人文生态因素的耦合，是人流、物流、信息流在生态演绎过程，形成互为食物链的机制，防止了人贪婪过度追求利润，不顾破坏环境的倾向，让生产、消费和环境保护融为一体。生态产业扶贫本质上是社会科学与自然科学的合作博弈，是两者的联姻，它的思维形式要求由线性变为立体式的思考，通过生态规划、设计和生态管理使得自然资源和社会资源得到循环利用，注重产品全寿命周期的追踪评价与开发，环境和谐统一，社会进步发展。生态资源丰富是江西省的特色，经济欠发达，贫困人口多也是江西的一大问题。因而如何利用江西丰富的生态资源转化为贫困农户就业创业的创业资本进而品牌运作开发绿色产品，实现生态保护与脱贫致富同步进行具有重要的意义。生态扶贫的概念提出具有一定的创新和绿色发展的理念，其特点是创造青山绿水，化青山绿水为金山银山，通过生态资源发展各种生态产业，达到人与自然和谐发展这是扶贫的一种高级形态。通过以上扶贫方式和案例实践分析说明，生态产业扶贫方式形式多样，在生态产业扶贫过程中，各地区要结合农户贫困情况和资源情况，因地制宜选择恰当的生态产业扶贫模式。

参考文献

[1] 雷明. 绿色发展下生态扶贫[J/OL]. 中国农业大学学报（社会科学版），2017：1-8.

[2] 张毓卿，周才云. 精准扶贫视域下赣南生态扶贫困境与优化路径[J]. 江西社会科学，2016，36（12）：53-58.

[3] 龙涛. 生态扶贫研究综述与重点展望[J]. 四川林勘设计，2016（3）：50-54，89.

[4] 沈茂英，杨萍. 生态扶贫内涵及其运行模式研究[J]. 农村经济，2016（7）：3-8.

[5] 颜建军，谭伊舒. 生态产业价值链模型的构建与推演[J]. 经济地理，2016，36（5）：168-174.

[6] 黄金梓. 生态扶贫的源流与制度[J]. 文史博览（理论），2016（1）：39-41.

[7] 鲁伟. 生态产业：理论、实践及展望[J]. 经济问题，2014（11）：16-19，43.

[8] 王振颐. 生态资源富足区生态扶贫与农业产业化扶贫耦合研究[J]. 西北农林科技大学学报（社会科学版），2012，12（6）：70-74.

[9] 李棕. 我国生态产业的政府规制效果研究[D]. 江西师范大学，2012.

[10] 李棕，邓光亚. 生态产业理论研究综述[J]. 江西师范大学学报（哲学社会科学版），2010，43（5）：206-210.

[11] 余达锦，胡振鹏. 鄱阳湖生态经济区生态产业发展研究[J]. 长江流域资源与环境，2010，19（3）：231-236.

[12] 梁伟军，易法海. 生态产业演进机制研究[J]. 经济纵横，2007（20）：70-73.

[13] 韩良，宋涛，佟连军. 典型生态产业园区发展模式及其借鉴[J]. 地理科学，2006（2）：2237-2243.

[14] 孙长学，王奇. 论生态产业与农村资源环境[J]. 农业现代化研究，2006（2）：100-103.

[15] 王如松，杨建新. 产业生态学和生态产业转型[J]. 世界科技研究与发展，2000（5）：24-32.

农户清洁能源应用政策满意度及影响因素分析
——基于江西省的调查数据①

习佳遥[1] 滕玉华[2]

（1. 江西农业大学经济管理学院，南昌 330045；

2. 江西师范大学商学院，南昌 330026）

摘 要：采用江西省695个农户调研数据，考察农户对清洁能源应用政策满意度及其影响因素。研究表明，农户对清洁能源应用各项政策的满意度不高；平原地区农户对清洁能源应用政策的满意度最高，丘陵地区农户次之，山区农户最低；清洁能源示范县农户对各项清洁能源政策的满意度均高于非清洁能源示范县农户；已经应用清洁能源的农户对各项清洁能源应用政策的满意度，都高于还未应用清洁能源的农户；相对于个体特征、村庄特征，农户的清洁能源政策认知对其政策满意度的影响更大。

关键词：清洁能源 政策满意度 农户

① 基金项目：国家自然科学基金应急项目“农户清洁能源应用行为形成机理与政府推进政策研究——以江西为例”（71540033）、国家自然科学基金项目“农村居民节能行为形成机理与节能激励政策研究——基于江西的抽样调查”（71663032）、江西省社会科学规划项目“农户生产亲环境行为中‘态度-行为’缺口形成机制与修复策略研究”（17GL07）、江西高校人文社科项目“农村居民节能行为的心理归因与政策干预路径研究”（GL161015）的阶段性成果。

一、引言

人类的生存发展离不开良好的生态环境。党的十九大报告指出，坚持节约资源和保护环境的基本国策，像对待生命一样对待生态环境。伴随着我国广大农村地区生活水平的提高，农村居民能源消费需求也日益增长。我国农村居民人均生活用能量从 2000 年的 88 kg 标准煤增长到 2014 年的 325 kg 标准煤，14 年增加了近 3 倍，同期城镇居民人均生活用能量从 213 kg 标准煤增加到 364 kg 标准煤，增幅仅有 70.89%（中国能源统计年鉴，2015）。我国农村的能源消费结构正在从传统的非商品能源转变为商品能源，农村煤炭消费正在成为我国碳排放增长的主要来源，并造成严重环境污染（史清华等，2014）。为了农村可持续发展，有必要采用清洁能源替代传统能源（柴薪、煤炭等），优化农户能源消费结构。国家出台了一些促进农村清洁能源发展的政策，但这些政策都是从供给角度制定，农户是否满意这些政策还不清楚。Cardozo（1965）认为顾客满意度会极大影响顾客的消费购买行为。农户只有满意现有的清洁能源政策，才会在生活和生产中应用清洁能源。因此，需要对农户清洁能源政策满意度进行评价，考虑到农户在家庭收入、文化程度、年龄等方面存在差异，农户的清洁能源政策满意度也可能会存在差别。农户清洁能源政策满意度受到哪些因素的影响，回答这一问题对于提高清洁能源政策效果有重要意义。

已有文献对农户清洁能源应用行为进行了广泛研究，主要在分析农户清洁能源应用行为影响因素、农户对清洁能源的政策需求方面。如滕玉华等（2017）基于结构方程模型从农村居民购买及使用行为两个维度出发，对农村居民清洁能源应用行为影响因素的作用机理进行分析，研究发现，情景因素（经济激励政策、自愿活动、宣传教育、清洁能源产品属性）以农户感知为中介，对农户清洁能源使用行为产生正向影响。习佳遥等（2017）研究了农户应用清洁能源的政贷需求，发现农户对政府提供应用清洁能源的技术培训、清洁能源产品购买补贴和应用清洁能源后续服务最为需要。赖良玉等（2017）分析了外部因素影响农户清洁能源初次应用行为的作用机理，发现正向影响农户清洁能源初次应用行为的因素包括经济激励、清洁能源产品属性、感知因素（感知应用清洁能源的有用性与易用性）和环境问题认知。仇焕广等（2015）研究发现，家庭收入水平、劳动力价格、不可再生能源价格及农户家庭特征等因素，对农户清洁能源消费具有显著影响。

现有研究已取得丰硕成果，但还有两个问题值得探讨：一是鲜有文献分析农户清洁能源应用政策满意度；二是对不同特征农户的清洁能源应用政策满意度差异研究较少。综上所述，本文从政策供给角度出发，分析不同特征的农户清洁能源应用政策满意度的影响因素，以及这些因素与农户政策满意度的相关程度，以期为政府制定农村清洁能源应用政策提供针对性建议。

二、数据来源与样本特征

1. 数据来源

为了深入调查江西省农村居民对清洁能源应用政策满意度，课题组于 2015 年 12 月至 2016 年 6 月对江西省的 100 个样本村农户进行实地调研，共发放问卷 950 份，收回 794 份，剔除无效问卷后，有效问卷为 695 份，有效问卷率为 87.5%。

2. 样本特征

课题组所调研的受访者特征如下：受访者中以男性居多，有 509 位，占总样本的 73.2%，女性只占 26.8%；大多数受访者年龄都在 35 岁以上，以中老年为主，占总样本比例的 68.2%；受访农户中已婚的占 79.3%；从受教育程度来看，样本农户中，文化水平为初中的占 43.6%，小学及以下水平的占 26.3%，高中及以上的只占 30.1%，这表明被访农户的受教育程度普遍不高；从农户的家庭年收入看，家庭年收入在 3 万元以下的占 36.7%，家庭年收入在 3 万～5 万元的占 30.5%，家庭年收入在 5 万元以上的占 32.8%，这表明大部分受访农户收入较低；绝大部分受访者在非清洁能源示范县；从地形来看，大部分受访农户村庄所处地形为丘陵。

三、农户清洁能源应用政策满意度分析

1．农户清洁能源应用政策满意度总体分析

为了深入分析农户对清洁能源应用政策的满意度，本文将农户对户用沼气池修建补贴政策满意度、户用沼气池后续服务政策满意度、太阳能热水器购买补贴政策满意度、清洁能源应用宣传政策满意度、清洁能源技术培训政策满意度、清洁能源技术指导政策满意度这 6 个变量进行分析。采用李克特 5 级量表法，将农户满意度评价分为五个等级（很不满意、不太满意、一般、比较满意、非常满意），分别赋值为 1、2、3、4 和 5。在调查问卷中，要求被访者根据自身的实际情况对满意度进行评价。由于农户政策满意度的理论中值是 3，当农户对政策的满意度评价小于 3 时，表示农户对政策不满意；当农户对政策的满意度评价大于 3 时，则表示农户对政策满意。上述 6 个变量的描述性统计结果见表 1。

表 1　农户清洁能源应用政策满意度统计结果

		修建沼气池补贴政策	沼气池后续服务政策	太阳能热水器购买补贴政策	清洁能源宣传政策	清洁能源技术培训政策	清洁能源技术指导政策
均值分析	均值	2.80	2.69	2.97	2.86	2.67	2.69
	标准差	0.876	0.893	0.884	0.874	0.933	0.956
分布比例/%	很不满意	6.6	8.9	5.9	5.6	11.2	11.7
	不太满意	28.6	30.6	20.1	26.6	29.5	27.1
	一般	45.5	44.7	47.8	46.0	43.0	45.8
	比较满意	17.1	13.4	23.5	19.3	13.8	11.7
	非常满意	2.2	2.3	2.7	2.4	2.4	3.9

从表 1 可知，农户对应用清洁能源各项政策满意度均值都低于理论中值 3，说明农户对各项清洁能源应用政策满意度不高。其中，从均值来看，农户对于太阳能热水器购买补贴政策感到最为满意，其值为 2.97 分；其次是清洁能源应用宣传政策满意度与户用沼气池修建补贴政策满意度，分别为 2.86 分与 2.80 分；农户

对清洁能源技术培训政策的满意度最低，只有 2.67 分。从分布比例来看，对于应用清洁能源的这 6 项具体政策，农户感到“很不满意”比例较大的是清洁能源技术培训与技术指导政策，占比分别为 11.2%和 11.7%；农户感到“不太满意”比例最高的是户用沼气池的后续服务政策，占 30.6%，其次是清洁能源技术培训政策，占比为 29.5%；农户感到“一般”和“比较满意”比例最大的是太阳能热水器购买补贴政策，分别是 47.8%和 23.5%；各项政策满意度分布比例总体呈倒 U 形。从均值得分与分布比例均可看出，在六项推进农户应用清洁能源的政策中，农户对太阳能热水器购买补贴政策感到最满意。

2．农户清洁能源应用政策满意度比较分析

（1）不同地形农户清洁能源应用政策满意度差异比较。本文根据地形差异，将被访者村庄所处的地形分为平原、丘陵和山区三种情况，对不同地形农户清洁能源应用政策满意度进行比较分析，分析结果见表 2。由表 2 可见，平原地区农户对太阳能热水器购买补贴政策满意度最高，达到 3.03 分，高于中值 3。平原地区农户对其他五项清洁能源政策满意度都小于 3，说明平原地区农户对其他五项清洁能源政策都不满意。这意味着政府在这五项政策上还有待改进。村庄所处地形为山区和丘陵农户对六项政策的满意度均小于 3，表明山区和丘陵地区农户对清洁能源应用政策不满意。相对于丘陵农户，在这六项政策的评价上，山区农户的满意度均小于丘陵农户的满意度。这说明山区清洁能源应用政策还有很大的改

表 2　农户对清洁能源应用政策满意度的地形差异比较

指标		修建沼气池补贴政策	沼气池后续服务政策	太阳能热水器购买补贴政策	清洁能源宣传政策	清洁能源技术培训政策	清洁能源技术指导政策
平原	均值	2.87	2.81	3.03	2.84	2.68	2.82
	标准差	0.862	0.938	0.783	0.899	0.937	0.971
丘陵	均值	2.82	2.71	2.98	2.88	2.72	2.69
	标准差	0.864	0.843	0.876	0.866	0.924	0.890
山区	均值	2.66	2.56	2.89	2.85	2.54	2.55
	标准差	0.906	0.944	0.987	0.871	0.945	1.065

进空间。总体来看，山区农户对应用清洁能源的各项政策满意度都较低，而平原地区农户对清洁能源应用政策的满意度最高，丘陵地区农户次之，山区农户对清洁能源应用政策的满意度最低。这说明为了促进农村清洁能源发展，政府不仅需要完善促进政策，还需重点提高山区和丘陵地区农户对清洁能源应用各项政策的满意度。

（2）清洁能源示范县农户与非清洁能源示范县农户政策满意度差异比较。为了促进清洁能源发展，国家建立了清洁能源示范县，其中江西有四个清洁能源示范县（上高县、定南县、鄱阳县和上犹县）。清洁能源示范县农户与非清洁能源示范县农户对清洁能源应用政策满意度的差异性见表 3。由表 3 可见，清洁能源示范县农户对清洁能源宣传政策满意度均值达到 3.11 分，高于中值 3，说明农户对清洁能源宣传政策满意。而其他五项政策的满意度均值都小于 3，表明只有政府的宣传教育在清洁能源示范县达到预期的效果，其他政策还需要完善。非清洁能源示范县农户对太阳能热水器购买补贴政策的满意度均值为 2.97 分，接近 3，而农户对其他五项政策的满意度均值都小于 3，其中清洁能源技术培训政策、清洁能源技术指导政策和沼气池的后续服务政策的满意度均值都小于 2.7，这说明在非清洁能源示范县政府需要重点改进这三项政策。从总体上来看，清洁能源示范县农户对各项清洁能源政策的满意度均高于各项政策总体满意度的均值。这说明相对于非清洁能源示范县，清洁能源示范县在清洁能源政策落实上做得较好。

表 3　清洁能源示范县农户与非清洁能源示范县农户满意度差异

指标		修建沼气池补贴政策	沼气池后续服务政策	太阳能热水器购买补贴政策	清洁能源宣传政策	清洁能源技术培训政策	清洁能源技术指导政策
非示范县	均值	2.79	2.68	2.97	2.84	2.64	2.68
	标准差	0.885	0.896	0.868	0.866	0.924	0.954
示范县	均值	2.82	2.83	2.97	3.11	2.91	2.77
	标准差	0.788	0.858	1.030	0.921	0.996	0.981

（3）已应用农户与未应用农户对清洁能源政策满意度差异分析。本文根据农户清洁能源应用情况，将全部农户划分为两类：已应用清洁能源农户和未应用清洁能源农户，这两类农户对清洁能源政策的满意度评价见表4。由表4可知，已经应用清洁能源的农户对各项清洁能源应用政策的满意度，都高于还未应用清洁能源的农户。并且，已经应用清洁能源的农户对于太阳能热水器购买补贴政策最为认可，其均值为3.01分，说明已经应用农户对太阳能热水器购买补贴政策满意。而未应用清洁能源的农户对这六项政策的满意度均值都小于3，说明未应用清洁能源的农户不满意清洁能源政策。在这六个政策中，未应用清洁能源的农户对清洁能源技术培训与技术指导政策满意度较低，其均值得分仅为2.51分和2.55分。这表明要促进那些还未应用清洁能源的农户应用清洁能源，急需提高这些农户的政策满意度，尤其是清洁能源技术培训与技术指导政策的满意度。

表4　农户清洁能源应用行为对清洁能源政策满意度对比

指标		修建沼气池补贴政策	沼气池后续服务政策	太阳能热水器补贴政策	清洁能源宣传政策	清洁能源技术培训政策	清洁能源技术指导政策
未应用	均值	2.66	2.63	2.87	2.77	2.51	2.55
	标准差	0.803	0.780	0.828	0.795	0.857	0.816
已应用	均值	2.85	2.72	3.01	2.90	2.72	2.74
	标准差	0.897	0.930	0.901	0.899	0.954	0.998

四、农户清洁能源应用政策满意度影响因素分析

已有研究发现，农户政策认知、村庄特征以及个体特征会影响农户的政策满意度（曹军会等，2017）。本文从个体特征、区域特征和政策认知三个方面分析9个变量与农户清洁能源应用政策满意度之间的关系。这9个变量具体说明如下：受访者性别（男=1，女=0）、年龄（35岁以上=1，35岁及以下=0）、婚姻状况（已婚=1，未婚=0）、受教育程度（小学及以下=1，初中=2；高中=3，大专及以上=4）、

地形特征（平原=1；丘陵=2；山区=3）、是否位于清洁能源示范县（是=1，否=0）、清洁能源政策了解程度（很不了解=1，不了解=2，了解一些=4，非常了解=4）、清洁能源政策支持力度（很小=1，比较小=2，一般=3，比较大=4，很大=5）。借助 Stata14.0 软件进行相关分析计算出皮尔森相关系数，研究农户清洁能源应用政策满意度影响因素。估计结果见表 5。

表 5　农户对清洁能源应用政策满意度的相关分析

	变量	修建沼气池补贴政策	沼气池后续服务政策	太阳能热水器补贴政策	清洁能源宣传政策	清洁能源技术培训政策	清洁能源技术指导政策
个体特征	性别	−0.007	−0.061	−0.002	−0.061	0.001	−0.012
	年龄	−0.061	−0.091**	−0.076**	−0.047	−0.038	−0.053
	婚姻	−0.075**	−0.103***	−0.070*	−0.084**	−0.026	−0.043
	受教育程度	0.064*	0.059	0.067*	0.023	0.022	0.054
村庄特征	地形特征	−0.085**	−0.094**	−0.057	0.005	−0.051	−0.097**
	交通条件	0.133***	0.103***	0.214***	0.186***	0.134***	0.182***
	清洁能源示范县	0.007	0.049	0.000	0.090**	0.083**	0.026
政策认知	政策了解程度	0.222***	0.211***	0.218***	0.238***	0.199***	0.240***
	政策力度评价	0.371***	0.341***	0.377***	0.324***	0.299***	0.297***

注：*、**、***分别表示 $P \leqslant 0.1$，$P \leqslant 0.05$，$P \leqslant 0.01$。

由表 5 可知：

受访者性别与其对各项清洁能源政策满意度之间都不存在显著性相关关系；受访者年龄与其对户用沼气池后续服务政策满意度、太阳能热水器购买补贴政策满意度有负向弱相关关系；受访者婚姻状况与其对户用沼气池修建补贴政策满意度、沼气池的后续服务政策满意度、太阳能热水器购买补贴政策满意度和清洁能源宣传政策满意度有负向弱相关关系；受访者的受教育程度与其对户用沼气池修建补贴政策满意度、太阳能热水器购买补贴政策满意度有正向弱相关关系。

农户村庄所处地形与其对户用沼气池修建补贴政策满意度、户用沼气池后续服务政策满意度、清洁能源技术指导政策满意度呈负向弱相关关系。农户是否位于清洁能源示范县与其对清洁能源宣传政策满意度、清洁能源技术培训政策满意度有正向弱相关关系，其相关系数分别为0.090和0.083。村交通条件与农户对各类清洁能源应用政策满意度都有正向弱相关关系。

清洁能源政策了解程度与农户对清洁能源应用各项政策满意度均显著正相关。其中，政策了解程度与农户对技术培训政策满意度的相关系数最小，仅为0.199；政策了解程度与农户对技术指导政策满意度的相关系数最大，为0.240。

清洁能源政策支持力度评价与农户对清洁能源应用各项政策满意度都存在显著性相关关系。清洁能源政策支持力度评价与农户对沼气池修建补贴政策、沼气池后续服务政策、太阳能热水器补贴政策和清洁能源应用宣传政策的相关系数均超过0.3，表明它们之间存在低相关关系。清洁能源政策支持力度评价与农户对技术培训政策、技术指导政策的相关系数分别为0.299和0.297，接近于0.3。相对于个体特征、区域特征与了解程度，清洁能源政策支持力度评价与农户对清洁能源应用政策满意度的相关关系最强。

五、研究结论与启示

本文采用江西省农户调研数据，研究农户对清洁能源应用政策满意度的差异及其影响因素，研究表明，农户对清洁能源应用各项政策的满意度不高；平原地区农户对清洁能源应用政策的满意度最高，丘陵地区农户次之，山区农户最低；清洁能源示范县农户对各项清洁能源政策的满意度均高于非清洁能源示范县农户；已经应用清洁能源的农户对各项清洁能源应用政策的满意度，都高于还未应用清洁能源的农户；相对于个体特征、村庄特征，农户的清洁能源政策认知对其政策满意度的影响更大。

基于以上研究结论，得到以下启示：第一，要提高镇、村级清洁能源服务人员的技术水平，优化技术培训模式，改进技术培训方法，让农户能够比较容易地接受清洁能源应用知识和技能。第二，要加大清洁能源政策的宣传力度，优化宣传方式，借助宣传媒体因地制宜地开展一些农民喜爱的宣传活动。第三，要加大农村清洁能源政策的执行力度，使这些政策能够真正落实到位，提升农民的政策认知水平。第四，非清洁能源示范县要学习清洁能源示范县在清洁能源政策实施中一些好的做法，在借鉴的基础上灵活应用。第五，在农村清洁能源政策实施过程中，要充分考虑农户在年龄、文化程度、收入以及农户所在村庄等方面的差异。

参考文献

[1] 史清华，彭小辉，张锐. 中国农村能源消费的田野调查——以晋黔浙三省 2 253 个农户调查为例[J]. 管理世界，2014（5）：80-92.

[2] 滕玉华，刘长进，陈燕，等. 基于结构方程模型的农户清洁能源应用行为决策研究[J]. 中国人口·资源与环境，2017，27（9）：186-195.

[3] 习佳遥，滕玉华. 农户应用清洁能源政策需求优先序及其影响因素分析——基于江西省的调查数据[J/OL]. 无锡商业职业技术学院学报，2017（8）：48-52.

[4] 赖良玉，滕玉华，刘长进. 外部因素如何影响农户清洁能源初次应用行为——来自农户微观数据实证[J]. 科技管理研究，2017，37（11）：224-228.

[5] 曹军会，何得桂，朱玉春. 农民对精准扶贫政策的满意度及影响因素分析[J]. 西北农林科技大学学报（社会科学版），2017，17（4）：16-23.

[6] 仇焕广，严健标，李登旺，等. 我国农村生活能源消费现状、发展趋势及决定因素分析——基于四省两期调研的实证研究[J]. 中国软科学，2015（11）：28-38.

江西省绿色生态农业发展分析

苏启陶[1] 肖宜安[2] 黄国勤[1①]

（1. 江西农业大学生态科学研究中心，南昌 330045；

2. 井冈山大学生命科学学院，吉安 343009）

摘　要：江西省作为首批国家生态文明试验区之一，大力推进生态文明建设，充分发挥其生态资源优势，发展绿色生态农业，促进传统农业向现代农业转型。本文从绿色生态农业的内涵出发，从江西省发展绿色生态农业的优势和困境两个角度，分析江西省绿色生态农业的发展现状，并根据实际情况，针对相关问题提出恰当的建议。为今后绿色生态农业的发展提供参考。

关键词：绿色生态农业 发展现状 江西省

中国自古以来是农业大国，“为政之要，首在足食”“仓察实，天下安；稻粮欠，天下乱。”农业在中国占有重要的地位，其发展历来受到当局执政者的重视。我国已经实现用世界上不到 7%的耕地，让世界上 22%的人丰衣足食。如今，在以化肥农药大量投入、消耗自然资源为代价的农业生产背景下，绿色生态农业作

① 江西省农业厅科教处项目“江西绿色生态农业研究”资助。

通信作者：黄国勤，教授、博士生导师，办公室电话：0791-83828143；手机：13627081298；电子邮箱：hgqjxes@sina.com。

为绿色、低碳、可持续等特点的新型现代农业孕育而生，如何发展可持续的现代农业逐步成为研究热点。2007年10月，党的十七大第一次提出“建设生态文明”，党的十八大报告以“大力推进生态文明建设”为题，独立成篇地系统论述了生态文明建设，将生态文明建设提高到一个前所未有的高度，党的十九大进一步强调推进绿色发展，加快生态文明建设的重要意义。可见发展绿色生态农业，走低碳、可持续发展道路，是推进生态文明建设的重要一步。

一、绿色生态农业概述

绿色生态农业是集绿色农业、生态农业于一身的新型现代化农业生产模式，绿色生态农业即是以全面、协调、可持续发展为基本原则，以保护和改善农业生态环境为前提，以促进农产品安全（包括农产品数量安全和质量安全）、生态安全、资源安全和提高农业综合效益为目标，对农产品安全及对农业多功能提出了更高要求，在充分运用先进科学技术、先进工业装备、先进管理理念的基础上，汲取人类农业历史文明成果，严格遵循循环经济的基本原理，把标准化贯穿到农业整个产业链条中，有效地延长了产业链，延伸了价值链，实现生态、社会、经济、文化协调统一的新型农业发展模式；是集资源节约型、环境友好型、生态保育型、经济高效型于一体的现代农业。绿色生态农业强调农产品数量安全和质量安全，这是其区别于生态农业、有机农业和其他农业模式而具有的显著特征之一[1]。

发展绿色生态农业，根据不同地域类型，因地制宜采取不同的生产方式开展农业生产，有利于减少资源浪费、充分发挥保护生态环境、生产安全农产品等优势，维护和修复生态环境，节约资源投入。发展绿色生态农业，构建农、林、牧、渔为一体的生产体系，改变单一的农业生产模式，不仅能生产丰富、高质的农产品，提高农民的收入水平，而且能够保护全球生物多样性，减轻生态压力，缓和人与自然之间的矛盾，是保护生态系统、社会经济系统和实现可持续农业的重要手段[2, 3]。

二、江西省发展绿色生态农业的优势

1. 得天独厚的地理环境

江西是农业大省，农业资源丰富，发展绿色生态农业，江西具有得天独厚的优势。全省土地总面积 16.69 万 km^2，有 4 633.5 万亩耕地面积，2 500 万亩淡水面积，具有“六山一水二分田，一分道路和庄园”的地形地貌特征[4]。地处北回归线附近，全省气候温暖，光照充足，雨量充沛，无霜期长，非常适应农作物生长。全境土地肥沃，水资源丰富，有大小河流 2 400 余条和全国最大的淡水湖鄱阳湖。全省森林覆盖率达 63.1%，位居全国第二。交通便利，是唯一与长三角、珠三角和闽东南三角经济区毗邻的省份。2016 年，全省粮食总产达 427.6 亿斤、蔬菜 1 800 万 t、水果 397.6 万 t、肉类 357 万 t、水产品 271.6 万 t，是华南地区重要的粮食输出大省。

2. 庞大的政策体系支撑

近几年，江西省相继出台了《江西省农业生态环境保护条例》《关于推进绿色生态农业十大行动的意见》《关于加快推进畜禽养殖废物处理和资源化利用的实施意见》等一系列政策文件，构建了以绿色生态为导向的农业补贴制度，成立省、市、县三级农业综合执法机构，确定“四个一”工作推进机制，经质监部门发布且在有效期内的农业地方标准有 309 项，占全省各行业地方标准的 53%[4]。另外，2016 年 8 月，江西列入首批国家生态文明试验区，2017 年 10 月，《国家生态文明试验区（江西）实施方案》正式印发，为开展绿色生态农业提供了政策保障。在绿色产品生产方面，所有设区市及农业县（市、区）均明确了绿色有机农产品工作机构。

3. 注重品牌建设，推进绿色产业化

近几年，江西省注重品牌建设，加强各市县农产品绿色产业化发展，逐渐形成了农业产业集群。积极推进优势产业向优势区域集中，形成了“一县一业”“一

乡一特”“一村一品”的产业发展格局。通过推行标准化生产，建立一批绿色生态基地，鼓励扶持新型农业经营主体申请中国驰名商标、省著名商标、省名牌产品、“三品一标”认定。重点培育“四绿一红”茶叶、鄱阳湖水产、江西地方鸡等区域性品牌，赣南脐橙、南丰蜜橘、庐山云雾茶、宁红茶、遂川狗牯脑、泰和乌鸡等10个农产品品牌入选“2017年最受消费者喜爱的中国农产品区域公用品牌”，占总数的1/10，“生态鄱阳湖、绿色农产品”品牌知名度日益凸显。2015年推动出台了加快转变农业发展方式建设现代农业强省的意见，提出了“一控两减三基本”的基本任务，启动了省级绿色有机示范县创建。截至2016年年底，全省在有效期内的无公害农产品有1 905个，认定产地1 007个，居全国第9位；认证绿色食品598个，全国第14位；认证产地面积941万亩，全国第12位；创建全国绿色食品原料标准化生产基地41个，全国第8位，面积791.6万亩，列第4位；认证有机产品658个，面积约5.53万hm^2，全国第4位；登记农产品地理标志74个，全国第6位[4]。创建国家农产品质量安全市1个、国家农产品质量安全县10个、省级绿色有机示范县15个。推广绿色植保和统防统治面积达到4 160万亩、增加1 280万亩，全省绿肥种植核心示范面积达100.4万亩，酸化土壤改良培肥面积33.3万亩，农药用量减少20%以上；推广测土配方施肥技术面积6 824.2万亩、增加308万亩，减少化肥用量400万t，实现化肥使用负增长；新制定各类农业标准48项、增长10%，发展“三品一标”产品3 657个，主要农产品监测合格率达98.5%。

三、江西省发展绿色生态农业的面临的困难与挑战

1. 农产品深加工不足、生产规模不大

全省从事深加工、精加工龙头企业较少，产业链不长，产品较为单一，附加值不高；农副产品大多以鲜活产品进入市场，相比之下竞争力不足，限制了农业产业化向深层次发展。而企业研发能力不足，产品更新较慢，无法满足市场需求，

进而导致市场占有率低下。另外，由于市场经济意识较差，导致生产的盲目性和经营的分散性，产品供应规模小，包装质量低，优质农产品品牌标注不完备，难以进入超市等大型消费场所。即便一些已获得绿色、无公害认证的优质农产品，因为生产规模小而生产成本过高，难以维持稳定的供需关系，缺乏价格的竞争力，进而导致绿色农产品竞争力不足[5]。

2．绿色农产品经济效益不高

虽然近几年绿色产品、有机产品等得到了大量的政策扶持，认证产品数量快速增长，但是其所带来的经济效益却不明显。一方面，优质优价机制尚未形成，绿色产品并非是市场主流产品，直接影响其经济效益。滥用“三品一标”标志现在较为突出，直接冲击“三品一标”品牌及其生产企业[6]。另一方面，民众思想尚未转变，绿色产品消费群体较小。虽然现在绿色消费逐渐成为主流，但是知识水平、经济水平、社会阶级等差异造就了不同的消费理念和方式不可忽视，如何引领人民开展绿色消费尤为重要。降低绿色产品生产成本，拉近与非绿色产品的价格差距，加强引导民众绿色消费，增加绿色产品的市场占额，提高“三品一标”农产品的经济效益。

四、江西省发展绿色生态农业的建议

1．完善政策体系，加大扶持力度

绿色生态农业是一项巨大的系统工程，需要大量的资金投入。大力推进江西绿色生态农业发展，离不开资金和政策的扶持[1, 7]。必须建立和完善推动绿色农业发展的经济政策，鼓励和推动绿色农业快速发展。绿色生态农业是高科技的产业，各级政府要加大对绿色农业的财政扶持力度，增加对绿色生态农业基地建设和产品研发的投入，大力扶持绿色农业科技创新，为绿色生态农业的发展提供坚强的科技支撑。同时，需要加强对品牌的监管力度，坚持用标准说话，树立风险意识和底线意识，强化制度安排及落地，防范出现系统性风险隐患，维护品牌农产品信誉度，提高知名度，赢得民众的信任。

2．加大宣传力度，倡导绿色生产、绿色消费

加大对绿色生态农业的宣传力度，要注重对生产经营主体灌输绿色生态农业的发展意义、方针政策和典型经验，积极引导生产经营户向绿色生态农业方向发展。对农业主导产业实施农药化肥零增长行动，推广“三生三诱”（生态防治、生物防治、生物农药防治、灯光诱杀、性诱剂诱杀、色板诱杀）技术和“三高三低”（高防效、高活性、高含量、低毒、低残留、低污染）农药使用技术，大力推广测土配方施肥，在市、县（区）两级都建立了测土配方中心。农民是发展绿色农业的主体，而当前江西省广大农民缺乏对绿色农业的认识和了解，同时也没有掌握发展绿色农业所必需的相关技术，对广大农民进行绿色生态农业知识和技术的相关培训，鼓励农民将林地、耕地以转包、转让、出租、入股、合作等方式，向龙头企业、生产大户、农民专业合作社流转、集中。另外，树立民众的绿色消费意识，突出绿色产品的优势，正确引导民众绿色消费。

3．调整产业结构，构建产业链

在农业生产方面，调整单一的生产模式，向生态、低碳、可持续的立体农业转变。要大力推广循环农业、低碳农业等模式，加大“种养结合、林农复合、水旱轮作、粮经简作”等的应用力度，积极构建立体农业模式，强化农业生产的整体观念，能动地协调好农业生产与农业资源的关系，形成合理的农业发展结构，促进农业生产可持续化发展，使得农业与生态达到最优化配置，生态与经济实现良性循环[1，8]。我国在产业一体化方面分别实施了更紧密的横纵向协调，各个环节制定统一标准，以提高产业化衔接效率，减少中间环节。通过建立专卖店、专销网点、各大超市专柜乃至发展连锁店等方式，使得绿色农产品从产地直接到消费者手中，既方便绿色产品进入市场又保证农副产品鲜活特质，快速实现其应有的价值[9]。

4．重点扶持龙头企业，注重品牌建设

重点扶持具有一定基础和规模、科技含量高、市场前景好、竞争力强的绿色

有机农产品生产加工企业，增强辐射带动能力，延长农产品产业链，提高附加值，以点带面，带动周边城镇的发展。注重品牌效益，实施名牌带动战略，将绿色生态产业与休闲观光农业相结合，建设以农产品地理标志为特色的生态旅游产业，带动当地经济的发展，推动农业由“单一”功能向生态、养生、文化等多功能拓展。

参考文献

[1] 唐安来，黄国勤，吴登飞，等. 绿色生态农业——江西绿色崛起的必然选择[J]. 农林经济管理学报，2015（5）：538-545.

[2] 张春梅. 绿色农业发展机制研究[D]. 吉林大学，2017.

[3] 唐辉进，杨莉. 绿色生态农业发展模式研究[J]. 中文信息，2017（5）：82.

[4] 杨智钦. 加快发展绿色农业　助推江西现代农业崛起[J]. 江西农业，2016（20）：58-59.

[5] 袁晓泉，洪彩艳. 对话江西绿色生态农业　抚州市农业局长访谈录[J]. 江西农业，2017（16）：6-9.

[6] 杨智钦. 加快发展绿色农业　助推江西现代农业崛起[J]. 江西农业，2016（20）：58-59.

[7] 张春生，张灿权. 江西省绿色农业的现状及发展对策[J]. 现代农业科技，2009（16）：263-264.

[8] 翁伯琦，张伟利. 试论生态文明建设与绿色农业发展[J]. 福建农林大学学报（哲学社会科学版），2013，16（4）：1-4.

[9] 崔楠，侯素霞. 发展绿色生态农业推进农业产业化结构调整[J]. 安徽农业科学，2010（3）：1468-1470.

农业供给侧结构性改革背景下江西绿色农业发展①

钟 川 黄国勤

（江西农业大学生态科学研究中心，南昌 330045）

摘 要：随着江西省农业现代化步伐的加快推进，江西省人多地少、资源短缺、环境容量低等问题日益加剧，农业发展面临资源要素约束不断强化、农产品需求不断扩张和农产品质量安全等危机。本文分析了供给侧结构性改革背景下江西省绿色农业发展优势与挑战，提出耕地资源短缺，农业污染严重，农产品市场竞争力不强，科技创新对农业的贡献较弱等方面是影响江西绿色农业发展的主要因素。并据此提出了江西绿色农业发展的对策：加强对农业资源的保护和可持续利用；建立健全的生态补偿政策；构建现代化农业产业体系。

关键词：绿色农业 农业供给侧改革 江西省

一、引言

农业是国民经济的命脉，是国家安全的重要保障，同时也是经济持续健康发展的“压舱石”。农业的绿色发展是指在促进农业的发展，增加农民收入的同时，

① 江西省农业厅科教处项目“江西绿色生态农业研究”资助。

通信作者：黄国勤，教授、博士生导师，办公室电话：0791-83828143；手机：13627081298；电子邮箱：hgqjxes@sina.com。

注重农业的社会效益和生态效益。一方面，要确保13.8亿人的饭碗能够端在自己手上，粮食的安全能力可持续；另一方面，也要确保农业资源的可持续利用，为子孙后代留下良田沃土、绿水青山。农业的绿色发展同时也是农业的现代化过程，与工业化、城镇化以及整个国家乃至世界的经济社会发展走势密切相关，其目标是在发展现代高效农业中实现“农业强”“农民富”与“农村美”的有机统一[1]。农业能否实现现代化，是中国经济发展转型的关键。2015年中央农村工作会议上首次提出：“加强农业供给侧结构性改革，推进农产品供需平衡由低水平向高水平跃升。” 2017年中央一号文件——《中共中 央国务院关于深入推进农业供给侧结构性改革 加快培育农业农村发展新动能的若干意见》，更是把“推进农业供给侧结构性改革”作为农业农村工作的重中之重，其重要性和紧迫性已提到了前所未有的程度。农业供给侧改革是农业的精准改革，通过消化过大的农产品库存量，发展适度规模经营，培育能提高全要素生产率的可持续增长的新动力，使农产品的供给数量、品种和质量满足消费者的需要，从而真正解决农产品产能过剩问题，形成结构合理、保障有力的农产品有效供给。

农村改革40年来，江西农业发展取得了巨大的成就，但同时也付出了代价，随着农业现代化的发展，农业已成为生态破坏和环境污染的主要行业[2]。由于我国人口数量大，人均耕地资源占有率低，使得传统的“以粮为纲”的观念深入人心，粮食增产的持续压力导致了耕地的过度开发，水土流失严重、耕地质量下降、农业面源污染等问题，给农业资源和生态环境造成了严重破坏。转变农业发展方式，实现农业的绿色发展，建设环境友好型农业已成为实施全国农业可持续发展规划的必然选择，也是探索具有中国特色的新型农业现代化道路的必由之路。

二、江西绿色农业发展的优势与成效

1. 江西绿色农业发展的优势

自古以来，江西就是有“物华天宝、人杰地灵”美誉的农业大省，为绿色农业的发展创造了良好的生态条件。2015 年，粮食播种面积 5 558.4 万亩，粮食总产 429.7 亿斤，实现“十二连增”。油菜籽总产量 73.9 万 t，单位面积产量首次突破 90 kg 关口，达 90.4 kg/亩，总产、单产实现连续 12 年增长。猪肉产量 253.5 万 t，牛肉产量 13.6 万 t，羊肉产量 1.2 万 t，禽肉产量 66.3 万 t。禽蛋产量 49.3 万 t，牛奶产量 13 万 t。当前江西省主要农产品供应充足，为推动农业发展方式朝追求产量、质量的同时，注重效益、生态和安全的方向转变提供了重要保障。

2015 年 12 月 24—25 日中国中央农村工作会议在北京召开。会议强调，要着力加强农业供给侧结构性改革，提高农业供给体系质量和效率，使农产品供给数量充足、品种和质量契合消费者需要，真正形成结构合理、保障有力的农产品有效供给。“农业供给侧结构性改革”这一新鲜表述，通过中国最高级别的“三农”会议，首度进入公众视野。2016 年 4 月 8 日，江西省人民政府办公厅《关于推进绿色生态农业十大行动的意见》（赣府厅发〔2016〕17 号）正式发布，标志着江西省在农业供给侧结构性改革方面向前迈了一大步。

2．江西绿色农业发展的成效

截至 2017 年，全省有“三品一标”（无公害农产品、绿色食品、有机农产品和农产品地理标志）农产品 3 657 个，其中绿色食品 590 个，有机产品 1 024 个，居全国第 4 位；农产品地理标志产品 74 个，居全国第 6 位。全国绿色食品原料标准化生产基地 41 个、省级绿色有机农产品示范县 15 个。为保障粮食安全和农产品有效供给，全省大力推动绿色农产品政府属地管理责任、生产企业主体责任、农业部门监管责任落实。近年来，全省建立完善了 3 个部省级、11 个地市级和 90 个县级农产品质检项目，并实现了省、市、县、乡四级农产品质量安全监管、检测机构全覆盖。为加强农产品生产源头治理，全省加快完善农业地方标准体系，严格管控乱用、滥用农业投入品行为；加快蔬菜水果茶叶标准园、水产健康养殖场、畜禽标准化养殖示范场建设。截至目前，全省建立农业地方标准 293 项，创建部省级畜禽标准化养殖场 511 个、部级水产健康养殖示范场 528 个、部级菜果茶标准园 154 个。目前，江西已被农业部列为全国唯一一个“绿色有机农产品示范基地试点省”。

三、江西绿色农业发展的问题与挑战

1. 耕地资源短缺，农业污染严重

由于供给矛盾突出，随着农业生产对资源和要素投入的依赖加剧，江西耕地资源持续减少、土壤产能逐年下降，环境污染加重甚至局部生态破坏问题日趋突出。2005—2015年，江西耕地面积绝对量减少约10%。由于历史的原因，江西省的耕地质量整体不高，水土流失严重，面积约占土地总面积的20%，是全国水土流失较重的省份[3]。伴随着工业化、城镇化的加速推进，江西农业生产所需的耕地资源、水资源过度开发。掠夺性经营，重用轻养，特别是有机肥投入不足，造成土壤耕性变差，土壤酸化导致保肥保水性能减弱，耕地基础肥力下降，农业灌溉用水有效利用系数低。畜牧养殖粪污处理不完善，生物农药应用比例低，农药包装废物处理能力差，进入农业环境中的工业“三废”、农药地膜残留及废物等有毒有害物质越来越多，使部分耕地、水体受到污染，造成对农业生产发展的约束。

2. 农产品市场竞争力不强

近年来，江西省生产要素投入逐年增加，但要素投入结构不尽合理，农业要素成本持续增长，农产品成本和机会成本提高、比较效益收窄的问题严重，农产品市场竞争力受到双层挤压。受低价进口粮冲击，很多中小粮食加工企业生存和发展已举步维艰[4]。而近期稻谷、生猪、棉花等主要农产品国内外价格倒挂，补贴政策接近上限，农产品市场竞争力不强，加上农产品质量安全问题不容乐观，许多农副产品真伪难辨、优劣不分，严重损害了生产主体调整、优化结构的积极性和创造性。农业生产资料价格持续高位运行，人工费用、土地流转价格呈上升态势，规模化经营遇资金“瓶颈”。在要素成本上升和竞争力下降的双重挤压下，推进农业供给侧改革对江西而言日益迫切，拓展农业发展空间，降本、提质、增效，是实现江西农业由“大”到“强”转变的关键举措[5]。

3．科技创新对农业的贡献较弱

江西省农业科技创新能力较弱，农业科技成果和科技人才储备不足，农业新技术、新产品研发能力受限。目前，多数地区未能形成自我发展的科技创新联盟，大多数科技合作停留在申报项目层面，未真正起到推动技术创新和产业升级的目的。有些县区缺乏从事农业技术研究开发的专业技术人才，自主创新能力弱，技术消化能力差；多数地区在技术和产业方面没有明显的比较优势，起点较低，创新能力较弱，经济效益不高，导致带动能力不强、辐射面不宽、推广应用新技术及新成果的渠道不够畅通。

四、江西绿色农业发展的对策与措施

1．加强对农业资源的保护和可持续利用

保障农产品的质量安全，实现农业的绿色发展，是农业现代化的基本要求。必须大力发展生态农业，推广新理念、新技术、新产品，促进农业走向绿色高效发展之路。一是要开展生态环境的修复治理，加强资源养护，确保生物安全和生态安全；坚守耕地保护红线，提升耕地质量，确保江西省的粮食安全；通过耕地轮作休耕，节约高效利用资源，调整优化种植结构，增加紧缺农产品供给，满足多元化消费需求，全面提升农业供给体系的质量和效率；要加大对重要水源涵养区、饮用水水源区和水土流失重点预防保护区等山体的保护力度；严格林木采伐管理，强力推进山体修复、环境整治等工作[6]。二是要加大农村环境整治力度，全面提高农产品质量安全水平。要根据区域生态承载力，强化农业环境突出问题治理，加大城乡环境同治力度，推进农村生活垃圾减量化资源化处理；以农业部“美丽乡村”创建为契机，深入开展生态绿色家园共建和乡村清洁工程，改善城乡人居环境，着力推进造林绿化，打造人与自然和谐共处的宜居秀美乡村。

2．建立健全的生态补偿政策

建立健全的绿色农业生态补偿政策体系，切实保证农业可持续发展。中国目

前生态补偿资金主要来源于财政纵向转移支付，生态补偿横向转移支付体系的构建在理论和实践层面尚处于起步阶段[7]。无论是纵向转移，还是横向转移，都是绿色农业的生态补偿最为直接的手段，而此部分主要来源于一部分的资源税和绿色农业的有偿使用收益费。同时，也可以不断拓宽生态补偿资金来源，通过引入市场化机制，鼓励企业捐赠、利用资本市场融资等形式，将社会资本引入，推进多方共同努力下的高效环境治理工作。

在绿色农业生态补偿的财政补偿政策方面，国家层面和各级政府应该充分利用财政贴息、投资补助等措施，结合国债资金，吸引社会资本，形成生态补偿的多元化融资体制，为绿色农业生态补偿机制提供稳定的资金保障。

在金融支持方面，江西绿色农业要实施生态补偿，就必须要构建全方位的金融保护体制，加大金融创新力度，包括在金融工具的选择、信贷方式的选取等各环节。而若按生态保护的成本计算，金融支持范围包括补偿农户因环保转产而闲置停用的原有农机具设施设备费用、因导入绿色农业生产而需添置的工具及农资费用、农户转产期间直接损失等农业受益[8]。由于农村地区微观经济主体承载金融资源能力有限，单纯依靠简单的金融供给支持贫困地区发展，效果难以显现。这就需要在绿色农业发展过程中，发展普惠金融，扩大农村金融服务的覆盖面。

3．构建现代化农业产业体系

江西省作为农业大省，是我国重要的农产品主产区，而粗放式的农业生产方式给土壤、水资源等农业资源带来严重损害。因此，要构建低碳、循环、绿色的现代农业产业体系，推动江西省农业的绿色发展。一是构建复合型循环经济产业链。大力推进农产品精深加工和高效物流冷链等现代物流体系建设，支持集成养殖深加工模式，发展饲料生产、畜禽水产养殖、畜禽和水产品加工及精深加工一体化复合型产业链，增强水产渔业、种植业、畜牧养殖业、乡村旅游业、特色农产品加工业等产业融合与循环链接，构建农户之间、企业之间的工农复合型循环经济联合体，创新农业产业的外延式发展模式，构建第一、第二、第三产业联动发展的现代循环经济产业链，促进现代农业向集约化、清洁化生产方式转变，降低农业面源污染物排放[9]。二是依靠现代农业科技提高农业生产力，着力攻克农业节水、节能、节地、减排等绿色环保技术，提高农业资源利用效率，促进农业的可持续发展。

参考文献

[1] 杨灿，朱玉林. 国内外绿色发展动态研究[J]. 中南林业科技大学学报（社会科学版），2015，9（6）：43-50.

[2] 杨灿，朱玉林. 基于能值生态足迹改进模型的湖南省生态赤字研究[J]. 中国人口·资源与环境，2016，26（7）：37-45.

[3] 刘晓青，刘阳. 江西农业供给侧改革的成效、问题与对策[J]. 中国国情国力，2017（5）：37-40.

[4] 李居英. 江西现代农业示范区发展现状及问题研究[J]. 经营管理者，2015（16）：143.

[5] 龙强，刘飞仁，周吉. 新常态下以供给侧结构性改革破解现代农业发展难题——以江西为例[J]. 江西农业学报，2017，29（6）：136-140.

[6] 刘建武．湖南由农业大省向经济大省跨越 [N]. 中国改革报，2014-12-24（6）.

[7] 李平. 我国农业生态环境补偿制度建设可行性研究[J]. 宁夏社会科学，2010（6）：58-61.

[8] 郑海霞，张陆彪. 流域生态服务补偿定量标准研究[J]. 环境保护，2006（1）：42-46.

[9] 国家发展改革委宏观院和农经司课题组. 推进我国农村一二三产业融合发展问题研究[J]. 经济研究参考，2016（4）：3-28.

第四部分

附　录

中共中央办公厅、国务院办公厅印发《关于设立统一规范的国家生态文明试验区的意见》①

新华社北京8月22日电　近日，中共中央办公厅、国务院办公厅印发了《关于设立统一规范的国家生态文明试验区的意见》，并发出通知，要求各地区各部门结合实际认真贯彻落实。

《关于设立统一规范的国家生态文明试验区的意见》全文如下。

党的十八大把生态文明建设纳入中国特色社会主义事业“五位一体”总体布局，党中央、国务院就加快推进生态文明建设做出一系列决策部署，先后印发了《关于加快推进生态文明建设的意见》和《生态文明体制改革总体方案》。党的十八届五中全会提出，设立统一规范的国家生态文明试验区，重在开展生态文明体制改革综合试验，规范各类试点示范，为完善生态文明制度体系探索路径、积累经验。开展国家生态文明试验区建设，对于凝聚改革合力、增添绿色发展动能、探索生态文明建设有效模式，具有十分重要的意义。

一、总体要求

（一）指导思想。全面贯彻党的十八大和十八届三中、四中、五中全会精神，深入学习贯彻习近平总书记系列重要讲话精神，紧紧围绕统筹推进“五位一体”总体布局和协调推进“四个全面”战略布局，牢固树立创新、协调、绿色、开放、共享的发展理念，认真落实党中央、国务院决策部署，坚持尊重自然顺应自然保护自然、发展和保护相统一、绿水青山就是金山银山、自然价值和自然资本、空间均衡、山水林田湖是一个生命共同体等理念，遵循生态文明的系统性、完整性及其内在规律，以改善生态环境质量、推动绿色发展为目标，以体制创新、制度供给、模式探索为重点，设立统一规范的国家生态文明试验区（以下简称试验区），将中央

① 原载《人民日报》2016年8月23日（第001版）。

顶层设计与地方具体实践相结合，集中开展生态文明体制改革综合试验，规范各类试点示范，完善生态文明制度体系，推进生态文明领域国家治理体系和治理能力现代化。

（二）基本原则

——坚持党的领导。落实党中央关于生态文明体制改革总体部署要求，牢固树立政治意识、大局意识、核心意识、看齐意识，实行生态文明建设党政同责，各级党委和政府对本地区生态文明建设负总责。

——坚持以人为本。着力改善生态环境质量，重点解决社会关注度高、涉及人民群众切身利益的资源环境问题，建设天蓝地绿水净的美好家园，增强人民群众对生态文明建设成效的获得感。

——坚持问题导向。勇于攻坚克难、先行先试、大胆试验，主要试验难度较大、确需先行探索、还不能马上推开的重点改革任务，把试验区建设成生态文明体制改革的“试验田”。

——坚持统筹部署。协调推进各类生态文明建设试点，协同推动关联性强的改革试验，加强部门和地方联动，聚集改革资源、形成工作合力。

——坚持改革创新。鼓励试验区因地制宜，结合本地区实际大胆探索，全方位开展生态文明体制改革创新试验，允许试错、包容失败、及时纠错，注重总结经验。

（三）主要目标。设立若干试验区，形成生态文明体制改革的国家级综合试验平台。通过试验探索，到 2017 年，推动生态文明体制改革总体方案中的重点改革任务取得重要进展，形成若干可操作、有效管用的生态文明制度成果；到 2020 年，试验区率先建成较为完善的生态文明制度体系，形成一批可在全国复制推广的重大制度成果，资源利用水平大幅提高，生态环境质量持续改善，发展质量和效益明显提升，实现经济社会发展和生态环境保护双赢，形成人与自然和谐发展的现代化建设新格局，为加快生态文明建设、实现绿色发展、建设美丽中国提供有力制度保障。

二、试验重点

（一）有利于落实生态文明体制改革要求，目前缺乏具体案例和经验借鉴，难度较大、需要试点试验的制度。建立归属清晰、权责明确、监管有效的自然资源资产产权制度，健全自然资源资产管理体制，编制自然资源资产负债表；构建协调优化的国土空间开发格局，进一步完善主体功能区制度，以主体功能区规划为基础统筹各类空间性规划，推进“多规合一”，实现自然生态空间的统一规划、有序开发、合理利用等。

（二）有利于解决关系人民群众切身利益的大气、水、土壤污染等突出资源环境问题的制度。建立统一高效、联防联控、终身追责的生态环境监管机制；建立健全体现生态环境价值、让保护者受益的资源有偿使用和生态保护补偿机制等。

（三）有利于推动供给侧结构性改革，为企业、群众提供更多更好的生态产品、绿色产品的制度。探索建立生态保护与修复投入和科技支撑保障机制，构建绿色金融体系，发展绿色产业，推行绿色消费，建立先进科学技术研究应用和推广机制等。

（四）有利于实现生态文明领域国家治理体系和治理能力现代化的制度。建立资源总量管理和节约制度，实施能源和水资源消耗、建设用地等总量和强度双控行动；厘清政府和市场边界，探索建立不同发展阶段环境外部成本内部化的绿色发展机制，促进发展方式转变；建立生态文明目标评价考核体系和奖惩机制，实行领导干部环境保护责任和自然资源资产离任审计；健全环境资源司法保护机制等。

（五）有利于体现地方首创精神的制度。试验区根据实际情况自主提出、对其他区域具有借鉴意义、试验完善后可推广到全国的相关制度，以及对生态文明建设先进理念的探索实践等。

三、试验区设立

（一）统筹布局试验区。综合考虑各地现有生态文明改革实践基础、区域差异性和发展阶段等因素，首批选择生态基础较好、资源环境承载能力较强的福建省、江西省和贵州省作为试验区。今后根据改革举措落实情况和试验任务需要，适时选择不同类型、具有代表性的地区开展试验区建设。试验区数量要从严控制，务求改革实效。

（二）合理选定试验范围。单项试验任务的试验范围视具体情况确定。具备一定基础的重大改革任务可在试验区内全面开展；对于在试验区内全面推开难度较大的试验任务，可选择部分区域开展，待条件成熟后在试验区内全面开展。

四、统一规范各类试点示范

（一）整合资源集中开展试点试验。根据《生态文明体制改革总体方案》部署开展的各类专项试点，优先放在试验区进行，统筹推进，加强衔接。对试验区内已开展的生态文明试点示范进行整合，统一规范管理，各有关部门和地区要根据工作职责加强指导支持，做好各项改革任务的协调衔接，避免交叉重复。

（二）严格规范其他各类试点示范。自本意见印发之日起，未经党中央、国务院批准，各部门不再自行设立、批复冠以“生态文明”字样的各类试点、示范、工程、基地等；已自行开展的各类生态文明试点示范到期一律结束，不再延期，最迟不晚于2020年结束。

五、组织实施

（一）制定实施方案。试验区所在地党委和政府要加强组织领导，建立工作机制，研究制定细化实施方案，明确改革试验的路线图和时间表，确定改革任务清单和分工，做好年度任务分解，明确每项任务的试验区域、目标成果、进度安排、保障措施等。各试验区实施方案按程序报中央全面深化改革领导小组批准后实施。

（二）加强指导支持。各有关部门要根据工作职责，加强对试验区各项改革试验工作的指导和支持，强化沟通协作，加大简政放权力度。涉及机构改革和职能调整的，中央编办要会同有关部门指导省级相关部门统筹部署推进。中央宣传部要会同有关部门和地区认真总结宣传生态文明体制改革试验的新进展新成效，加强法规政策解读，营造有利于生态文明建设的良好社会氛围。军队要积极参与驻地生态文明建设，加强军地互动，形成军地融合、协调发展的长效机制。试验区重大改革措施突破现有法律、行政法规、国务院文件和国务院批准的部门规章规定的，要按程序报批，取得授权后施行。

（三）做好效果评估。试验区所在地党委和政府要定期对改革任务完成情况开展自评估，向党中央、国务院报告改革进展情况，并抄送有关部门。国家发展改革委、环境保护部要会同有关部门组织开展对试验区的评估和跟踪督查，对于试行有效的重大改革举措和成功经验做法，根据成熟程度分类总结推广，成熟一条、推广一条；对于试验过程中发现的问题和实践证明不可行的，要及时提出调整建议。

（四）强化协同推进。试验区以外的其他地区要按照本意见有关精神，以试验区建设的原则、目标等为指导，加快推进生态文明制度建设，勇于创新、主动改革；通过加强与试验区的沟通交流，积极学习借鉴试验区好的经验做法；结合本地实际，不断完善相关制度，努力提高生态文明建设水平。

各有关地区和部门要充分认识试验区建设的重大意义，按照本意见要求，统一思想、密切配合，注重实效、扎实工作，切实协调解决有关困难和问题，重大问题要及时向党中央、国务院请示报告。

中共中央办公厅、国务院办公厅印发《国家生态文明试验区（福建）实施方案》①

新华社北京 8 月 22 日电　近日，中共中央办公厅、国务院办公厅印发了《国家生态文明试验区（福建）实施方案》，并发出通知，要求各地区各部门结合实际认真贯彻落实。

《国家生态文明试验区（福建）实施方案》主要内容如下。

为贯彻落实党中央、国务院关于生态文明建设和生态文明体制改革的总体部署，进一步发挥福建省生态优势，深入开展生态文明体制改革综合试验，建设国家生态文明试验区，制定本实施方案。

一、重大意义

（一）探索生态文明建设新模式。福建省是我国南方地区重要的生态屏障，生态文明建设基础较好，多年来持之以恒实施生态省战略，在生态文明体制机制创新方面进行了一系列有益探索，取得了积极成效，具备良好工作基础。按照整体协调推进和鼓励试点先行相结合的原则，支持福建省建设国家生态文明试验区，整合规范现有相关试点示范，推动一些难度较大、确需先行探索的重点改革任务在福建省先行先试，有利于更好地发挥福建省改革“试验田”作用，探索可复制、可推广的有效模式，引领带动全国生态文明体制改革。

（二）培育加快绿色发展新动能。绿水青山就是金山银山，保护生态环境就是保护生产力、改善生态环境就是发展生产力。福建省生态优势比较明显，但也面临加快发展与资源环境约束趋紧的压力，现有资源环境制度难以适应转方式调结构、推动绿色发展的需要。支持福建省建

---

① 原载《人民日报》2016 年 8 月 23 日（第 001 版）。

设国家生态文明试验区，将绿色发展理念融入发展各领域各环节，有利于树立节约资源和保护环境的绿色导向，构建促进绿色发展的体制机制，推动供给侧结构性改革，汇聚改革动力，激发市场活力，将福建省的生态优势进一步转化为发展优势，推进形成绿色生产生活方式，为加快经济社会发展提供绿色新动能。

（三）开辟实现绿色惠民新路径。良好生态环境是最公平的公共产品，是最普惠的民生福祉。福建省生态环境良好，但也面临全国普遍存在的结构性生态环境问题。支持福建省建设国家生态文明试验区，探索构建以改善生态环境质量为导向的环境治理体系和生态保护机制，有利于加快补齐生态环境短板，解决好人民群众感受最直观、反映最强烈的突出生态环境问题，建设天更蓝、地更绿、水更净的美丽家园，让人民群众共建共享更多绿色福祉，实现绿色富省、绿色惠民。

二、总体要求

（一）指导思想。全面贯彻党的十八大和十八届三中、四中、五中全会精神，深入学习贯彻习近平总书记系列重要讲话精神，紧紧围绕统筹推进“五位一体”总体布局和协调推进“四个全面”战略布局，牢固树立创新、协调、绿色、开放、共享的发展理念，认真落实党中央、国务院决策部署，充分发挥福建省生态优势，突出改革创新，坚持解放思想、先行先试，以率先推进生态文明领域治理体系和治理能力现代化为目标，以进一步改善生态环境质量、增强人民群众获得感为导向，集中开展生态文明体制改革综合试验，着力构建产权清晰、多元参与、激励约束并重、系统完整的生态文明制度体系，努力建设机制活、产业优、百姓富、生态美的新福建，为其他地区探索改革路径、为美丽中国建设作出应有贡献。

（二）战略定位

国土空间科学开发的先导区。开展省级空间规划编制试点，推进“多规合一”省域全覆盖，健全国土空间开发保护制度，划定并严守生态保护红线，加快构建以空间规划为基础、以用途管制为主要手段的国土空间治理体系。

生态产品价值实现的先行区。积极推动建立自然资源资产产权制度，推行生态产品市场化改革，建立完善多元化的生态保护补偿机制，加快构建更多体现生态产品价值、运用经济杠杆进行环境治理和生态保护的制度体系。

环境治理体系改革的示范区。完善流域和海洋生态环境治理机制，建立农村环境治理体系，健全防灾减灾体系，完善环境管理制度，健全环境资源司法保护机制，加快构建监管统一、执法严明、多方参与的环境治理体系。

绿色发展评价导向的实践区。探索建立生态文明建设目标评价考核制度，开展自然资源资产负债表编制、领导干部自然资源资产离任审计和生态系统价值核算试点，加快构建充分反映资源消耗、环境损害和生态效益的生态文明绩效评价考核体系。

（三）主要目标。经过积极探索、开拓创新，力争到2017年，试验区建设初见成效，在部分重点领域形成一批可复制、可推广的改革成果。到 2020 年，试验区建设取得重大进展，为全国生态文明体制改革创造出一批典型经验，在推进生态文明领域治理体系和治理能力现代化上走在全国前列，国土空间开发保护制度趋于完善，基本形成生产空间集约高效、生活空间宜居适度、生态空间山清水秀的省域国土空间体系；多元化的生态保护补偿机制基本健全，归属清晰、权责明确、监管有效的自然资源资产产权制度基本建立，生态产品价值得到充分实现；生态环境监管能力显著增强，城乡一体、陆海统筹的环境治理体系基本形成；激励约束并重、系统完整的生态文明绩效评价考核和责任追究制度得到普遍施行，资源节约和环境友好的绿色发展导向牢固树立。

通过试验区建设，生态环境质量持续改善，到2020年，主要水系水质优良比例总体达90%以上，重要江河湖泊水功能区水质达标率达到86%以上，近岸海域达到或优于二类水质标准的面积比例达到81%以上，23个城市空气质量优良天数比例达到90%以上，森林覆盖率达到66%以上，福建的天更蓝、地更绿、水更净、环境更好，人民群众获得感进一步增强，生态文明建设水平与全面建成小康社会相适应，形成人与自然和谐发展的现代化建设新格局。

三、重点任务

（一）建立健全国土空间规划和用途管制制度

开展省级空间规划编制试点。以主体功能区规划为基础统筹各类空间性规划，推进“多规合一”。2016年，研究出台福建省市县空间规划编制办法，形成统一用地分类标准、数据坐标系统、空间管控分区和用途管制措施等方面基础规范；研究制定省级空间规划试点工作实施方案，重点推进霞浦县—宁德市、永安市—三明市、永春县—泉州市等地区空间规划编制试点，探索省级空间规划编制技术路径。2017年，指导推动全省所有市县实行“多规合一”，探索完善上下结合的空间规划层级叠合路径，编制福建省域空间规划；研究制定省级空间规划编制办法，探索构建以市县级行政区为单元的空间治理体系。以“多规合一”为契机，构建统一的空间规划基础信息平台，推动多部门规划信息的互通共享和业务管理的衔接协调，促进投资项目优化布局和并联审批，实现行政审批流程再造，提高行政效率，形成宜业宜居的空间规划管理制度环境，释放“多规合一”改革红利。

建立建设用地总量和强度双控制度。简化用地指标控制体系，调整按行政区和用地基数分配指标的做法，2017年研究出台福建省建设用地总量控制和减量化管理方案，强化城乡规划、土地利用总体规划和年度计划管控力度，从严控制新增建设用地总量。加强土地利用规划“三界四区”（规模边界、扩展边界、禁建边界，允许建设区、有条件建设区、限制建设区、禁止建设区）和城乡规划“三区四线”（禁止建设区、限制建设区、适宜建设区，绿线、蓝线、紫线、黄线）管理，做好对接，落实土地用途管制。强化节约集约用地激励和约束机制。健全各类建设用地标准体系，进一步完善单位地区生产总值新增建设用地考核办法，控制建设用地低效扩张，提高土地利用效率。

健全国土空间开发保护制度。完善基于主体功能定位的国土开发利用差别化准入制度，在重点生态功能区实行产业准入负面清单。2016年完成全省陆域和海洋生态保护红线划定工作，既划定区域红线，又根据森林、湿地、海洋等生态系统的特点设定数量红线，建立红线管控制度，强化对重点生态功能区、生态环境敏感区和脆弱区等区域的有效保护，在与相关规划充分衔接的基础上，将生态系统保护和生态功能恢复任务落实到具体区域和具体地块，到2017年基本形成涵盖全省各类生态保护系统、管理有机衔接的生态管控格局，确保生态功能不降低、面积不减少、性质不改变，扩大自然保护区面积。同步开展永久基本农田、城市开发边界划定工作，按照城镇由大到小、空间由近及远、耕地质量等别和地力等级由高到低的顺序，将大城市和特大城市周边、交通沿线现有易被占用的优质耕地优先划为永久基本农田，并落地到户、上图入库，严格实施永久保护，确保面积不减少、质量不下降、用途不改变。建立完善自然岸线保有率和围填海总量控制制度，对海岸线实行分类分级管理。

推进国家公园体制试点。将武夷山国家级自然保护区、武夷山国家级风景名胜区和九曲溪上游保护地带作为试点区域，2016 年出台武夷山国家公园试点实施方案，整合、重组区内各类保护区功能，改革自然保护区、风景名胜区、森林公园等多头管理体制，坚持整合优化、统一规范，按程序设立由福建省政府垂直管理的武夷山国家公园管理局，对区内自然生态空间进行统一确权登记、保护和管理。根据保护对象敏感度、濒危度、分布特征，结合居民生产生活需要对试点区进行分区，划定特别保护区、严格控制区、生态修复区和传统利用区，确保核心保护区不变动、保护面积不减少、保护强度不降低，到 2017 年形成突出生态保护、统一规范管理、明晰资源权属、创新经营方式的国家公园保护管理模式。

（二）健全环境治理和生态保护市场体系

培育环境治理和生态保护市场主体。探索利用市场化机制推进生态环境保护，2016 年研究出台福建省培育环境治理和生态保护市场主体的实施意见。建立吸引社会资本投入生态环境保护的市场机制，推广政府和社会资本合作模式，推行环境污染第三方治理、合同能源管理和合同节水管理。加快培育壮大一批环保产业龙头企业，支持拥有核心技术或拳头产品的龙头企业向环保服务领域拓展，成立综合性环境服务集团公司，提供第三方治理服务。探索建立限期第三方治理机制，对排放污染物超过规定标准或总量控制要求、存在严重环境污染隐患且拒不自行治理的违法排污企业，实施强制委托第三方治理。实施河流管养制度，实行河流管养分离，培育一批专业化、社会化的养护队伍。

建立用能权交易制度。继续推进水泥、火电行业节能量交易试点工作，力争 2017 年出台福建省用能权有偿使用和交易方案，将节能量交易调整为基于能源消费总量控制下的用能权交易，率先开展用能权交易试点。加快推进用能权交易系统、测量与核准体系建设，建立用能权初始分配制度和用能权交易平台，规范用能权出让方式，推动开展跨区域用能权交易。

建立碳排放权交易市场体系。支持福建省深化碳排放权交易试点，出台福建省碳排放权交易实施细则，扩大参与碳排放权交易行业范围，建立碳排放信息报告和核查、碳排放权配额管理和分配、碳排放权交易运行等主要制度体系，设立碳排放权交易平台，开展碳排放权交易，实现与全国碳排放权交易市场的对接。支持福建省开展林业碳汇交易试点，研究林业碳汇交易规则和操作办法，探索林业碳汇交易模式。

完善排污权交易制度。总结造纸、水泥等 8 个行业推行排污权有偿使用和交易试点经验，逐步扩大试点范围，完善储备制度，建立排污权储备体系，力争 2018 年在全省所有工业排污企业全面推行排污权交易制度。探索推进流域内跨行政区排污权交易。开发排污权金融属性，增强排污权流动性和融资能力，大力发展排污权二级市场，推行排污权抵押贷款等融资模式。

构建绿色金融体系。积极推动绿色金融创新，2017 年研究出台福建省建立绿色金融制度体系方案。鼓励金融机构加大绿色信贷发放力度，探索建立财政贴息、助保金等绿色信贷扶持机制，明确贷款人的尽职免责要求和环境保护法律责任。支持符合条件的银行业金融机构打造绿色金融集团，建立绿色金融专业化经营体系。支持海峡股权交易中心统一建设用能权、碳排放权、排污权交易平台，不断提升服务水平，打造全国重要的综合性资源环境生态产品交易市场。支持金融机构和企业发行绿色债券，鼓励绿色信贷资产证券化。大力发展绿色租赁、绿色信托，支持设立各类绿色发展基金并实行市场化运作。实施企业环境信用评价制度，在环境高风险领域建立环境污染强制责任保险制度，2016 年年底前出台福建省环境污染强制责任保险制度方案。探索建立政府节能环保信息对金融机构的共享机制，支持金融机构加强环境风险识别。完善对节能低碳、生态环保项目的各类担保机制，加大风险补偿力度。建立企业和金融机构环境信息公开披露制度，建立绿色信贷和绿色债券评级体系，建立公益性的环境成本核算体系和数据库。

（三）建立多元化的生态保护补偿机制

完善流域生态保护补偿机制。妥善处理流域上下游之间、生态保护者和受益者之间的利益关系，强化流域生态保护补偿机制的激励与约束作用，2017 年修订完善福建省重点流域生态保护补偿管理办法，加大补偿力度，资金筹措与地方财力、保护责任、受益程度等挂钩，资金分配以改善流域水环境质量和促进上游欠发达地区发展为导向，全面建立覆盖全省、统一规范的全流域生态保护补偿机制。鼓励受益地区与保护生态地区、流域下游与上游通过资金补偿、对口协作、产业转移、人才培训、共建园区等方式加大横向生态保护补偿实施力度。支持福建省与广东省开展汀江—韩江跨省流域生态保护补偿试点，建立上下游成本共担、效益共享、合作共治的跨区域流域生态保护长效机制。

完善生态保护区域财力支持机制。建立稳定投入机制，综合考虑不同主体功能区生态功能因素和支出成本差异，切实加大对限制开发区域、禁止开发区域特别是重点生态功能区的财力支持力度。2018年开展综合性生态保护补偿试点，对不同类型、不同领域的生态保护补偿资金进行统筹整合，加大对重点生态保护区域的补偿力度，使绿水青山的保护者有更多获得感。支持将福建省闽江、九龙江、汀江源头和以武夷山—玳瑁山山脉为核心的区域内有关县（市）调整纳入国家重点生态功能区，落实中央财政转移支付政策。

完善森林生态保护补偿机制。完善生态公益林补偿机制，实行省级公益林与国家级公益林补偿联动、分类补偿与分档补助相结合的森林生态效益补偿机制。研究建立森林管护费稳步增长机制。深化林权制度改革，着力破解生态保护与林农利益间的矛盾，支持福建省试点将重点生态区位内禁止采伐的商品林通过赎买、置换等方式调整为生态公益林，将重点生态区位外零星分散的生态公益林调整为商品林，促进重点生态区位生态公益林集中连片、森林生态服务功能增强和林农收入稳步增长，实现社会得绿、林农得利。研究探索建立多元化赎买资金筹集机制，2016年起在武夷山市、永安市、沙县、武平县、东山县、永泰县、柘荣县7个县（市）开展赎买试点，此后逐步扩大试点范围。在赎买基础上，探索收储、置换、改造提升、租赁和入股等多种形式的改革措施。对于重点生态区位内的商品林，在改革后要着力改善和提升其生态功能，实行集中统一管护。

（四）健全环境治理体系

完善流域治理机制。全面落实“河长制”，强化水资源保护、水域岸线管理、水污染防治、水环境治理等工作属地责任，实施一河一策，落实河湖管护主体、责任和经费，健全河湖执法体系，完善河湖管护标准体系和监督考核机制，到2018年建立形成河岸生态保护、饮用水水源地保护、地下水警戒保护三条蓝线管理制度，实现水清、河畅、岸绿、生态。探索开展按流域设置环境监管和行政执法机构试点，整合省级有关部门在水环境领域的行政处罚权，构建流域内相关省级部门参加、多种形式的流域水环境保护协作机制。加强跨区域跨部门水质信息沟通，构建流域上下游水量水质综合监管系统、水环境综合预警系统，建立上下游联合交叉执法和突发性污染事故的水量水质综合调度机制。

完善海洋环境治理机制。建立流域污染治理与河口及海岸带污染防治的海陆联动机制，强化对主要入海河流污染物和重点排污口的监视监测，推进涉海部门之间监测数据共享、定期通报、联合执法。完善陆源污染物排海总量控制和溯源追究制度，开展九龙江—厦门湾等重点海湾污染物排海总量控制试点，2017 年制定污染物排海总量控制目标任务及减排分解方案。建立海洋资源环境承载能力监测评价与预警机制，加强对赤潮、核污染、海上溢油、有毒有害化学品泄漏等突发事件的监测预警、跟踪监测和应急处置。选取厦门等地探索海洋生态文明建设途径，开展污染物入海减排治理、海洋生态保护与修复、海洋文化宣传教育等示范工作。

建立农村环境治理体制机制。坚持城乡环境治理并重，建立农村环境整治财政投入机制和管理机制。2016 年起开展农村生活污水、垃圾治理三年提升专项行动，因地制宜推进农村污水治理，完善村收集、乡中转、县处理的城乡一体化垃圾处理模式，构建乡级以上财政和村集体补贴、村民付费、社会资本参与的多元化农村环境基础设施投入运营机制。2017 年出台福建省培育发展农业面源污染治理、农村污水垃圾处理市场主体方案，采取政府购买服务等扶持措施，推进农村环境污染第三方治理。落实以绿色生态为导向的农业补贴制度，加快推进化肥、农药、农膜减量化以及畜禽养殖废物资源化和无害化，鼓励生产使用可降解农膜。健全化肥农药包装物、农膜回收贮运加工网络。继续深入推广长汀经验，完善挂钩帮扶水土流失治理重点县制度，探索水土流失治理企业化运作，实现水土流失治理和管护的专业化和规模化。

健全环境保护和生态安全管理制度。实行省以下环保机构监测监察执法垂直管理制度，先行在莆田市开展试点，2017 年出台实施方案，在全省全面实行垂直管理制度。建立完善跨部门环保协调机制，2018 年研究出台福建省环境治理监管职能整合方案，有序整合不同领域、不同部门、不同层次的监管力量，建立权威统一的环境执法体制。建立环保督察制度，2016 年起每两年对设区市党委和政府及其有关部门落实环保决策部署、突出环境问题处理及履行环保责任情况进行一次全面督察。建立设区市、县（市、区）、乡（镇、街道）、村（社区）四级环保网格监管体系，2016 年起在全省推行环境监管网格化管理。落实突发环境事件应急预案，建立健全覆盖全省的突发环境事件应急救援网络，提高与环境风险程度、污染物种类等相匹配的突发环境事件应急处置能力。持续治理“餐桌污染”，建立健全食品安全监管、农产品和水产品质量安全监管体系。健全防灾减灾救灾体制，完善灾害调查评价、监测预警、防治应急体系。

完善环境资源司法保护机制。研究建立环境资源保护行政执法与刑事司法无缝衔接机制，对严重违反环境保护、自然资源利用等方面法律法规的行为依法进行处置。健全法院、检察院环境资源司法职能配置，到 2017 年实现全省全覆盖，建立全过程全方位的环境资源司法保护体系。完善“专业化法律监督+恢复性司法实践+社会化综合治理”生态检察模式，严格依法有序推进环境资源公益诉讼；推进环境资源专门化审判，建立大气、水、土壤、森林、海洋、矿产等领域的各类环境资源刑事、民商事、行政诉讼及相关非诉讼执行案件的公正高效审理机制，努力让人民群众在每一个司法案件中感受到公平正义。坚持发展与保护并重、打击犯罪和修复生态并举，全面推进生态恢复性司法的应用，推广延伸生态恢复性司法机制适用领域。完善环境资源多元化纠纷解决机制，使诉讼和非诉讼纠纷解决机制相互配合、相互衔接，形成建设生态文明的强大司法合力。

完善环境信息公开制度。严格执行重污染行业企业环境信息强制公开制度，全面推行大气和水等环境质量、排污单位和环境执法等环境信息公开。健全环境新闻发言人制度。建设环境信息综合化管理平台和信息发布平台，建立环境数据分级分类开放共享制度。健全举报制度，充分发挥“12369”环保举报热线和网络平台作用，公开曝光违法典型案件。完善建设项目环境影响评价信息公开制度，通过公开听证、网络征集等形式，充分听取公众对重大决策和建设项目的意见。

（五）建立健全自然资源资产产权制度

建立统一的确权登记系统。加快推进自然资源调查成果收集整理等基础性工作，摸清全省各类自然资源生态空间的权属、位置、面积等信息，建立全省自然资源与地理空间基础数据库。探索研究水流、森林、山岭、荒地、滩涂等各类自然资源产权主体界定的办法，2016 年年底前先行在晋江市开展自然资源资产统一确权登记试点。2017 年出台福建省自然资源统一确权登记办法，探索以不动产统一登记为基础，建立统一的自然资源资产登记平台，明确组织模式、技术方法和制度规范，到 2020 年完成全省自然生态空间统一确权登记工作。适时推进福建省自然资源统一确权登记地方立法。

建立自然资源产权体系。2018 年出台福建省自然资源产权制度改革实施方案，实行权利清单管理，明确各类自然资源产权主体权利，创新自然资源全民所有权和集体所有权的实现形式，除生态功能重要的外，可推动所有权和使用权相分离，明确占有、使用、收益、处分等权利归属关系和权责，适度扩大使用权的出让、转让、出租、担保、入股等权能，让权属人获得实实在在的产权收益。全面建立覆盖各类全民所有自然资源资产的有偿出让制度，严禁无偿或低价出让，统筹规划建设自然资源资产交易平台。

开展健全自然资源资产管理体制试点。按照所有者和监管者分开、一件事情由一个部门负责的原则，整合分散的全民所有自然资源资产所有者职责，明确由一个部门并授权其代表国家对在同一国土空间的全民所有的矿藏、水流、森林、山岭、荒地、海域、滩涂等各类自然资源资产统一行使所有权。

（六）开展绿色发展绩效评价考核

建立生态文明建设目标评价体系。突出经济发展质量、能源资源利用效率、生态建设、环境保护、生态文化培育、绿色制度等方面指标，2017 年建立绿色发展指标体系，作为经济社会发展综合评价和市县党政领导干部政绩考核的重要内容和基础。综合考虑各地主体功能定位、资源禀赋、产业基础、区位特点等，开展生态文明建设评价，2017 年起每年将评价结果向社会公开，扩大公众参与，促进生态文明全社会共建共享。

建立完善党政领导干部政绩差别化考核机制。完善体现不同主体功能区特点和生态文明要求的市县党政领导干部政绩考核办法，突出绿色发展指标和生态文明建设目标完成情况考核，加大资源消耗、环境损害、生态效益等指标权重。根据《福建省主体功能区规划》，将福建全省市县划分为优化开发区、重点开发区、农产品主产区、重点生态功能区等类型区，对优化开发区主要实行转变发展方式优先的绩效考核；对重点开发区主要实行新型工业化城镇化水平优先的绩效考核；对农产品主产区主要实行农业优先的绩效考核，强化对农产品保障能力的评价；对重点生态功能区主要实行生态保护优先的绩效考核，强化对提供生态产品能力的评价，不考核地区生产总值等指标。

探索编制自然资源资产负债表。按照既反映自然资源规模变化也反映自然资源质量状况的原则，2016 年起在长乐市、晋江市、永安市和长汀县开展自然资源资产负债表编制试点，在试点县（市）推进土地、林木、水以及海洋 4 种主要自然资源资产核算工作，探索建立实物量核算账户。研究制定福建省自然资源资产负债表编制方案，明确分类标准和统计规范，2018 年起将编制工作推广到全省所有市县，定期评估和公布核算结果，并探索编制全省自然资源资产负债表。

建立领导干部自然资源资产离任审计制度。探索并逐步完善领导干部自然资源资产离任审计制度，2016 年起在莆田市和闽清县、仙游县、光泽县开展党政领导干部自然资源资产离任审计试点，以领导干部任期内辖区森林、海洋、土地和水等自然资源资产变化状况为基础，探索构建各领域评价指标体系，根据被审计领导干部任职期限和职责权限，对其履行自然资源资产管理和生态环境保护责任情况进行审计评价，明确追责情形和认定程序，依法准确界定被审计领导干部对审计发现问题应承担的责任。根据试点经验，2017 年年底前出台福建省党政领导干部自然资源资产离任审计实施意见，2018 年起建立经常性审计制度。加强审计结果运用，各级审计机关受组织部门委托开展领导干部自然资源资产离任审计，并将审计评价结果作为领导干部考核、任免、奖惩的重要依据。

开展生态系统价值核算试点。以保持良好生态环境质量为目标，探索构建生态系统价值核算体系和核算机制，2016 年启动在沿海的厦门市和山区的武夷山市开展地区尺度的核算试点，探索确定不同生态系统、不同服务功能类型的概念内涵、核算方法和核算技术规范，建立地区实物账户、功能量账户和资产账户，将生态系统价值不降低作为经济发展的约束条件，实现加快发展和保护生态环境的双赢，实现百姓富、生态美的有机统一。根据试点情况，适时研究扩大生态系统价值核算地区范围，探索将有关指标作为实施地区生态保护补偿和绿色发展绩效考核的重要内容。

四、保障措施

（一）加强组织实施。中央全面深化改革领导小组经济体制和生态文明体制改革专项小组以及国家发展改革委、环境保护部等有关部门和单位要加强对国家生态文明试验区（福建）建设的工作指导、政策支持和跟踪督查，协调解决试验区建设中的困难和问题。福建省要建立试验区建设协调推进工作机制，明确专职机构和人员配备，细化任务分工，集中力量抓好本方案的组织实施。驻闽部队要积极融入试验区建设，形成军地共建生态文明的协作机制。加强试验区建设的法治保障，福建省人大及其常委会、福建省政府可以制定相关地方性法规、政府规章推动试验区建设，改革措施突破现行法律、行政法规、国务院文件和国务院批准的部门规章规定的，要按程序报批，取得授权后施行。

（二）着力先行先试。支持福建省大胆探索、开拓创新，着力解决好改革方案同实际结合的问题、利益调整中的阻力问题、推动改革落实的责任担当问题，聚焦重点难点问题，在体制机制创新上下功夫，把改革措施落准落细落实。健全激励机制和容错纠错机制，既鼓励创新、表扬先进，也允许试错、宽容失败，营造想改革、谋改革、真改革、善改革的浓郁氛围。

（三）强化评估推广。福建省要及时总结生态文明体制改革经验和成果，加强对改革任务落实情况的跟踪分析、督促检查和效果评估，必要时委托第三方机构进行独立评估。对试行有效的重大改革举措和成功经验做法，及时总结推广到全国其他地区，成熟一条、推广一条。对试验过程中发现的问题和实践证明不可行的举措，要及时调整，提出相关建议。

（四）整合试点示范。将已经部署开展的福建省生态文明先行示范区、三明市等全国生态保护与建设示范区、长泰县等生态文明建设示范区等综合性生态文明示范区统一整合，以国家生态文明试验区（福建）名称开展工作，泰宁县等国家主体功能区建设试点、厦门国家“多规合一”试点、长汀县全国生态文明示范工程试点、武夷山国家公园体制试点、长汀县等国家水土保持生态文明工程、莆田市等全国水生态文明城市建设试点、厦门等国家级海洋生态文明示范区等各类专项生态文明试点示范，统一纳入国家生态文明试验区平台集中推进，各部门按照职责分工继续指导推动。

（五）加强舆论引导。加大试验区建设宣传力度，加强对生态文明各项制度内涵和改革方向的解读和宣传，普及培育生态文化，提高生态文明意识，倡导绿色发展方式和生活方式，形成崇尚生态文明、合力推进生态文明建设和生态文明体制改革的社会氛围。

中共中央办公厅、国务院办公厅印发《国家生态文明试验区（江西）实施方案》①

为贯彻落实党中央、国务院关于生态文明建设和生态文明体制改革的总体部署，依托江西省生态优势和生态文明先行示范区良好工作基础，建设国家生态文明试验区，根据中共中央办公厅、国务院办公厅印发的《关于设立统一规范的国家生态文明试验区的意见》，制定本实施方案。

一、重大意义

习近平总书记强调，绿色生态是江西最大财富、最大优势、最大品牌，一定要保护好，做好治山理水、显山露水的文章，走出一条经济发展和生态文明水平提高相辅相成、相得益彰的路子，打造美丽中国“江西样板”。李克强总理指出，江西要努力在加快改革开放中推动形成发展新格局，在经济升级中走出发展新路子，优化产业结构，推动绿色发展，继续加强生态建设，促进产业提质增效。江西是我国著名的革命老区，是我国南方地区重要的生态安全屏障，面临着发展经济和保护环境的双重压力。深入贯彻落实习近平总书记和李克强总理重要指示批示精神，在江西建设国家生态文明试验区，有利于发挥江西生态优势，使绿水青山产生巨大生态效益、经济效益、社会效益，探索中部地区绿色崛起新路径；有利于保护鄱阳湖流域作为独立自然生态系统的完整性，构建山水林田湖草生命共同体，探索大湖流域保护与开发新模式；有利于把生态价值实现与脱贫攻坚有机结合起来，实现生态保护与生态扶贫双赢，推动生态文明共建共享，探索形成人与自然和谐发展新格局。

① 原载《人民日报》2017年10月3日（第005版）。

二、总体要求

（一）指导思想。全面贯彻党的十八大和十八届三中、四中、五中、六中全会精神，深入贯彻习近平总书记系列重要讲话精神和治国理政新理念新思想新战略，紧紧围绕统筹推进“五位一体”总体布局和协调推进“四个全面”战略布局，牢固树立和贯彻落实新发展理念，认真落实党中央、国务院决策部署，围绕建设富裕美丽幸福江西，以进一步提升生态环境质量、增强人民群众获得感为导向，以机制创新、制度供给、模式探索为重点，积极探索大湖流域生态文明建设新模式，培育绿色发展新动能，开辟绿色富省、绿色惠民新路径，构建生态文明领域治理体系和治理能力现代化新格局，努力打造美丽中国“江西样板”。

（二）战略定位

1. 山水林田湖草综合治理样板区。把鄱阳湖流域作为一个山水林田湖草生命共同体，统筹山江湖开发、保护与治理，建立覆盖全流域的国土空间开发保护制度，深入推进全流域综合治理改革试验，全面推行河长制，探索大湖流域生态、经济、社会协调发展新模式，为全国流域保护与科学开发发挥示范作用。

2. 中部地区绿色崛起先行区。统筹推进生态文明建设与长江经济带建设、促进中部地区崛起等战略实施，加快绿色转型，将“生态+”理念融入产业发展全过程、全领域，建立健全引导和约束机制，构建绿色产业体系，促进生产、消费、流通各环节绿色化，率先在中部地区走出一条绿色崛起的新路子。

3. 生态环境保护管理制度创新区。落实最严格的环境保护制度和水资源管理制度，着力解决经济社会发展中面临的突出生态环境问题，创新监测预警、督察执法、司法保障等体制机制，健全体现生态文明要求的评价考核机制，构建政府、企业、公众协同共治的生态环境保护新格局。

4. 生态扶贫共享发展示范区。推动生态文明试验区建设与打赢脱贫攻坚战、促进赣南等原中央苏区振兴发展等深度融合，探索生态扶贫新模式，进一步完善多元化的生态保护补偿制度，建立绿色价值共享机制，引导全社会参与生态文明建设，让广大人民群众共享生态文明成果。

（三）主要目标。通过改革创新和制度探索，到2018年，试验区建设取得重要进展，在流域生态保护补偿、河湖保护与生态修复、绿色产业发展、生态扶贫、自然资源资产产权等重点领域形成一批可复制可推广的改革成果。到2020年，建成具有江西特色、系统完整的生态文明制度体系，基本建立山水林田湖草系统治理制度，国土空间开发保护制度更加完善，多元化的生态保护补偿机制更加健全；基本建立有利于绿色产业发展的制度，资源节约和环境友好的绿色产业发展导向牢固树立，环境治理和生态保护市场体系更加完善，初步走出一条绿色崛起新路子；基本建立质量优先的生态环境保护管理制度，城乡一体、气水土协同的监管治理体系更加完善；基本建立绿色价值全民共享制度，生态扶贫取得决定性成果，生态产品价值得到更多实现；基本建立体现绿色政绩观的评价考核制度，激励约束并重的生态文明建设目标评价考核和责任追究制度得到普遍施行，为全国生态文明体制改革创造一批典型经验和成熟模式，在推进生态文明领域治理体系和治理能力现代化方面走在全国前列。

通过试验区建设，生态环境质量进一步改善。到2020年，全省森林覆盖率稳定在63%，地表水水质优良比例提高到85.3%，重要江河湖泊水功能区水质达标率达到91%以上，鄱阳湖流域水功能区水质达标率达到90%以上，全面消除Ⅴ类及劣Ⅴ类水体，水土流失面积和强度显著下降，县级及以上城市空气质量优良天数比率达到92.8%以上，细颗粒物年均浓度降至39 $\mu g/m^3$ 以下，湿地面积不低于91万 hm^2，草原综合植被盖度达到86.5%，万元地区生产总值能耗、万元地区生产总值用水量、温室气体以及主要污染物排放量进一步下降，经济发展的质量和效益显著提高，生态环境质量继续位居全国前列，使江西的天更蓝、地更绿、水更清，人民群众的生态获得感和幸福感明显增强，美丽中国“江西样板”基本建成。

三、重点任务

（一）构建山水林田湖草系统保护与综合治理制度体系。尊重并顺应鄱阳湖流域自然规律，深入贯彻共抓大保护、不搞大开发理念，突出山水林田湖草生命共同体的系统性和完整性，探索完善自然资源资产产权、国土空间开发保护、流域综合管理、生态保护与修复等制度。

1. 建立健全自然资源资产产权制度。推动全省自然资源统一确权登记。以不动产登记为基础，加快建立统一的确权登记系统，2017年在探索自然资源确权登记相关技术规程、标准和工作方法方面开展试点；2018 年制定出台江西省自然资源统一确权登记办法（试行），重点界定水流、森林、荒地、滩涂等产权主体，探索国家所有权和代表行使国家所有权登记的途径和方式。制定产权主体权利清单，清晰界定各类自然资源资产的产权主体权利，依托公共资源交易平台开展自然资源资产交易。

健全自然资源资产管理体制。2017 年出台江西省自然资源资产管理体制试点实施方案，整合组建江西省国有自然资源资产管理机构，探索建立归属清晰、权责明确、监管有效的自然资源资产管理体制。

2. 加快完善国土空间开发保护制度。落实主体功能区制度。进一步细化落实主体功能区空间布局，2017 年实现县级行政区域城镇、农业、生态空间界限划定全覆盖。在省级以上重点生态功能区全面实行产业准入负面清单制度。制定针对不同主体功能区的财政、产业、投资、建设用地、资源开发、环境保护等政策体系。2017 年开展资源环境承载能力监测预警正式评价和环境功能区划编制工作，依据资源环境承载能力确定经济社会发展方向。

加快推进全省多规合一。建立统一规范的省级空间规划编制机制，2017 年出台江西省空间规划，深入推进市县多规合一工作，探索自上而下与自下而上相结合的省域空间规划与市县空间规划编制模式，健全空间规划编制方法，2020 年基本建立较为完善的省域空间规划体系。

全面划定生态保护红线。2017 年出台江西省关于划定并严守生态保护红线的若干意见，开展生态保护红线勘界定标工作，确立生态保护红线优先地位，强化执法监督，建立考核机制，严格责任追究，实现一条红线管控重要生态空间。

实行最严格的耕地保护制度。严守耕地保护红线，开展土地整治，推进高标准农田建设，加强土地复垦利用。建立省市县乡四级年度耕地保护目标责任考核制度。建立健全统一规范的耕地质量调查监测与评价制度。探索开展耕地休养生息。率先建立耕地保护信用奖惩机制。

探索自然生态空间用途管制制度。开展自然生态空间用途管制试点，将管制范围扩大到山水林田湖草等全省范围所有自然生态空间，2018 年建立一个部门牵头、多部门协同、权责清晰的管理制度，对山水林田湖草进行统一保护、统一修复，2019 年出台江西省自然生态空间用途管制实施细则。

3. 积极探索流域综合管理制度。建立流域综合修复制度。深入总结推广“山江湖”系统治理经验，2018 年出台关于加强鄱阳湖流域生态系统保护与修复的政策文件。建立流域水生态环境功能分区与评价标准，强化对生态系统脆弱、环境容量较小流域的保护与修复。2017 年起，在全省开展生态清洁型流域综合治理。推动水土保持监测评价，探索村民自建、以奖代补、民间资本参与等水土流失治理投入和管理机制。在赣州市深入开展山水林田湖草生态保护修复工程试点，推动生态系统整体保护、系统修复和综合治理。

健全流域生态保护补偿制度。2018 年修订完善江西省流域生态保护补偿办法，科学制定补偿标准、方法和途径，完善补偿资金筹措与增长机制，逐步构建覆盖全省、统一规范的全流域生态保护补偿制度。探索流域上下游地区的资金补助、产业转移、人才培训、教育帮扶、园区共建等多种生态补偿模式。实施江西广东东江跨省流域横向生态保护补偿，建立成本共担、效益共享、合作共治的跨区域流域生态保护长效机制。制定江西省水功能区监督管理实施细则，建立水功能区生态保护补偿制度。完善水资源费征收标准，严格征收管理，确保应收尽收。

创新流域综合管理模式。全面推行河长制，进一步细化责任、强化考核，落实水资源保护、水域岸线管理、水污染防治、水环境治理等职责，完善执法监督制度，落实河湖管护主体、责任和经费。在赣江流域开展按流域设置环境监管和行政执法机构试点，构建流域水环境保护协作机制，省级环境保护部门整合相关职责，设置流域环境监管和行政执法机构。探索建立鄱阳湖流域综合管理协调机制，统筹省级层面流域管理职能，研究组建鄱阳湖流域管理机构，完善流域管理与行政区域管理相结合的水资源管理体制，对流域开发与保护实行统一规划、统一调度、统一监测、统一监管。

4. 健全生态系统保护与修复制度。加强水土流失综合防治。严格执行水土保持方案审批和设施验收制度，强化监督执法，严防人为水土流失和生态破坏。加大重要生态保护区、水源涵养区、江河源头区的生态修复和保护力度。完善水土保持监测网络，开展水土保持监测评价。健全水土保持生态补偿机制。

健全森林保护与管理制度。全面停止天然林商业性采伐，将所有天然林纳入保护范围，在国家级自然保护区、国家森林公园、五河（赣江、抚河、信江、饶河、修河）及东江源头等生态功能重要区域自主探索开展禁伐补贴和非国有森林赎买（置换）、协议封育试点。探索近自然森林经营制度。完善天然林管护体系，建立生态护林员制度。自主探索生态公益林以效益论补偿新机制，逐步提高生态公益林补偿标准，探索建立古树名木保护补偿制度。深化集体林权制度改革。

建立健全湿地生态系统保护、恢复与补偿制度。实行湿地资源总量管理，将所有自然湿地纳入保护范围。建立鄱阳湖湿地监测评价预警机制。探索制定湿地生态系统损害鉴定评估办法。

完善生物多样性保护制度。加强生物多样性保护优先区域监管，优化自然保护区空间布局，完善自然保护区管理制度和分级分类管理体系。加强长江江豚、候鸟及水生生物资源保护，建立珍稀濒危物种种群恢复机制。健全国门生物安全防范机制，防范物种资源丧失和外来物种入侵。

（二）构建严格的生态环境保护与监管体系。围绕解决关系人民群众切身利益的大气、水、土壤污染及生态破坏等突出环境问题，建立健全生态环境保护的监测预警、督察执法、司法保障等体制机制，构建城乡一体、气水土统筹的环境监督管理制度体系。

1. 健全生态环境监测网络和预警机制。建立部门协调机制，构建统一规范、布局合理、覆盖全面的生态环境监测网络。2017 年启动环保机构监测监察执法垂直管理改革，强化省级环境质量监测事权，下移重点污染源监督性监测和监管重心。建设全省“生态云”大数据平台，基于地理空间信息整合生态与环境数据资源，开展生态环境大数据分析应用，推动建立生态环境质量趋势分析和预警机制，健全以流域为单位的环境监测统计和评估体系。

2. 建立健全以改善环境质量为核心的环境保护管理制度。加快推进环保部门机构和职能调整，强化大气、水、土壤环境质量监管。建立鄱阳湖水质月监测评估、季预警通报、年度责任考核机制，确保鄱阳湖流域排污总量不增加、水质不下降，鄱阳湖入长江断面水质逐年改善。启动固定污染源的排污许可证核发工作，实行对污染源的一证式管理，落实企事业单位污染物排放许可制，2017 年推进火电、造纸行业排污许可证申请发放工作。开展土壤污染状况详查，实施农用地分类管理和建设用地准入管理。建立耕地土壤环境质量类别划定分类清单、污染地块名录及其开发利用的负面清单，建立建设用地调查评估制度、土壤污染治理及风险管控制度。按照谁开发、谁保护，谁污染、谁治理的原则，建立生态环境损害赔偿和责任追究制度。完善突发环境事件应急机制，建立覆盖全省的环境应急指挥平台，强化针对危险废物收集、运输、处理的监管和问责机制。建立覆盖城乡的集中式饮用水水源地保护机制。

3. 创新环境保护督察和执法体制。建立健全省级环境保护督察制度，2018 年完成所有设区市环境保护督察，强化对地方的督政问责。建立生态环境综合执法机制，健全跨区域环境联合执法协作机制。在赣江新区开展城乡环境保护统一监管和综合行政执法试点。在共青城市建立健全公安、环保行政执法的联动机制和区域协作机制。

4. 完善生态环境资源保护的司法保障机制。推进检察机关诉前检察建议、督促起诉和支持起诉，诉前禁令、先予执行、行为保全、修复性裁判等诉讼措施的综合运用，逐步建立符合环境污染、生态破坏、自然资源非法开发利用、环境公益诉讼等案件特点的诉讼程序规则。推动开展生态环境公益诉讼。健全法院、检察院环境资源司法职能配置，完善环境资源民事、行政、刑事案件“二合一”“三合一”归口审理模式。规范环境损害司法鉴定管理工作，努力满足环境诉讼需要。建立环境资源领域专家库，保障专家通过担任人民陪审员、人民监督员、专家证人等方式参与环境资源司法活动。强化环境资源案件的信息公开和公众参与机制。完善环境资源行政执法和司法的衔接机制，推动构建环境资源纠纷多元化解决机制。

5. 健全农村环境治理体制机制。健全绿色生态农业技术和循环农业模式推广机制，完善农作物秸秆综合利用补助机制。制定规模化养殖粪便有机肥转化补贴暂行办法，加快推进化肥、农药减量化以及畜禽养殖废物资源化和无害化处理。建立财政和村集体补贴、住户付费、社会资本参与的投入运营机制，加快农村生活污水和垃圾处理等环保设施建设，鼓励农村生活垃圾分类和资源化利用，建立以县为主、乡镇为辅、省市奖补的经费保障机制。探索向社会购买农村环境治理服务，2017 年在德兴市、靖安县、宁都县开展农村环境整治政府购买服务试点，2020 年在全省施行。强化县乡两级政府的环境保护职责，加强环境监管能力建设。

（三）构建促进绿色产业发展的制度体系。坚持市场主导、政府引导，着力完善符合生态文明要求的产业政策和制度体系，构建具有江西特色的绿色产业体系，培育发展新动能。

1. 创新有利于绿色产业发展的体制机制。探索绿色生态农业推进机制。加快推进农业供给侧结构性改革，发展现代农业，统筹支农资金，建立以绿色生态为导向的农业补贴制度。实施绿色生态农业相关行动，推进农产品绿色化、品牌化生产，加快农产品标准化及可追溯体系建设，打造绿色有机农产品示范基地、农业可持续发展试验示范区。编制养殖水域滩涂规划，全面实行养殖证制度，规范发展渔业养殖。

探索新兴产业发展推进机制。以科技创新引领产业升级，实施好江西创新驱动相关工程和重点创新产业升级工程，打造一批航空、中医药、新型光电、新材料、新能源汽车、节能环保等产业创新平台和载体。建立健全生态文明建设标准体系，加快绿色生态技术标准创新基地建设，建立标准化与科技创新协同推进机制，加快科技成果转化落地。

探索服务业发展引导机制。大力发展低消耗、低污染的现代服务业，推动服务主体绿色化、服务过程清洁化。推广生态旅游标准体系，建设生态旅游示范区，做大做优做强江西生态旅游产业。推广“生态+大健康”产业模式，在南昌市、宜春市等地开展大健康产业发展试点。以商贸服务、交通运输等领域为重点，开展服务业清洁生产试点示范。

2. 建立有利于产业转型升级的体制机制。健全传统产业转型促进机制。加快传统产业绿色化改造关键技术研发和推广，在赣江新区等地推进绿色制造体系建设试点。推进工业化和信息化融合及制造业智能化，建立传统制造业“机器代人”奖励机制。以技术、环保、能耗、质量、安全为依据，健全产业准入标准和政策体系。全面落实环境影响评价制度，制定承接产业转移环境管控规划，建立工业园区环境容量评估制度。推动世界绿色发展投资贸易博览会等投资合作平台建设，完善绿色贸易、绿色技术、绿色产业引进机制。

3. 建立有利于资源高效利用的体制机制。强化节能降耗制度落实机制。进一步强化节能减排制度约束，开展重点用能单位节能低碳行动，选择部分高耗能行业企业开展能耗总量和强度双控、电机能效提升、绿色工厂（园区）等试点示范。制定城市综合体、公共机构办公场所等能源使用定额标准和能效标准，对大型公共建筑实施能耗限额管理。严格执行建筑节能标准，发展装配式建筑，推广绿色建筑。开展绿色生活行动，推行公共交通优先，鼓励自行车绿色出行。实施新能源汽车推广计划，支持有条件的城市推行新能源汽车租赁。

落实资源节约利用制度。建立节约集约用地激励和约束机制，落实单位地区生产总值建设用地使用面积下降目标任务。实行最严格水资源管理制度，开展水资源消耗总量和强度双控行动、水效领跑者引领行动。总结推广萍乡市海绵城市建设试点经验，到 2020 年，全省城市建成区 20%以上的面积达到海绵城市建设标准。完善矿产资源节约和综合利用制度，建立以开采回采率、选矿回收率、综合利用率为主要内容的矿产资源约束性指标体系。全面开展绿色矿山建设，在赣州市、德兴市等建设绿色矿业发展示范区，2017 年出台江西省全面推进绿色矿山建设的实施意见及相关考核办法。建立气候资源保护与合理开发利用制度，出台江西省气候资源开发利用与保护条例。

完善循环经济引导机制。推广循环经济典型模式，2018 年建立重点领域循环经济标准体系。探索制定汽车、工程机械等再制造标准体系，在南昌开展汽车发动机再制造生产、利用试点。探索建立生产者责任延伸制度，2017 年出台江西省生产者责任延伸实施方案。推广城镇生活垃圾分类，在南昌市、宜春市开展垃圾强制分类试点，建立生活垃圾分类收运回收处理体系，推动出台生活垃圾强制分类试行办法。

（四）构建环境治理和生态保护市场体系。充分发挥市场配置资源的决定性作用，加快培育生态环保市场主体，完善市场交易制度，建立体现生态环境价值的制度体系，努力构建政府、企业、社会共同参与新格局。

1. 加快培育环境治理和生态保护市场主体。建立社会资本投入生态环境保护的引导机制。2018 年出台江西省环境治理和生态保护市场化改革指导意见，推广政府和社会资本合作模式，推行环境污染第三方治理、合同能源管理和合同节水管理，在南昌市和鹰潭市开展环境污染第三方治理试点。设立生态环保领域国有资本投资运营公司，推动国有资本加大对环境治理和生态保护方面投入。推动全省污水垃圾处理设施运营管理单位向独立核算、自主经营的企业转变，2018 年年底前全面完成企业化转制。

2. 逐步完善环境治理和生态保护市场化机制。建立自然资源资产有偿使用制度。完善自然资源资产价格形成机制，健全土地、水、森林等自然资源资产价格评估标准和评估方法。

探索建立排污权交易制度。2019 年制定江西省排污权交易实施细则。在造纸、印染行业开展化学需氧量、氨氮排污权有偿使用和交易试点，在火电、钢铁、水泥行业开展二氧化硫、氮氧化物排污权有偿使用和交易试点。

探索建立碳排放权交易市场体系。构建科学系统的温室气体排放统计核算体系，落实碳排放权交易制度，探索林业碳汇等交易模式。出台江西省应对气候变化办法，进一步减缓温室气体排放，提升生态系统的碳汇能力。

探索建立水权交易制度。推进高安市、新干县、抚州市东乡区 3 个水资源使用权确权登记试点，2017 年完成试点工作任务。在完成山口岩水库水权交易试点基础上，继续开展不同类型的水权交易和流转试点工作。

探索建立用能权交易制度。2017 年制定用能权有偿使用和交易试点方案，在部分行业开展节能量交易试点，探索重点行业用能权初始分配与交易制度。

3. 健全绿色金融服务体系。完善企业环境信用评价制度，推动企业环境信息纳入金融信用信息基础数据库，向金融机构开放共享。支持和引导金融机构建立符合绿色产业和项目特点的信贷管理制度。推动建立银行绿色信贷业绩评价机制，积极推进发行绿色金融债券和绿色信贷资产证券化，鼓励银行等金融机构将信贷资金投放于环保、节能、清洁能源、清洁交通等绿色产业。稳妥有序探索环境权益交易市场机制，依托省级公共资源交易平台，推动环境权益统一交易、信息共享，探索环境权益抵质押融资模式。完善与绿色金融相关的监管机制，加强对绿色金融业务和产品的监管。积极推动赣江新区绿色金融改革创新，探索创新绿色金融推动绿色经济发展的有效机制。

（五）构建绿色共治共享制度体系。积极探索生态价值转化为经济效益的新模式，大力实施生态扶贫，使生态文明建设成为老区脱贫致富共奔小康的有效途径，进一步完善全民参与生态文明建设的体制机制，推动形成生态文明主流价值观。

1. 创新生态扶贫机制。建立生态保护补偿扶贫机制，加大对罗霄山集中连片特困地区、五河一湖及东江源头地区的流域生态保护补偿专项资金支持力度，建立补偿资金与扶持贫困人口脱贫挂钩机制。加大地方政府债券对重大生态修复工程的支持力度。在贫困地区开展水电和矿产资源开发资产收益扶贫改革试点。深入实施易地扶贫搬迁工程，迁出区生态恢复 36 万亩。组建 100 个绿色技术推广团队，建设 100 个绿色技术扶贫示范点。开展绿色培训，建立绿色创业扶贫基金，培养农村地区绿色农业发展带头人。支持上犹县、遂川县、乐安县、莲花县等开展生态扶贫试验区建设。

2. 建立绿色共享机制。探索建立适应群众健康需求的生态环境指标统计和发布机制，健全优质生态环境资源的推广和共享机制。推进有条件的城市近郊风景名胜区等逐步免费向公众开放，有序推动自然保护区实验区适当向公众开放，建设一批开放型绿色生态教育基地。推进绿色空间共享，实施城市拆围透绿行动计划，强化城市规划建设绿地配比要求，实现居民 300 m 见绿、500 m 见园。提高城市发展宜居性，划定城镇开发边界，开展城市设计、生态修复和城市修补工作。

3. 完善社会参与机制。全面推进环境质量信息、企业排污信息、监管部门环境管理信息公开，建立环境保护新闻发言人制度。完善建设项目环境影响评价信息公开机制，在项目立项、实施、后评价等环节，有序提高公众参与程度。建立环境保护网络举报平台，完善环境违法举报制度，保障人民群众依法有序行使环境监督权。规范发展环保社会组织，制定江西省环保社会组织行为规范指导意见，依法保障其行使提起环境公益诉讼等权利。

4. 健全生态文化培育引导机制。深入挖掘江西生态文化底蕴，积极培育生态道德，将生态文化培育作为文明城市、文明村镇和文明单位（社区）创建的重要内容，推动生态文明成为全社会共识。把生态文明纳入国民教育体系和干部教育培训体系，在中小学校开展绿色学校创建活动，在政府机关、企事业单位设立生态环境监督员。编制江西生态文化史，创作一批体现生态文明理念的优秀文化作品。

（六）构建全过程的生态文明绩效考核和责任追究制度体系。进一步提升生态文明绩效考核和责任追究制度体系的科学性、完整性和可操作性，完善各考核评价体系的标准衔接、结果运用、责任落实机制，引导各级党政机关和领导干部树立绿色政绩观。

1. 进一步完善生态文明建设评价考核制度。2017 年出台江西省生态文明建设目标评价考核办法，2018 年在全省开展综合评价考核。进一步完善市县科学发展综合考核评价指标体系，增加生态文明建设考核权重，强化指标约束。实行差别化的考核制度，按照《江西省主体功能区规划》要求，对重点开发区域重点考核经济转型升级方面指标，对限制开发区域实行农业优先和生态保护优先的绩效评价，取消对限制开发区域和生态脆弱国家扶贫开发工作重点县的地区生产总值考核。

2. 探索编制自然资源资产负债表。在萍乡市、吉安市、宜春市、抚州市、兴国县等开展自然资源资产负债表编制试点，推进水、土地、林木等主要自然资源资产核算工作，完善自然资源资产相关统计制度，探索建立实物量核算账户，科学反映自然资源规模和质量变化。2017 年出台江西省自然资源资产负债表编制指南，2018 年出台江西省自然资源资产负债表。

3. 开展领导干部自然资源资产离任审计。在萍乡市、吉安市开展党政领导干部自然资源资产离任审计试点，探索并逐步完善领导干部自然资源资产离任审计制度，加强审计结果运用，将自然资源资产离任审计结果作为领导干部考核、任免、奖惩的重要依据。

4. 建立生态环境损害责任终身追究制度。实行地方党委和政府领导班子成员生态文明建设一岗双责制，2017年出台江西省党政领导干部生态环境损害责任追究办法实施细则（试行），明确各级党委和政府及有关部门生态环境保护工作职责，将造成或可能造成生态环境损害的责任，与未完成生态环境和资源保护任务的责任一并列为生态环境损害责任类型。建立生态环境损害分级制度，确定各类生态环境损害的分级调查权限，实现精准追责。对领导干部离任后出现重大生态环境损害并认定其需要承担责任的，实行终身追责。

5. 加强生态文明考核与责任追究的统筹协调。建立由各级党委负责的生态文明考核追责统筹机制，加强生态文明建设评价、科学发展综合考核评价、领导干部自然资源资产离任审计、环境保护督察等考核评价体系的协调，统筹开展评价考核标准衔接、结果运用、责任追究工作，出台江西省统筹开展生态文明建设考评追责工作的若干意见。

四、保障措施

（一）加强组织领导。中央全面深化改革领导小组经济体制和生态文明体制改革专项小组以及国家发展改革委、环境保护部等有关部门要加强对国家生态文明试验区（江西）建设的指导和支持，强化沟通协作，协调解决试验区建设中的困难和问题。江西省要建立试验区建设协调推进工作机制，明确推进机构和人员配备，细化任务分工，加强生态文明教育培训，加大生态文明建设领域人才培养引进力度，提高地方政府和部门改革攻坚能力，推动各项改革任务落地见效。

（二）强化法治保障。江西省人大及其常委会、江西省政府可以制定相关地方性法规、地方政府规章推动试验区建设，试验区重大改革措施突破现有法律、行政法规、国务院文件和国务院批准的部门规章规定的，要按程序报批，取得授权后施行。

（三）鼓励先行先试。支持试验区大胆探索、开拓创新，突出重要领域和关键环节的改革试验，发挥试点在改革中的示范、突破和带动作用。健全激励机制和容错纠错机制，既鼓励创新、表扬先进，也允许试错、宽容失败，营造想改革、谋改革、真改革、善改革的良好氛围。

（四）整合试点示范。整合资源集中开展试点试验，将已经部署开展的江西省生态文明先行示范区、吉安市等全国生态保护与建设示范区、婺源县等国家生态县等综合性生态文明示范区统一整合，以国家生态文明试验区（江西）名称开展工作，遂川县等国家主体功能区建设试点、于都县国家多规合一试点、景德镇市等生态文明示范工程试点、靖安县等国家河湖管护体制机制创新试点、崇义县等全国森林资源可持续经营管理试点、修水县等国家水土保持生态文明工程、南昌市等全国水生态文明城市建设试点等各类专项生态文明试点示范，统一纳入国家生态文明试验区平台整体推进、形成合力。各部门要按照职责分工继续指导推动，对试验区试点示范工程在政策、项目、资金上给予倾斜。

（五）开展评估推广。江西省要及时总结生态文明体制改革经验和成果，2018 年起每年总结形成一批可复制可推广的改革成果，加强对改革任务落实情况的跟踪分析、督促检查和效果评估，建立改革任务和制度建设进程的监测、评估、公示、奖惩机制，必要时委托第三方机构进行独立评估。对试行有效的重大改革举措和成功经验做法，及时总结推广到全国其他地区。对试验过程中发现的问题和实践证明不成功、不可行的举措，要及时予以调整，提出相关建议。

（六）加强宣传引导。加大试验区建设的宣传力度，面向全社会广泛开展生态文明宣传教育和知识普及，深入解读和宣传生态文明各项制度的内涵和改革方向，进一步统一思想，凝聚共识，形成全社会共同参与生态文明试验区建设的生动局面。

中共江西省委、江西省人民政府关于深入落实《国家生态文明试验区（江西）实施方案》的意见①

（2017 年 9 月 30 日）

为认真贯彻习近平总书记系列重要讲话精神和治国理政新理念新思想新战略，全面落实党中央、国务院关于生态文明建设和生态文明体制改革的总体部署，奋力打造美丽中国“江西样板”，现就深入落实《国家生态文明试验区（江西）实施方案》（以下简称《实施方案》）提出如下意见。

一、坚决担负起建设国家生态文明试验区的重大政治责任

生态文明建设是中国特色社会主义事业“五位一体”总体布局的重要内容。要提高政治站位，深化思想认识，强化责任担当，勇于开拓创新，坚决落实好党中央、国务院建设国家生态文明试验区的重大决策部署。

（一）建设国家生态文明试验区，是习近平总书记治国理政新理念新思想新战略的重要要求。党的十八大以来，习近平总书记发表一系列重要讲话，形成了治国理政新理念新思想新战略。习近平总书记关于生态文明建设的一系列重要论述，构成了内涵丰富的中国特色社会主义生态文明建设战略思想，为建设美丽中国、实现中华民族永续发展指明了方向、提供了遵循。建设国家生态文明试验区，是以习近平同志为核心的党中央立足全局、着眼长远作出的科学决策，充分体现了我们党高度的历史自觉和生态自觉。要始终与党中央保持高度一致，牢固树立并切实贯彻绿色发展理念，坚持走生产发展、生活富裕、生态良好的文明发展道路，加快建设

① 原载《江西日报》2017 年 10 月 4 日（第 A02 版）。

富裕美丽幸福江西。

（二）建设国家生态文明试验区，是党中央、国务院赋予江西的重大使命。党中央、国务院将我省确定为首批国家生态文明试验区的三个省份之一，既是对我省生态文明建设成效的充分肯定，也赋予了我省探索生态文明建设新模式的光荣使命。要牢记习近平总书记打造美丽中国“江西样板”的殷切嘱托，举全省之力、集各方之智，深入推进国家生态文明试验区建设，保护好、巩固好、发展好我省绿色生态优势，推动生态文明体制改革走在前列，为全国生态文明建设探索路径、积累经验。

（三）建设国家生态文明试验区，是江西创新发展、绿色崛起的宝贵机遇。绿色生态是江西最大财富、最大优势、最大品牌。建设国家生态文明试验区，有利于释放生态红利，促进产业升级，提升发展质量，把绿水青山转化为金山银山；有利于回应人民关切、增进生态福祉，推动生态文明共建共享，形成人与自然和谐发展新格局。要抓住宝贵的历史机遇，深入落实省委“创新引领、绿色崛起、担当实干、兴赣富民”工作方针，努力走出一条经济发展和生态文明水平提高相辅相成、相得益彰的新路，夺取决胜全面建成小康社会、建设富裕美丽幸福江西的新胜利。

二、牢牢把握建设国家生态文明试验区的目标任务

深入贯彻习近平总书记系列重要讲话精神和治国理政新理念新思想新战略，坚持节约资源和保护环境的基本国策，把生态文明建设放在突出位置，融入经济建设、政治建设、文化建设、社会建设各方面和全过程，着力培育绿色发展新动能，开辟绿色富省、绿色惠民新路径，构建生态文明领域治理体系和治理能力现代化新格局，奋力打造美丽中国“江西样板”。

（一）紧扣战略定位。《实施方案》提出打造山水林田湖草综合治理样板区、中部地区绿色崛起先行区、生态环境保护管理制度创新区、生态扶贫共享发展示范区。这个战略定位具有很强的针对性、指导性和前瞻性。牢固树立系统思维，统筹山、江、湖等生态要素，科学开展保护、开发和治理。促进生态优势转化，推动绿色发展、循环发展、低碳发展，着力优化产业结构、提升发展质量，探索生态和经济协调发展新路径。充分发挥首创精神，大力推进改革创新，创造更多可复制可推广的生态文明制度经验。积极探索生态扶贫新模式，促进生态文明建

设与脱贫攻坚深度融合，让人民群众更好地分享生态红利。

（二）贯彻基本原则

——坚持对标中央。坚决贯彻党中央、国务院关于生态文明建设和生态文明体制改革的总体部署，深入落实习近平总书记对江西工作“新的希望、三个着力、四个坚持”重要要求，把建设国家生态文明试验区的各项任务落到实处。

——坚持绿色发展。把绿色发展作为基本路径，在发展中保护、在保护中发展，大力培育新动能、发展新经济，形成节约资源和保护环境的空间格局、产业结构、生产方式、生活方式，努力实现经济社会发展和生态环境保护协同共进。

——坚持改革创新。深入实施创新引领方针，聚焦重点难点问题，大胆探索、先行先试，不断深化体制机制创新，探索建立具有江西特色、系统完整的生态文明制度体系。

——坚持以人为本。加大环境综合治理力度，切实解决社会关注度高、涉及人民群众切身利益的突出问题，改善和巩固生态质量，建设天蓝、地绿、水净的美好家园，促进生态富民，增强人民群众的获得感。

（三）落实重点任务。《实施方案》提出构建山水林田湖草系统保护与综合治理制度体系、严格的生态环境保护与监管体系、促进绿色产业发展的制度体系、环境治理和生态保护市场体系、绿色共治共享制度体系、全过程的生态文明绩效考核和责任追究制度体系等 6 大体系，明确建立健全自然资源资产产权制度等 24 项重点任务。这些任务要求，涉及生态文明建设的各个领域，是我省建设国家生态文明试验区的主要目标和基本框架。要加强组织领导，合理分工安排，分解年度任务，细化实施举措，明确每项任务的目标成果、进度安排、保障措施，逐项推进落实，确保取得实效。

（四）实现发展目标。有步骤、分阶段推进国家生态文明试验区建设，实现“一年开好局、两年有变化、四年见成效”。

——一年开好局。到 2017 年年底，贯彻《实施方案》全面启动，各项任务分解落实到位，推进机制健全完善，领导和组织协调机构建立，配套政策和相关专项落实方案制定出台，全省上下形成落实《实施方案》的共识和合力，国家生态文明试验区建设扎实起步开局。

——两年有变化。到 2018 年年底，国家生态文明试验区建设取得较大进展，在流域生态保护补偿、河湖保护与生态修复、绿色产业发展、生态扶贫、自然资源资产产权等重点领域形成一批可复制可推广的改革成果。

——四年见成效。到2020年年底，《实施方案》确定的任务全面完成，初步形成具有江西特色、系统完整的生态文明制度体系，推进生态文明领域治理体系和治理能力现代化走在全国前列，打造美丽中国“江西样板”取得重大进展。

三、认真落实建设国家生态文明试验区的重大举措

建设国家生态文明试验区是一项系统工程。要把行政力量、市场机制和法治手段统筹结合起来，发扬改革创新精神，着力解决突出问题，努力构建长效机制，确保《实施方案》重点任务落地见效。

（一）提升治理能力。按照以人为本、防治结合、标本兼治、综合施策的原则，建立以保障人体健康为核心、以改善环境质量为目标、以防控环境风险为基础的环境管理体系，加快解决大气、水、土壤污染等突出环境问题。实施“净空”行动。突出污染源头治理，抓住燃煤电厂超低排放改造、机动车尾气治理、工地扬尘治理、秸秆资源化利用等关键环节，形成重点区域联防联控的治理格局，逐步消减大气污染物排放总量。实施“净水”行动。深入实施“河长制”，逐步推进流域综合管理体制改革，构建流域水环境保护协作机制，加大对“五河一湖”及东江源头、国家级自然保护区、重要湿地等重点生态功能区的生态保护与修复力度，加强对小流域水土流失的治理，全面消除V类及劣V类水体，确保水环境质量稳步提高。实施“净土”行动。加强对工业废物、危险废物的处置，加大对重金属污染重点区域的治理和修复力度，加快建设绿色矿山，控制并减少农业面源污染，推进生活垃圾强制分类，逐步改善城乡人居环境。加强生态环境大数据平台建设，逐步完善监测体系和预警机制，及时评估和掌握生态环境状况。

（二）巩固生态优势。树立底线思维，设定并严守资源消耗上限、环境质量底线、生态保护红线，将各类开发活动限制在资源环境承载能力内。建立统一的自然资源确权登记系统，探索建立归属清晰、权责明确、监管有效的自然资源资产管理体制。细化落实主体功能区空间布局，加快推进全省多规合一，加强自然生态空间用途管制，严守耕地保护红线。实施水土流失综合防治、森林质量提升、湿地保护、流域生态补偿等绿色生态工程，推动山水林田湖草生态

系统的整体保护、系统修复和综合治理，加强生物多样性保护优先区域监管。持续开展生态创建活动，积极创建生态文明示范县（市、区）、生态文明示范基地、生态工业园区、绿色社区，推出一批生态示范创建典型，厚植全省绿色生态优势。

（三）发展绿色产业。按照减量化、再利用、资源化的原则，加快建立循环型工业、农业、服务业体系，提高全社会资源产出率。深化农业供给侧结构性改革，推进六大现代农业工程建设，打造生态原产地品牌，提升农产品附加值。以科技创新为引领，加快发展战略性新兴产业，推动航空、新型光电、新材料、新能源汽车、智能装备等绿色制造业快速成长。推进传统产业绿色化、智能化改造，提高资源综合循环利用水平。发挥生态旅游资源优势，大力发展全域旅游，做大做优做强生态旅游产业。发挥中医药资源优势，加快发展以中医药为重点的大健康产业。发展工业设计、现代物流、现代金融、文化创意等现代服务业，发展大数据及云计算、物联网、电子商务等智慧经济，提高绿色低碳技术和节能环保产业发展水平。充分利用民间工艺，大力发展绿色创意产品，打造一批创意文化产业基地。加大绿色技术研发投入，支持生态文明领域工程技术类研究中心、实验室和实验基地建设，开展重点技术攻关，建立健全中介服务机构，加快成熟适用技术的示范推广。淘汰落后产能，逐步提高淘汰标准。

（四）发挥市场作用。妥善处理好政府与市场关系，加快推进“放管服”改革，营造良好市场环境。扎实推进绿色金融改革创新试验区建设，构建绿色金融体系，丰富绿色金融产品和服务，助推绿色产业发展。创新生态文明建设投融资机制，在扩大政府投入的同时，积极引入社会资本，加快培育环境治理和生态保护市场主体。推行政府购买服务、环境污染第三方治理、合同能源管理和合同节水管理等新模式，加快推进污水垃圾处理设施运营管理单位向独立核算、自主经营的企业转变。深入推进市场化改革，完善自然资源资产价格形成机制，统筹推进排污权、碳排放权、水权、用能权等市场交易机制建设，促进各类环境资源有序流动、高效配置。进一步理顺垃圾处置、污水处理等价格机制，更好保障环境基础设施建设运营。探索多种形式的生态补偿机制，引导生态受益地区与保护地区之间、流域上游与下游之间，通过资金补助、产业转移、人才培训、共建园区等方式实施补偿。

（五）深化制度创新。鼓励先行先试，努力在山水林田湖草系统保护治理、生态环境保护监管、绿色产业发展、绿色共治共享、生态文明绩效考核与责任追究等方面，创造一批可复制可推广的改革成果。加强生态文明制度建设的顶层设计，解决生态文明领域职能交叉、权责不明等突出问题，推动建立统一监管、统筹协调的管理体制。坚持“废、改、立、释”相结合，优化整合具有替代性的制度，梳理打通具有互补性的制度，协调统一具有冲突性的制度，切实增强生态文明制度的针对性、操作性和系统性，努力形成制度衔接配套、部门职责清晰、工作协调互动的良好格局。

（六）促进绿色惠民。加大对源头地区、贫困地区生态补偿，引导贫困地区发展林下经济、绿色农产品精深加工、生态旅游等，着力解决农村环境整治、农业面源污染等突出问题，推进生态文明建设与脱贫攻坚共同进步。大力推进绿色城镇化，保护自然景观，发展绿色建筑，提高绿化面积，扩大创建园林城市的覆盖面。促进有条件的城市近郊风景名胜区逐步免费向公众开放，建设一批开放型绿色生态教育基地。加强“整洁美丽、和谐宜居”新农村建设，抓好村庄整治、环境美化、乡风文明等建设，让人民群众共享生态福祉。挖掘优秀传统生态文化思想和资源，创作一批文艺作品，创建一批教育基地，满足人民群众的生态文化需求。将生态文化培育作为文明城市、文明村镇和文明单位（社区）创建的重要内容，广泛动员全民参与生态文明建设，营造全社会共建共享生态文明的浓厚氛围。

（七）完善政策配套。进一步完善环境和经济问题综合决策机制。完善以政府为主体的公共政策，建立与经济发展水平相适应、相协调的生态文明建设公共财政投入增长机制。整合现有投资渠道，逐步扩大省级投资用于生态文明建设的比例。完善以企业为主体的市场政策，落实企业生态环保责任，制定符合市场要求的绿色产业准入、绿色产业激励、绿色金融服务、自然资源资产价格形成等政策。完善以公众为主体的社会政策，强化社会各方面在生态文明建设中的责任义务，扩大环境信息公开，保障人民群众依法有序行使环境监督权，形成生态文明建设人人参与、人人共享的良好局面。

（八）提供法治保障。做好生态文明建设地方立法工作。启动环保机构监测监察执法垂直管理改革，建立健全省级环境保护督察制度，健全跨区域环境联合执法协助机制。加大环境执法力度，对各类环境违法违规行为实行“零容忍”，对违反环保法律法规的，依法严惩重罚；对造成生态环境损害的，以损害程度等因素依法确定赔偿额度；对造成严重后果的，依法依规追究刑事责任。健全环境资源行政执法与司法的衔接机制，推动生态环境和资源保护领域的公益诉讼。支持资源环境监管机构独立开展行政执法。加强环境保护基层执法队伍、环境应急处置救援队伍建设。加大生态文明建设的法治宣传力度。

四、着力凝聚建设国家生态文明试验区的强大合力

全省各地各部门要认真贯彻落实党中央、国务院和省委、省政府的决策部署，切实增强责任感、使命感、紧迫感，加强组织领导，狠抓工作落实，形成统筹推进国家生态文明试验区建设的整体合力。

（一）抓好统筹协调。省生态文明建设领导小组负责国家生态文明试验区建设的总体部署、统筹协调、整体推进和督促落实。成立江西省国家生态文明试验区建设办公室，具体负责《实施方案》的组织实施。各级党委、政府对本地生态文明建设和体制改革负总责，集中力量抓好各项任务的贯彻落实。加强军地互动，形成军民融合、协调发展的生态文明建设协作机制。省有关部门要结合工作职责，推进国家生态文明试验区建设各项任务。市县要主动作为，发挥首创精神，大胆探索实践。各地各有关部门要树立一盘棋思想，密切配合、通力合作，形成纵向到底、横向到边、各负其责、统筹推进的生动局面。

（二）压实领导责任。各级党委、政府主要负责同志要按照习近平总书记“四个亲自”要求，重要改革亲自部署、重大方案亲自把关、关键环节亲自协调、落实情况亲自督察，始终靠前指挥、狠抓落实，确保国家生态文明试验区建设各项任务落地见效。牵头单位主要负责同志要加强组织协调，配合单位主要负责同志要主动担责，合力抓好各项改革落实。各地各有关部门要结合实际，抓紧出台实施规划，细化工作方案，明确责任主体、目标任务、工作进度和保障措施，推动各项政策措施落准落细落实。

（三）扩大社会参与。充分发挥各类媒体作用，加强政策解读和宣传引导，大力宣传党中央、国务院和省委、省政府的决策部署，宣传建设国家生态文明试验区的重要意义、战略定位、目标要求、重大举措以及进展成效，宣传各地各部门的成功经验和有效做法。将国家生态文明试验区建设内容纳入各级党校、行政学院、干部学院教学计划。探索建立生态文明智库，鼓励和支持科研院所、高等院校开展相关课题研究和学术交流。完善公众参与制度，发挥民间组织和志愿者的积极作用，鼓励各行业制定绿色行为规范，在全社会形成良好的绿色生活方式。

（四）强化督查落实。开展阶段性目标考核和年度工作考核，将考核结果纳入绩效考核范围，作为综合评价各级领导班子和领导干部的依据。健全完善评估机制，定期对国家生态文明试验区建设情况开展自评估，探索第三方机构独立评估。对生态文明建设和生态文明体制改革成绩突出的地方、单位和个人，按有关规定给予表彰奖励；对工作不作为、慢作为、乱作为、失职渎职，推动生态文明建设和生态文明体制改革不力的，进行严肃批评，视情追责问责。

各地各部门贯彻落实情况及时向省委、省政府报告。

中共中央办公厅、国务院办公厅印发《国家生态文明试验区（贵州）实施方案》①

为贯彻落实党中央、国务院关于生态文明建设和生态文明体制改革的总体部署，推动贵州省开展生态文明体制改革综合试验，建设国家生态文明试验区，根据中共中央办公厅、国务院办公厅印发的《关于设立统一规范的国家生态文明试验区的意见》，制定本实施方案。

一、重大意义

习近平总书记强调，贵州要守住发展和生态两条底线，正确处理发展和生态环境保护的关系，在生态文明建设体制机制改革方面先行先试，把提出的行动计划扎扎实实落实到行动上，实现发展和生态环境保护协同推进。李克强总理指出，从贵州实际出发，走出一条新型工业化、山区新型城镇化和农业现代化的路子，在发展中升级，在升级中发展，实现产业崛起和生态环境改善的共赢。贵州省是长江、珠江上游重要生态屏障，既面临全国普遍存在的结构性生态环境问题，又面临水土流失和石漠化仍较突出、生态环保基础设施严重滞后等特殊问题；既面临加快发展、决战决胜脱贫攻坚的紧迫任务，又面临资源环境约束趋紧、城镇发展和农业生态空间布局亟待优化的严峻挑战，现有生态文明制度体系还不能适应转方式调结构优供给、推动绿色发展的需要。深入贯彻落实习近平总书记和李克强总理的重要指示批示精神，在贵州建设国家生态文明试验区，有利于发挥贵州的生态环境优势和生态文明体制机制创新成果优势，探索一批可复制可推广的生态文明重大制度成果；有利于推进供给侧结构性改革，培育发展绿色经济，形成体现生态环境价值、增加生态产品绿色产品供给的制度体系；有利于解决关系人民群众切身利益的突出资源环境问题，让人民群众共建绿色家园、共享绿色福祉，对于守住发展和

① 原载《人民日报》2017 年 10 月 3 日（第 006 版）。

生态两条底线，走生态优先、绿色发展之路，实现绿水青山和金山银山有机统一具有重大意义。

二、总体要求

（一）指导思想。全面贯彻党的十八大和十八届三中、四中、五中、六中全会精神，深入贯彻习近平总书记系列重要讲话精神和治国理政新理念新思想新战略，紧紧围绕统筹推进“五位一体”总体布局和协调推进“四个全面”战略布局，牢固树立和贯彻落实新发展理念，认真落实党中央、国务院决策部署，以建设“多彩贵州公园省”为总体目标，以完善绿色制度、筑牢绿色屏障、发展绿色经济、建造绿色家园、培育绿色文化为基本路径，以促进大生态与大扶贫、大数据、大旅游、大开放融合发展为重要支撑，大力构建产权清晰、多元参与、激励约束并重、系统完整的生态文明制度体系，加快形成绿色生态廊道和绿色产业体系，实现百姓富与生态美有机统一，为其他地区生态文明建设提供可借鉴可推广的经验，为建设美丽中国、迈向生态文明新时代作出应有贡献。

（二）战略定位

1. 长江、珠江上游绿色屏障建设示范区。完善空间规划体系和自然生态空间用途管制制度，建立健全自然资源资产产权制度，全面推行河长制，划定并严守生态保护红线、水资源开发利用控制红线、用水效率控制红线和水功能区限制纳污红线，完善流域生态保护补偿机制，创新跨区域生态保护与环境治理联动机制，加快构建有利于守住生态底线的制度体系。

2. 西部地区绿色发展示范区。建立矿产资源绿色化开发机制，健全绿色发展市场机制和绿色金融制度，开展生态文明大数据共享和应用，完善生态旅游融合发展机制，加快构建培育激发绿色发展新动能的制度体系。

3. 生态脱贫攻坚示范区。完善生态保护区域财力支持机制、森林生态保护补偿机制和面向建档立卡贫困人口购买护林服务机制，深化资源变资产、资金变股金、农民变股东“三变”改革，推进生态产业化、产业生态化发展，加快构建大生态与大扶贫深度融合、百姓富与生态美有机统一的制度体系。

4. 生态文明法治建设示范区。加强涉及生态环境的地方性法规和政府规章的立改废释，推动省域环境资源保护司法机构全覆盖，完善行政执法与刑事司法协调联动机制，加快构建与生态文明建设相适应的地方生态环境法规体系和环境资源司法保护体系。

5. 生态文明国际交流合作示范区。深化生态文明贵阳国际论坛机制，充分发挥其引领生态文明建设和应对气候变化、服务国家外交大局、助推地方绿色发展、普及生态文明理念的重要作用，加快构建以生态文明为主题的国际交流合作机制。

（三）主要目标。到 2018 年，贵州省生态文明体制改革取得重要进展，在部分重点领域形成一批可复制可推广的生态文明制度成果。到 2020 年，全面建立产权清晰、多元参与、激励约束并重、系统完整的生态文明制度体系，建成以绿色为底色、生产生活生态空间和谐为基本内涵、全域为覆盖范围、以人为本为根本目的的“多彩贵州公园省”。通过试验区建设，在国土空间开发保护、自然资源资产产权体系、自然资源资产管理体制、生态环境治理和监督、生态文明法治建设、生态文明绩效评价考核和责任追究等领域形成一批可在全国复制推广的重大制度成果，在生态脱贫攻坚、生态文明大数据、生态旅游、生态文明国际交流合作等领域创造出一批典型经验，在推进生态文明领域治理体系和治理能力现代化方面走在全国前列，为全国生态文明建设提供有效制度供给。

到 2020 年，实现以下目标：

——生产空间集约高效。推动生产空间开发从外延扩张转向优化结构，从严控制新增建设用地总量，提高国土单位面积投资强度和产出效率。国土空间开发强度控制在 4.2%以内，建设用地总规模控制在 74.4 万 hm^2 以内。推动产业全面向园区聚集。

——生活空间宜居适度。引导人口向城镇集中，优化城镇布局，划定城市开发边界。城市空间面积占全省国土总面积控制在 1.2%以内，城镇绿色建筑占新建建筑的比例达 50%，县城以上城镇污水处理率、生活垃圾无害化处理率分别达 93%以上和 90%以上。推动农村居民点适度集中、集约布局，农村居民点面积占全省国土总面积控制在 1.9%以内，70%以上行政村达到绿色村庄标准，90%以上行政村的生活垃圾得到有效治理。

——生态空间山清水秀。逐步扩大绿色自然生态空间，增强生态产品供给能力。全省森林覆盖率达 60%，森林面积扩大到 10.56 万 km^2，草原综合植被盖度达到 88%，水土流失治理率达 23%以上，河流、湖泊、湿地面积逐步增加，八大水系（乌江、沅水、都柳江、牛栏江—横江、南盘江、北盘江、红水河、赤水河）水质优良率保持在 92%以上，出境断面水质优良比例保持在90%以上，重要江河湖泊水功能区水质达标率达86%，地级市全部达到环境空气质量二级标准，县级以上城市空气质量优良天数比例保持在95%以上，生物多样性保护工程取得重要进展。

三、重点任务

（一）开展绿色屏障建设制度创新试验

1. 健全空间规划体系和用途管制制度。以主体功能区规划为基础统筹各类空间性规划，推进省级空间性规划多规合一。在六盘水市、三都县、雷山县等地开展市县多规合一试点，深入推进荔波、册亨国家主体功能区建设试点示范，加快构建以市县级行政区为单元，由空间规划、用途管制、差异化绩效考核等构成的空间治理体系，2017年出台省级空间规划编制办法。研究建立自然生态空间用途管制制度、资源环境承载能力监测预警制度，推动建立覆盖全省国土空间的监测系统，动态监测国土空间变化，2018年制定贵州省自然生态空间用途管制实施办法。开展生态保护红线勘界定标和环境功能区划工作，在生态保护红线内严禁不符合主体功能定位、土地利用总体规划、城乡规划的各类开发活动，严禁任意改变用途，确保生态保护红线功能不降低、面积不减少、性质不改变，建立健全严守生态保护红线的执法监督、考核评价、监测监管和责任追究等制度。坚持最严格耕地保护制度，全面划定永久基本农田并实行特殊保护，任何单位和个人不得擅自占用或改变用途，2017年完成永久基本农田落地块、明责任、设标志、建表册、入图库等工作，实行动态监测。划定城镇开发边界，开展城市设计、生态修复和城市修补工作。出台全省“十三五”土地整治规划，统筹安排土地整治和高标准农田建设。强化节约集约用地激励约束机制，落实单位地区生产总值建设用地使用面积下降目标，健全城镇建设用地总量控制管理机制，2017年研究出台具体实施方案。

2. 开展自然资源统一确权登记。2017年在赤水市、绥阳县、六盘水市钟山区、普定县、思南县开展自然资源统一确权登记试点，制定贵州省自然资源统一确权登记试点实施方案，在不动产登记的基础上，建立统一的自然资源登记体系。初步摸清试点地区水流、森林、山岭、草原、荒地和探明储量的矿产资源等自然资源权属、位置、面积等信息，2020年全面建立全省自然资源统一确权登记制度。

3. 建立健全自然资源资产管理体制。2017 年制定贵州省自然资源资产管理体制改革实施方案，开展国家自然资源资产管理体制改革试点，除中央直接行使所有权的外，将分散在国土资源、水利、农业、林业等部门的全民所有自然资源资产所有者职责剥离，整合组建贵州省国有自然资源资产管理机构，经贵州省政府授权，承担全民所有自然资源资产所有者职责。探索不同层级政府行使全民所有自然资源资产所有权的实现形式，贵州省政府代理行使所有权的全民所有自然资源资产，由贵州省国有自然资源资产管理机构设置派出机构直接管理。选择遵义市、黔东南州作为试点，受贵州省政府委托承担所辖行政区域内全民所有自然资源资产所有权的部分管理工作。县乡政府原则上不再承担全民所有自然资源资产所有者职责。

4. 健全山林保护制度。健全水土流失和石漠化治理机制，创新政府资金投入方式，调动社会资金投入水土流失、石漠化治理。按照谁治理、谁受益的原则，赋予社会投资人对治理成果的管理权、处置权、收益权，形成水土流失、石漠化综合治理和管理长效机制。完善森林生态保护补偿机制，实行省级公益林与国家级公益林补偿联动、分类补偿与分档补助相结合的森林生态效益补偿机制；逐步提高生态公益林补偿标准，力争到 2020 年实现省级公益林与国家级公益林生态效益补偿标准并轨。严格执行矿产资源开发利用、土地复垦、矿山环境恢复治理“三案合一”，切实做好水土流失预防和治理。

5. 完善大气环境保护制度。制定严于国家标准的空气污染物排放标准，实施燃煤火电、水泥、钢铁、化工等重点行业大气污染物特别排放限值。以贵阳市、安顺市、遵义市为重点，建立黔中地区大气污染联防联控机制，完善重污染天气监测、预警和应急响应体系。2018 年制定县级以上城市限制燃煤区和禁止燃煤区划定方案，尽快实现城区“无煤化”。建立更加严格的机动车环保联动监测机制。实行县（市、区）政府所在地大气环境质量排名发布制度和对大气环境质量未达标或严重下降地方政府主要负责人约谈制度。完善控制污染物排放许可制度，实施企事业单位排污许可证管理，实现污染源全面达标排放。

6. 健全水资源环境保护制度。全面推行河长制，落实河湖管护主体、责任和经费，并聘请水利、环保专家、社会组织负责人等担任河湖民间义务监督员。实行水资源消耗总量和强度双控行动。以工业园区污水、垃圾处理设施为重点，落实污水垃圾处理收费制度，全面建立以县为单位第三方治理的新机制。完善地方水质量标准体系，制定地方性水污染排放标准。建立水资源、水环境承载能力监测评价体系，到 2020 年完成市（州）、县（市、区、特区）区域水资源、水环境承载能力现状评价。建立健全地下水开采利用管控制度，编制地面沉降区等区域地下水压采方案，到 2020 年对年用地下水 5 万 m^3 以上的用水户实现监控全覆盖。建立流域内县（市、区）、重点企业参与的联席会议制度，构建风险预警防控体系，建立突发环境事件水量水质综合调度机制。编制一般工业固体废物贮存、处置等公共渣场选址规划，强化渣场渗滤液污染防范。编制养殖水域滩涂规划，全面实行养殖证制度，规范发展渔业养殖。制定出台贵州省健全生态保护补偿机制的实施意见，逐步在省域范围内推广覆盖八大流域、统一规范的流域生态保护补偿制度。开展西江跨地区生态保护补偿试点。

7. 完善土壤环境保护制度。以农用地和重点行业企业用地为重点，开展土壤污染状况详查。实施农用地分类管理，制定实施受污染耕地安全利用方案，降低农产品超标风险，强化对严格管控类耕地的用途管理，依法划定特定农产品禁止生产区域。对受污染地块实施建设用地准入管理，防范人居环境风险。建立贵州省耕地土壤环境质量类别划定分类清单、建设用地污染地块名录及其开发利用的负面清单。建立土壤环境质量状况定期调查制度、土壤环境质量信息发布制度、土壤污染治理及风险管控制度，健全土壤环境应急能力和预警体系。鼓励土壤污染第三方治理，建立政府出政策、社会出资金、企业出技术的土壤污染治理与修复市场机制。

（二）开展促进绿色发展制度创新试验

1. 健全矿产资源绿色化开发机制。完善矿产资源有偿使用制度，全面推行矿业权招拍挂出让，加快全省统一的矿业权交易平台建设。建立矿产开发利用水平调查评估制度和矿产资源集约开发机制。完善资源循环利用制度，建立健全资源产出率统计体系。2017 年出台贵州省全面推进绿色矿山建设的实施意见及相关考核办法。

2. 建立绿色发展引导机制。2017 年制定绿色制造三年专项行动计划，完善绿色制造政策支持体系，建设一批绿色企业、绿色园区。建立健全生态文明建设标准体系。制定节能环保产业发展实施方案，健全提升技术装备供给水平、创新节能环保服务模式、培育壮大节能环保市场主体、激发市场需求、规范优化市场环境的支持政策。建设国家军民融合创新示范区，鼓励军工企业发展节能环保装备产业。建立以绿色生态为导向的农业补贴制度。健全绿色农产品市场体系，建立经营联合体，编制绿色优质农产品目录。建立林业剩余物综合利用示范机制，推动林业剩余物生物质能气、热、电联产应用。完善绿色建筑评价标识管理办法，严格执行绿色建筑标准。建立装配式建筑推广使用机制。推行垃圾分类收集处置，推动贵阳市、遵义市、贵安新区制定并公布垃圾分类工作方案，鼓励其他市（州）中心城市、县城开展垃圾分类。建立和完善水泥窑协同处置城市垃圾运行机制，推行水泥窑协同处置城市垃圾。

3. 完善促进绿色发展市场机制。2017 年出台培育环境治理和生态保护市场主体实施意见，对排污不达标企业实施强制委托限期第三方治理。2017 年实行碳排放权交易制度，积极探索林业碳汇参与碳排放交易市场的交易规则、交易模式。建立健全排污权有偿使用和交易制度，逐步推行企事业单位污染物排放总量控制、通过排污权交易获得减排收益的机制，2017 年建成排污权交易管理信息系统。推进农业水价综合改革，开展水权交易试点，制定水权交易管理办法。研究成立贵州省生态文明建设投资集团公司。

4. 建立健全绿色金融制度。积极推动贵安新区绿色金融改革创新，鼓励支持金融机构设立绿色金融事业部。创新绿色金融产品和服务。加大绿色信贷发放力度，完善绿色信贷支持制度，明确贷款人的尽职免责要求和环境保护法律责任。稳妥有序探索发展基于排污权等环境权益的融资工具，拓宽企业绿色融资渠道。引导符合条件的企业发行绿色债券。推动中小型绿色企业发行绿色集合债，探索发行绿色资产支持票据和绿色项目收益票据等。健全绿色保险机制。依法建立强制性环境污染责任保险制度，选择环境风险高、环境污染事件较为集中的区域，深入开展环境污染强制责任保险试点。鼓励保险机构探索发展环境污染责任险、森林保险、农牧业灾害保险等产品。

（三）开展生态脱贫制度创新试验

1. 健全易地搬迁脱贫攻坚机制。对住在生存条件恶劣、生态环境脆弱、自然灾害频发等地区的农村贫困人口，利用城乡建设用地增减挂钩政策支持易地扶贫搬迁，建立健全易地扶贫搬迁后续保障机制。对迁出区进行生态修复，实现保护生态和稳定脱贫双赢；通过统筹就业、就学、就医，衔接低保、医保、养老，建设经营性公司、小型农场、公共服务站，探索集体经营、社区管理、群众动员组织的机制，确保贫困群众搬得出、稳得住、能致富。

2. 完善生态建设脱贫攻坚机制。支持贵州自主探索通过赎买以及与其他资产进行置换等方式，将国家级和省级自然保护区、国家森林公园等重点生态区位内禁止采伐的非国有商品林调整为公益林，将零星分散且林地生产力较高的地方公益林调整为商品林，促进重点生态区位集中连片生态公益林质量提高、森林生态服务功能增强和林农收入稳步增长，实现社会得绿、林农得利。2018年在国家级和省级自然保护区、毕节市公益林区内开展试点。以盘活林木、林地资源为核心，推进森林资源有序流转，推广经济林木所有权、林地经营权新型林权抵押贷款改革，拓宽贫困人口增收渠道。建立政府购买护林服务机制，引导建档立卡贫困人口参与提供护林服务，扩大森林资源管护体系对贫困人口的覆盖面，拓宽贫困人口就业和增收渠道。制定出台支持贫困山区发展光伏产业的政策措施，促进贫困农民增收致富。开展生物多样性保护与减贫试点工作，探索生物多样性保护与减贫协同推进模式。

3. 完善资产收益脱贫攻坚机制。推进开展贫困地区水电矿产资源开发资产收益扶贫改革试点，探索建立集体股权参与项目分红的资产收益扶贫长效机制。深入推广资源变资产、资金变股金、农民变股东“三变”改革经验，将符合条件的农村土地资源、集体所有森林资源、旅游文化资源通过存量折股、增量配股、土地使用权入股等多种方式，转变为企业、合作社或其他经济组织的股权，推动农村资产股份化、土地使用权股权化，盘活农村资源资产资金，让农民长期分享股权收益。

4. 完善农村环境基础设施建设机制。全面改善贫困地区群众生活条件。实施农村人居环境改善行动计划，整村整寨推进农村环境综合整治。探索建立县城周边农村生活垃圾村收镇运县处理、乡镇周边村收镇运片区处理、边远乡村就近就地处理的模式，到2020年实现90%以上行政村生活垃圾得到有效处理。通过城镇污水处理设施和服务向农村延伸、建设农村污水集中处理设施和分散处理设施，实现行政村生活污水处理设施全覆盖。2017年制定贵州省培育发展农业面源污染治理、农村污水垃圾处理市场主体方案，探索多元化农村污水、垃圾处理等环境基础设施建设与运营机制，推动农村环境污染第三方治理。建立农村环境设施建管运协调机制，确保设施正常运营。逐步建立政府引导、村集体补贴相结合的环境公用设施管护经费分担机制。强化县乡两级政府的环境保护职责，加强环境监管能力建设。建立非物质文化遗产传承机制和历史文化遗产保护机制，加强传统村落和传统民居保护。

（四）开展生态文明大数据建设制度创新试验

1. 建立生态文明大数据综合平台。建设生态文明大数据中心，推动生态文明相关数据资源向贵州集聚，定期发布生态文明建设“绿皮书”。打造长江经济带、泛珠三角区域生态文明数据存储和服务中心，为有关方面提供数据存储与处理服务。2017 年建成环保行政许可网上审批系统，健全环境监管数字化执法平台。2018 年完善全省污染源在线监控系统，2019 年基本建成覆盖全省的环境质量自动监测网络，2020 年建成覆盖环境监测、监控、监管、行政许可、行政处罚、政务办公、公众服务的贵州省生态环境大数据资源中心，实现生态环境质量、重大污染源、生态状况监测监控全覆盖。

2. 建立生态文明大数据资源共享机制。2018 年制定贵州省生态环境数据资源管理办法，建立生态环境数据协议共享机制和信息资源共享目录，明确数据采集、动态更新责任。推动生态环境监测、统计、审批、执法、应急、舆论等监管数据共享和有序开放，实现全省生态环境关联数据资源整合汇聚。

3. 创新生态文明大数据应用模式。建立环境数据与工商、税务、质检、认证等信息联动机制，支撑环境执法从被动响应向主动查究违法行为转变。建立固定污染源信息名录库，整合共享污染源排放信息；建立环境信用监管体系，对不同环境信用状况的企业进行分类监管；探索在环境管理中试行企业信用报告和信用承诺制度。

（五）开展生态旅游发展制度创新试验

1. 建立生态旅游开发保护统筹机制。制定贵州省生态旅游资源管理办法，建立旅游资源数据库，健全生态旅游开发与生态资源保护衔接机制，推动生态与旅游有效融合。完善旅游资源分级分类立档管理制度，对重点旅游景区景点资源和新发现的三级及以上旅游资源，由省进行统筹规划、开发、利用，禁止低水平重复建设景区景点，统筹做好旅游资源开发全过程保护，建立旅游资源保护情况通报制度。在重点生态功能区实行游客容量、旅游活动、旅游基础设施建设限制制度。探索建立资源共用、市场共建、客源共享、利益共分的区域生态旅游合作机制。

2. 建立生态旅游融合发展机制。积极创建全域旅游示范区、生态旅游示范区。以黄果树景区、赤水旅游度假区、荔波樟江风景名胜区、梵净山国家级自然保护区为重点，探索建立资源权属明晰、管理机构统一、产业融合发展、利益分配合理的生态旅游管理体制。2017 年制定贵州省全域旅游工作方案，以推进山地旅游业与生态农业、林业、康养业融合发展为重点，在黔北、黔东北、黔东南等生态农业、森林旅游功能区，建立生态旅游资源合作开发机制、市场联合营销机制和协作维护管理机制，推进生态旅游、农业旅游、森林旅游建立发展规划协调、项目整合、产品融合、品牌共建等一体化发展机制，形成多层次、多业态的生态旅游产业发展体系。

（六）开展生态文明法治建设创新试验

1. 加强生态环境保护地方性立法。全面清理和修订地方性法规、政府规章和规范性文件中不符合绿色经济发展、生态文明建设的内容。适时修订《贵州省生态文明建设促进条例》《贵州省环境保护条例》，2020年前制定出台贵州省环境影响评价条例、水污染防治条例、世界自然遗产保护管理条例，推动城市供水和节约用水、城市排水、公共机构节约能源资源以及农村白色垃圾、塑料薄膜、限制性施用化肥农药、畜禽零星（分散）养殖等领域的地方性立法，构建省级绿色法规体系。

2. 实现生态环境保护司法机构全覆盖。实现全省各级法院环境资源审判机构全覆盖，深入推进环境资源案件集中管辖和归口管理，对涉及生态环境保护的刑事、民事、行政三类诉讼案件实行集中统一审理，推动环境资源案件专门化审判。完善打击、防范、保护三措并举，刑事、民事、行政三重保护，司法、行政、公众三方联动的“三三三”生态环境保护检察运行模式。健全检察院环境资源司法职能配置，深入推进检察机关提起公益诉讼工作，严格依法有序推进环境公益诉讼。规范环境损害司法鉴定管理工作，努力满足环境诉讼需要。探索生态恢复性司法机制，运用司法手段减轻或消除破坏资源、污染环境状况。建立生态文明律师服务团，引导群众通过法律渠道解决环境纠纷。健全环境保护行政执法与刑事司法协调联动机制。

3. 完善生态环境保护行政执法体制。探索建立严格监管所有污染物排放的环境保护管理制度，逐步实行环境保护工作由一个部门统一监管和行政执法，建立权威统一的环境执法体制。探索开展按流域设置环境监管和行政执法机构试点工作，实施跨区域、跨流域环境联合执法、交叉执法。开展省以下环保机构监测监察执法垂直管理试点，2017年完成试点工作，实现市县两级环保部门的环境监察职能上收，推动环境执法重心向市县下移。

4. 建立生态环境损害赔偿制度。开展生态环境损害赔偿制度改革试点，明确生态环境损害赔偿范围、责任主体、索赔主体和损害赔偿解决途径等，探索建立完善生态环境损害担责、追责体制机制，探索建立与生态环境赔偿制度相配套的司法诉讼机制，2018年全面试行生态环境损害赔偿制度，2020年初步构建起责任明确、途径畅通、机制完善、公开透明的生态环境损害赔偿制度。

（七）开展生态文明对外交流合作示范试验

1. 健全生态文明贵阳国际论坛机制。深化生态文明贵阳国际论坛年会机制，充分发挥论坛国际咨询会等作用，探索实施会员制，建立论坛战略合作伙伴和议题合作伙伴体系。2018年编制论坛发展规划，完善论坛主题和内容策划机制，提升论坛的国际化、专业化水平。坚持既要“论起来”又要“干起来”，建立论坛成果转化机制，加快论坛理论成果和实践成果转化。

2. 建立生态文明国际合作机制。支持贵州与相关国家和地区有关方面深入开展合作，构建生态文明领域项目建设、技术引进、人才培养等方面长效合作机制；与联合国相关机构、生态环保领域有关国际组织等加强沟通联系，积极开展交流、培训等务实合作。

3. 建立生态文明建设高端智库。依托生态文明贵阳国际论坛，广泛利用国内外环保组织、高校、研究机构人才资源，建立生态文明建设高端智库，探讨生态文明建设最新理念，研究生态文明领域重大课题，提出战略性、前瞻性政策措施建议。支持贵州高校建立生态文明学院，加强生态文明职业教育。

（八）开展绿色绩效评价考核创新试验

1. 建立绿色评价考核制度。加强生态文明统计能力建设，加快推进能源、矿产资源、水、大气、森林、草地、湿地等统计监测核算。2017年起每年发布各市（州）绿色发展指数，开展生态文明建设目标评价考核，考核结果作为党政领导班子和领导干部综合评价、干部奖惩任免以及相关专项资金分配的重要依据。研究制定森林生态系统服务功能价值核算试点办法，探索建立森林资源价值核算指标体系。

2. 开展自然资源资产负债表编制。在六盘水市、赤水市、荔波县开展自然资源资产负债表编制试点，探索构建水、土地、林木等资源资产负债核算方法。2018年编制全省自然资源资产负债表。

3. 开展领导干部自然资源资产离任审计。扩大审计试点范围，探索审计办法，2018年建立经常性审计制度，全面开展领导干部自然资源资产离任审计。加强审计结果应用，将自然资源资产离任审计结果作为领导干部考核的重要依据。

4. 完善环境保护督察制度。强化环保督政，建立定期与不定期相结合的环境保护督察机制，2017年起每2年对全省9个市（州）、贵安新区、省直管县当地政府及环保责任部门开展环境保护督察，对存在突出环境问题的地区，不定期开展专项督察，实现通报、约谈常态化。

5. 完善生态文明建设责任追究制。实行党委和政府领导班子成员生态文明建设一岗双责制。建立领导干部任期生态文明建设责任制，按照谁决策、谁负责和谁监管、谁负责的原则，落实责任主体，以自然资源资产离任审计结果和生态环境损害情况为依据，明确对地方党委和政府领导班子主要负责人、有关领导人员、部门负责人的追责情形和认定程序。对领导干部离任后出现重大生态环境损害并认定其需要承担责任的，实行终身追责。

四、保障措施

（一）强化组织实施。中央全面深化改革领导小组经济体制和生态文明体制改革专项小组以及国家发展改革委、环境保护部等部门和单位要加强对国家生态文明试验区（贵州）建设的指导，加大政策支持力度，协调解决贵州省在建设试验区过程中的困难和问题。贵州省要建立党委和政府主要领导牵头的组织领导体系，构建党委统一领导、政府组织实施、人大政协监督、部门分工协作、全社会共同参与的生态文明建设工作格局。在市（州）推广贵阳市生态文明建设管理体制改革经验，结合实际探索建立精简统一、运转高效的生态文明建设管理机构。加强试验区建设的法治保障，重大改革措施突破现行法律、行政法规、国务院文件和国务院批准的部门规章规定的，要按程序报批，取得授权后施行。

（二）加大政策支持。加大生态文明建设资金支持力度，优化和整合资金渠道，创新政府性资金投入方式，提高资金使用效益。通过国家科技计划（专项、基金等），支持符合条件的生态文明科技创新，推动重点领域共性关键核心技术突破和成果应用示范。通过人才引进、挂职交流、项目合作等方式，培育和引进一批生态文明建设领域的领军人才、高层次创新人才和团队。在高校建设一批与生态文明建设密切相关的学科专业，推动对生态文明建设所需的硕士、博士授权点和企业科研博士后流动站给予倾斜。建立绿色科技创新产学研一体化和科技创新成果产业化技术支撑体系。建立生态文明建设重大项目库，动态发布生态文明建设重大项目工程包，推动试验区建设项目落实。

（三）及时总结推广。贵州省要加强对改革任务落实情况的跟踪督察，适时开展改革任务成效评估，必要时可委托第三方机构进行独立评估。对成熟、试行有效、值得推广的经验，要尽快总结提炼提升，形成可复制可推广的有效经验，适时在全国范围内推广。对不成熟的但具有推广价值的改革经验，可适当扩大试点范围，创新工作方法和思路，继续深入探索；对试验中发现的问题和实践证明不成功、不可行的举措，要及时调整，提出相关建议。建立健全激励和容错纠错机制，全方位开展生态文明体制改革创新试验，允许试错、宽容失败、及时纠错，注重总结经验。

（四）整合示范试点。整合已经部署开展的贵州省生态文明先行示范区和生态文明建设示范区、毕节开发扶贫生态建设试验区等综合性示范区，以及省级空间规划试点、荔波等国家主体功能区建设试点、黔东南州生态文明示范工程试点、贵阳市等全国水生态文明城市建设试点等各类专项试点示范，统一纳入国家生态文明试验区集中推进，各部门按照职责分工继续推动。

（五）营造良好氛围。加大试验区建设的宣传力度，深入解读和宣传生态文明各项制度的内涵和改革方向，营造合力推进试验区建设的良好社会氛围。创新生态文明宣传方式方法，创作一批反映生态文明建设的艺术作品。创新生态文明教育培训机制，把生态文明建设纳入各类教育培训体系，编写生态文明干部读本和教材，推进绿色理念进机关、学校、企业、社区、农村。形成创建绿色学校、机关、村寨、社区、家庭的长效机制，大力发展生态文明志愿者队伍，吸引公众积极参与生态文明建设。